CIVIL ENGINEERING

土木工程概论

主 编 ◎ 吴建奇 朱桂章 廖宣鼎 林江东 汪小平

副主编 ◎ 罗 翔 王月梅 涂燕琼

中南大学出版社
www.csupress.com.cn
·长沙·

前言

土木工程，作为人类历史上较悠久的工程学科之一，承载着人类社会发展与进步的重大使命。从古至今，从简单的土木结构到复杂的现代工程体系，土木工程的发展历程见证了人类文明的辉煌与进步。本书旨在为土木类专业的初学者提供一种全面、系统、深入的土木工程学科概览，帮助初学者了解土木工程的基本概念、发展历程、主要领域及未来趋势。

土木工程不仅关系国家基础设施的建设与发展，更直接影响人民群众的生产生活。通过学习本书，读者将能够深入了解土木工程学科的全貌，掌握土木工程的基本理论和实用技术，为未来的职业生涯奠定坚实的基础。同时，本书也希望能够激发读者对土木工程学科的探索精神和创新意识，为推动土木工程学科的进步与发展贡献自己的力量。

本书共分为9章，包括绪论、土木工程材料、建筑工程、交通工程、水利工程、地基与基础工程、土木工程项目管理、数字化技术、土木工程职业规划等。

本书由江西理工大学吴建奇、赣州市政公用投资控股集团有限公司朱桂章、赣州市政公用投资控股集团有限公司廖宣鼎（江西理工大学2025级岩土工程专业硕士研究生）、江西中煤集团赣州第六建设有限公司林江东、江西理工大学汪小平等担任主编，由酒泉职业技术学院罗翔、江西理工大学王月梅等担任副主编。本书具体编写分工如下：吴建奇编写第1章、第3章和第6章，朱桂章编写第4章，廖宣鼎编写第5章，汪小平编写第9章，林江东编写第2章，涂燕琼编写第8章，罗翔和王月梅共同编写第7章。全书由吴建奇拟定编写大纲和统稿。

在本书的编写过程中，我们得到了众多专家学者的指导和支持，在此表示衷心的感谢。同时，我们也希望本书能够得到广大读者的喜爱和认可，并在大家的共同努力下，为土木工程学科的发展贡献一份力量。

由于编者水平有限，书中难免存在缺点、错误和不妥之处，有些内容还不够完善，恳请广大读者提出宝贵意见，以便进一步提高本书的质量。

编　者

2025 年 5 月

目录
Contents

第1章

绪　论

1.1　话说土木工程

土木工程是指用土、木、砖、石、混凝土、钢材和其他金属、建筑塑料及沥青等工程材料修建房屋、道路、桥梁、隧道、运河、堤坝、港口等工程设施的工程技术。所以，土木工程是一门涉及行业多、影响范围广的学科。

土木工程为国民经济的发展和人们生活条件的改善提供了重要的物质技术基础，土木工程在国民经济中占有举足轻重的地位。人们的生活离不开衣、食、住、行，铁路、公路、水运、航空等基础设施的发展与土木工程的进步息息相关。为改善人们的居住条件，国家每年在建造住宅方面的投资是巨大的。1987 年，我国城市人均居住面积为 3.6 m²，到 2023 年，我国城市人均住宅建筑面积为 32.91 m²，农村人均住房面积为 37.09 m²。各种工业建设，无论其性质和规模如何，首先必须兴建厂房才能投产。火力发电核电站需要建设厂房，核反应堆的基础和保护罩乃至核废料的处理，都牵涉土木工程。截至 2024 年，全球共有 32 个国家拥有在运行的核电站，其中，我国已经投入运营的核电站共有 55 个，运行、在建及核准核电机组总数达到 102 台，总装机容量 1.12 亿千瓦；美国共建有核电站 93 座，运行核电组容量达到 95835 MW，位居世界首位。即使是水力发电，也需建坝和建造厂房。露天采矿也不能没有办公用房和生活用房；采矿机械和运输车辆也不能长期露天放置；近海平台的设计和兴建，水下仓库、车库、海底隧道的建设也无一不需要土木工程人员参加。宇宙火箭和航天飞机的发射基地和发射架甚至太空试验站都有土木工程人员的"用武之地"。

土木工程的建设，也称各行各业的基本建设或工程建设，它既包括建筑安装工程，也包括建设单位及其主管部门的投资决策活动以及征用土地、工程勘察设计、工程监理等环节。工程建设是社会化大生产，有着产品体积庞大、建设场所固定、建设周期长、投资数额大、占据资源多的特点，它涉及建筑业、房地产业、工程勘察设计等行业，也带动了物业管理和工程咨询等行业的发展。

土木工程虽然是古老的学科，但其领域随各种学科的发展而不断发展壮大。因此，其对土木工程人员的知识面要求更为广阔，对学科间的相互渗透和促进的要求也更为迫切。

而且要求土木工程人员的知识不断更新，因此信息科学和国际交流对土木工程人员也极其重要；对专业知识的掌握应更为深入，设计建造和科学研究更需紧密联系。现代的土木工程不仅要保证按计划完成，而且必须按最佳方案以最优方式来设计和建造。土木工程建设者的任务是光荣而艰巨的。

1.2 土木工程发展简史

土木工程发展历程悠久，在其漫长的历史发展过程中，随着社会、经济及科学技术的不断发展，不断被注入新的内涵。而就其本身而言，则主要围绕着材料、施工技术、力学与结构理论的演变而不断发展。土木工程经历了古代、近代、现代三个历史时期。

1.2.1 古代土木工程

古代土木工程是从新石器时代（约公元前 5000 年起）开始到公元 17 世纪中叶。这一时期，人类应用简单的工具，依靠手工劳动，没有系统的理论，但是在此期间人类发明了烧制的瓦和砖，这是土木工程发展史上的一件大事，同时，人类也建造了不少辉煌而伟大的工程。

随着历史的发展以及人类社会的进步，人们开始掘地为穴、搭木为桥，出现了原始的土木工程。在中国黄河流域的仰韶文化遗址（公元前 5000—前 3000 年）中，遗存有浅穴和地面建筑。西安半坡村遗址（公元前 4800—前 3600 年）中有很多圆形房屋，直径 5~6 m，室内竖有木柱来支撑屋顶，如图 1-1 所示。洛阳王湾的仰韶文化遗址（公元前 4000—前 3000 年）中有一座面积为 200 m² 的房屋，墙下挖有基槽，槽内有卵石，这是墙基的雏形。

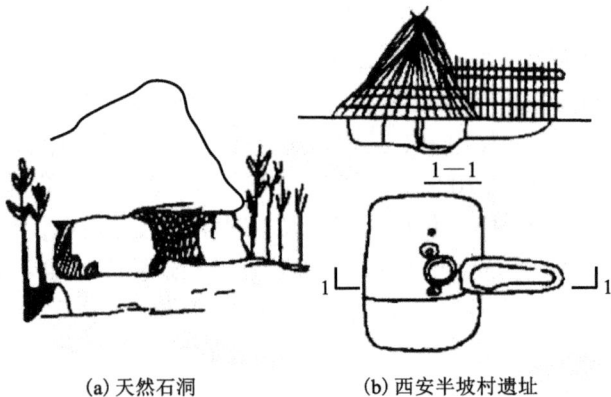

(a) 天然石洞　　　　(b) 西安半坡村遗址

图 1-1　原始建筑物

英格兰的索尔兹伯里的石环，距今已有四千余年，石环直径约 32 m，单石高达 6 m，采用巨型青石近百块，每块重达 10 t，石环间平放着厚重的石梁，这种梁柱结构方式至今仍为建筑的基本结构体系之一。大约公元前 3 世纪出现了经过烧制的砖和瓦，在构造方面，形成了木构架、石梁柱等结构体系，出现了许多较大型的土木工程。

随着生产力的发展，私有制取代了原始的公有制，奴隶社会代替了原始社会。在奴隶社会里，奴隶主利用奴隶们的无偿劳动，建造了大规模的建筑物，推动了社会文明的进步，也促进了建筑技术的发展。古代的埃及、印度、罗马等先后建造了许多大型建筑、桥梁、输水道等。埃及吉萨金字塔群（建于公元前 2700—前 2600 年）如图 1-2 所示，它造型简单、计算准确、施工精细、规模宏大，是人类伟大的文化遗产。

四川省都江堰市的都江堰工程（图 1-3）为秦昭王时（公元前 306—前 251 年）由蜀太守李冰父子在前人治水的基础上主持修建，解决了围堰、防洪、灌溉以及水陆交通问题，是世界上最早的综合性大型水利工程，如图 1-3 所示。长城原是春秋、战国时期各诸侯国为互相防御而修建的城墙。秦始皇于公元前 221 年统一六国后，为防御北方匈奴贵族的侵犯，于公元前 214 年在魏、赵、燕三国修建的土长城的基础上进行修缮；明代为了防御外族的侵扰前后共修建长城 18 次，西起嘉峪关，东至山海关，总长 6700 km，成为举世闻名的万里长城，如图 1-4 所示。

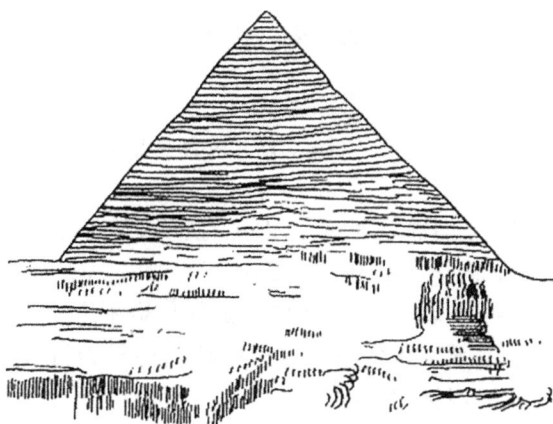

图 1-2　埃及吉萨金字塔群

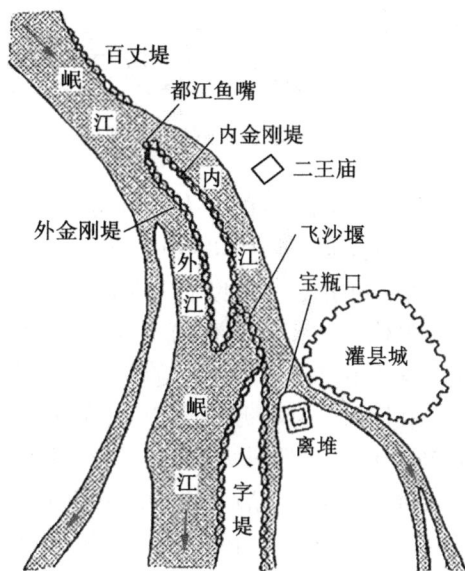

图 1-3　都江堰

欧洲以石拱建筑为主的古典建筑达到了很高的水平，早在公元前 4 世纪，罗马采用券拱技术砌筑下水道、隧道渡槽等土木工程，在建筑工程方面继承和发展了古希腊的传统柱式。如万神庙（公元 120—124 年）的圆形正殿屋顶，直径 43.43 m，是古代最大的圆顶庙之一。意大利的比萨大教堂建筑群、法国的巴黎圣母院教堂（公元 1163—1127 年），均为拱券结构。圣保罗主教堂是英国最大的教堂，是英国古典主义建筑的代表，教堂内部进深 141 m，翼部宽 30.8 m，中央穹顶直径 34 m，顶端离地 111.5 m。

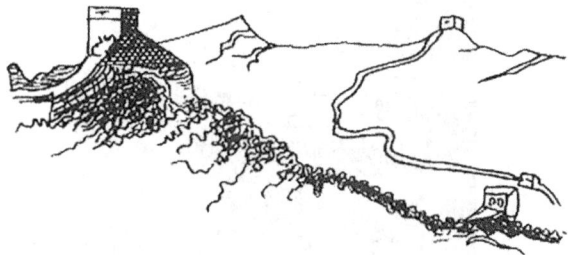

图 1-4　万里长城

古希腊是欧洲文化的摇篮,公元前5世纪建成的以帕提农神庙为主体的雅典卫城,是最杰出的古希腊建筑,造型典雅壮丽,用白色大理石砌筑,庙宇宏大,石质梁柱结构精美,在建筑和雕刻上都有很高的成就,是典型的列柱围廊式建筑,如图1-5所示。古罗马建筑对欧洲乃至世界建筑都产生了巨大的影响。古罗马大斗兽场在功能、形式与结构上做到了和谐统一,建筑平面呈椭圆形,长轴188 m,短轴156 m,立面为4层,总高48.5 m,场内有60排座位,80个出入口,可容纳4.8万~8万名观众,如图1-6所示。

图1-5　帕提农神庙

图1-6　古罗马大斗兽场

我国古代建筑的一大特点是木结构占主导地位,现存高层木结构实物,当以山西应县佛宫寺释迦塔(建于1056年)为代表,塔身外观5层,内有4个暗层,共有9层,高67 m,平面呈八角形,是世界上现存最高的木结构建筑之一。

古代土木工程在建筑上取得巨大成就的同时,其他方面的土木工程也取得了重大成就。秦朝在统一六国后,修建了以咸阳为中心通向全国的驰道,形成了全国规模的交通网。在欧洲,罗马建设了以罗马为中心,包括29条辐射主干道和322条联络干道,总长达78000 km的罗马大道网。道路的发展推动了桥梁工程的发展,桥梁结构最早为行人的石板桥和木梁桥,后来逐步发展成为石拱桥,我国现保存最早、最完好的石砌拱桥为河北赵县的安济桥,又名赵州桥,如图1-7所示。它建于公元595—605年,为隋朝匠人李春设计并参与建造,该桥全部用石灰石建成,全长50.83 m,净跨37.02 m,矢高7.23 m,矢跨

图1-7　赵州桥

比小于 1/5，桥面宽 9 m。该桥在材料使用、结构受力、艺术造型和经济上都达到了极高的水平。

在水利工程方面，公元前 3 世纪，中国秦朝在今广西兴安开凿灵渠，总长 34 km，落差 32 m，沟通湘江、漓江，联系长江、珠江水系，后建成使用"湘漓分流"的水利工程。运河为人工开挖的水道，用以沟通不同的河流、水系和海洋，连接重要城镇和矿区，发展水上运输。公元 7 世纪初，我国隋朝开凿修建的京杭大运河，全长 2500 km，它北起北京，经天津和河北、山东、江苏、浙江四省，南至杭州，是世界历史上最长的运河，至今该运河的江苏、浙江段仍是重要的水运通道。这一时期，土木工程在城市建设方面和工艺技术方面也都取得了很多成绩。人们在建造大量的土木工程的同时，注意总结经验，促进意识的深化，出现了许多优秀的工匠和技术人才，也编写了许多优秀的土木工程著作，如中国喻皓的《木经》、李诫的《营造法式》及意大利阿尔贝蒂的《论建筑》等。

1.2.2 近代土木工程

近代土木工程是从 17 世纪中叶到 20 世纪中叶，历时 300 余年。在此期间，土木工程与古代相比有了质的飞跃。伴随着力学和结构理论的建立，水泥、钢材和施工技术得到了长足的发展，建造规模日益扩大，建造速度也随之加快。例如：伽利略在 1638 年出版的著作《关于两门新科学的谈话和数学证明》中，论述了建筑材料的性质和梁的强度；瑞士数学家欧拉在 1744 年出版的《曲线的变分法》中建立了柱的压屈公式；1773 年法国工程师库仑著的《建筑静力学各种问题极大极小法则的应用》说明了材料的强度理论及一些构件的力学理论；18 世纪下半叶，瓦特发明的蒸汽机的使用推动了产业革命，为土木工程提供了多种建筑材料和施工机具，同时也对土木工程提出了新的要求。

1824 年，英国人 J. 阿斯普丁发明了波特兰水泥，1856 年转炉炼钢法取得成功，这两项发明为钢筋混凝土的产生奠定了基础。1867 年，法国人 J. 莫尼埃用钢丝加固混凝土制成了花盆，并把这种方法推广到工程中，建造了一座贮水池，这是钢筋混凝土应用的开端。1875 年，他主持建造了第一座长 16 m 的钢筋混凝土桥。1886 年，在美国芝加哥建成的 9 层家庭保险公司大厦，被认为是现代高层建筑的开端。1889 年在法国巴黎建成了高 300 m 的埃菲尔铁塔。

产业革命还从交通方面推动了土木工程的发展。蒸汽轮船的出现推动了航运事业的发展，同时，要求修建港口、码头，开凿运河。苏伊士运河建于 1859—1869 年，贯通苏伊士海峡，连接地中海和红海，从塞得港至陶菲克港，长 161 km，连同深入地中海和红海的河段，总长 173 km。河面宽 60~100 m，平均水深 15 m，可通 8 万 t 巨轮，使从西欧到印度洋间的航程比绕道非洲好望角缩短了 5500~8000 km。1825 年 G. 斯蒂芬森建成了从斯托克特到达灵顿的长 21 km 的第一条铁路，1869 年美国建成横贯北美大陆的铁路，20 世纪初俄国建成西伯利亚铁路。1863 年，英国伦敦建成世界上第一条地铁，长 6.7 km。1819 年，英国工程师约翰·劳登·马克当（John Loudon MacAdam）提出了革命性的碎石路面修筑工艺，这一方法被称为"马克当筑路法"，对现代公路工程产生了深远影响。在桥梁工程方面，1779 年英国用铸铁建成了跨度为 30.5 m 的拱桥，1826 年英国 T. 特尔福德用锻铁建成了跨度为 177 m 的梅奈悬索桥。1890 年，英国福斯湾建成两孔主跨达 521 m 的悬臂式桁架梁桥。19 世纪，设计理论进一步发展并有所突破，土木工程方面的协会、团体也相继出现。

工业的发展和城市人口的增多，使大跨度和高层建筑相继出现。1925—1933 年法国、苏联和美国分别建成了跨度达 60 m 的圆壳、扁壳和圆形悬索屋盖。中世纪的石砌拱终于被壳体结构和悬索结构所取代。1931 年美国纽约的帝国大厦落成，共 102 层，高 378 m，结构用钢 5 万多吨，内有电梯 67 部，可谓集当时技术成就之大成，它保持世界房屋最高纪录 40 年之久。1886 年，美国人 P. H. 杰克逊首次应用预应力混凝土制作建筑构件，预应力混凝土先后在一些工程中得到应用并得到进一步发展。后来，超高层建筑相继出现，大跨度桥梁也不断涌现，至此，土木工程正向现代化迈进。

土木工程在水利建设方面宏伟的成就是两条大运河的建成通航，一条是 1869 年开凿成功的苏伊士运河，它将地中海和印度洋连接起来，这样从欧洲到亚洲的航行不必再绕行南非；另一条是 1914 年建成的巴拿马运河，它将太平洋和大西洋直接连接起来，在全球运输中发挥了巨大作用。

必须看到，近代土木工程的发展是以西方土木工程的发展为代表的，当时的清朝政府腐败无能，导致我国土木工程技术进展缓慢，直到清末开始洋务运动后，清政府才引进了一些西方的先进技术，并建造了一些对中国近代经济发展有影响的工程，例如：1889 年唐山水泥厂的建设、1909 年京张铁路的建成和 1934 年上海国际饭店和百老汇大厦的建成。中国土木工程教育事业开始于 1895 年的北洋大学(今天津大学)和 1896 年的北洋铁路官学堂(今西南交通大学)；1912 年成立中华工程师学会，詹天佑为首任会长，20 世纪 30 年代成立了中国土木工程学会。

1.2.3　现代土木工程

随着科学技术的日益进步，各国经济迅速增长，为土木工程的发展提供了强大的动力和雄厚的物质基础，土木工程迎来了发展的黄金时期。从世界范围来看，现代土木工程具有以下特点：(1)土木工程功能化，即土木工程日益同它的使用功能和生产工艺紧密结合；(2)城市建设立体化，即高层建筑大量兴起，地下工程快速发展，城市高架公路和立交桥大量涌现等；(3)交通运输高速化，高速公路的大规模建造，铁路电气化的形成和迅速发展，长距离海底隧道的出现；(4)工程建设大型化。

1.3　土木工程在国家新战略中发挥的作用

1.3.1　土木工程在国家安全战略中的作用

第二次世界大战以后，根据《开罗宣言》的规定，我国恢复对西沙、中沙、南沙群岛等有关岛屿与海域行使主权。我国从 2014 年起，在南沙群岛我国控制的岛屿上开始进行大规模土木工程建设。截至 2016 年 6 月，不到 2 年的时间，我国共计填出 13 km² 的面积，原来南沙群岛岛屿面积最大的是我国的太平岛(面积 0.47 km²)，而目前面积前三名分别为我国的美济岛(5.82 km²，含 2.7 km 长机场跑道)、渚碧岛(3.95 km²，含 3.0 km 长机场跑道)和永暑岛(2.7 km²，含 3.0 km 长机场跑道)。我国还在所填岛屿上高效地进行了灯塔、医院、海水淡化厂、油库、渔船码头等民用设施建设，依托这些设施，我国海警及有关部门可以对南海海域实施有效管理，并且在安全利益受到威胁时进行有效防卫。

1.3.2 土木工程在"一带一路"倡议中的作用

土木工程在"一带一路"倡议中发挥着至关重要的作用，主要体现在以下几个方面。

(1)促进基础设施互联互通。

帮助建设公路、铁路、桥梁、港口等交通基础设施，如中老铁路的建成，加强了中国与老挝之间的交通联系，使人员和货物的运输更加便捷高效，促进了区域间的贸易往来和经济交流。参与能源输送管道、电网等能源基础设施建设，保障能源输送安全，如中国与中亚国家之间的油气管道建设，为能源合作提供了有力的硬件支持。

(2)推动当地经济发展。

土木工程建设项目能够带动相关产业发展，如建材生产、机械制造等，创造大量就业机会，增加当地居民收入。一些非洲国家的基础设施建设项目，雇佣了大量当地工人，提升了当地居民的生活水平。优质的土木工程成果，如现代化的工业园区、商业中心等，能够改善投资环境，吸引更多国内外投资，推动当地产业升级和经济多元化发展。

(3)提升区域合作水平。

土木工程建设加强了不同国家和地区之间的联系和合作，增进了各国之间的相互了解和信任。如在共建港口等项目中，各国企业和人员密切合作，为进一步开展全方位的合作奠定了基础。通过参与"一带一路"土木工程建设，各国可以分享技术和经验，促进土木工程领域的技术交流与创新，共同提升区域内的工程建设水平。

(4)改善民生福祉。

建设学校、医院、住房等民生工程，改善当地居民的教育、医疗条件和居住质量。比如援建的学校为当地孩子提供了更好的学习环境。基础设施的完善还能提高公共服务水平，方便居民生活，促进社会稳定和发展。

目前，我国土木工程的某些领域已处于世界先进行列，但我国土木工程的设计、施工和理论研究方面的总体水平与发达国家相比还有一定的差距。展望未来，我国不仅要加强新型结构形式、新型建筑材料、新的技术手段的理论探索和应用研究，更要加强土木工程二级学科间理论和技术的融合与渗透，实现土木工程的更大突破。

1.4 土木工程学习与土木工程师

土木工程概论既是土木、建筑工程、工程管理等专业的一门重要的专业基础课，又是一门实践性很强的应用型学科，它系统地阐述了土木工程的专业知识要点，表述了土木工程学科综合知识的构成及重要内容。

1.4.1 土木工程的知识、能力和素质要求

在土木工程学科知识的系统学习中，不仅要注意知识的积累，更应注意能力的培养。

(1)自主学习能力。大学的每门课从十几个学时到上百个学时不等，而在课堂上所学的东西总是有限的，土木工程内容广泛，新的技术又不断出现，因而自主学习、扩大知识

面、自我成长的能力非常重要。不仅要向老师学、向课本学,而且要注意在实践中学习,善于查阅文献,善于在网上学习。

(2)综合解决问题的能力。在大学期间,大多数课程是单科教学,有一些综合训练及毕业设计可训练综合解决问题的能力。实际工程问题的解决总是要综合运用各种知识和技能,在学习过程中要注意培养这种综合能力,尤其是设计、施工等实践工作的能力。

(3)创新能力。社会在进步,经济在发展,对人才创新要求也日益提高。所以我们在学习过程中要注意创新能力的培养。大学学习的主要任务是打好理论基础,强化动手操作能力。

(4)协调、管理能力。现代土木工程不是一个人能完成的,少则几个人、几十人,多则需成千上万人共同努力才能完成。为此,培养自己的协调与管理能力非常重要。

1.4.2 对所培养人才的素质要求

土木工程专业对人才培养的素质要求如下。

(1)处理好学习基础科学和技术科学的关系。土木工程专业所培养的未来工程师,属于技术家。学生在学习过程中既要重视基础科学和技术科学的学习,又要重视本专业工程技术知识的学习和技能的应用。

(2)要重视工程意识和创新精神的培养。由于我国目前土木工程企事业部门多数还不能承接学生毕业后的专业技术培训任务,所以学习期间要重视与工程实践有关的技能和能力训练,要重视工程意识和创新精神的培养。

(3)要有意识地拓宽知识面,以适应社会的需求。社会对人才的需求和学校对人才的培养之间存在着两个根本矛盾:一是社会需求的多样性和学校培养人才的规格较为单一之间的矛盾;二是社会需求的可变性和学校教学的相对稳定性之间的矛盾。所以除学好本专业规定的必修课之外,还应具备一些其他知识面,以适应多变的社会需求和个性发展的需要。

练习题

(1)简述土木工程的内涵及其在国民经济发展中的重要地位。

(2)试述土木工程的发展简史。

(3)现代土木工程有哪些主要特点?

(4)土木工程发展趋势如何?

(5)土木工程在"一带一路"倡议中发挥什么作用?

第2章

土木工程材料

材料是构成建筑物的物质因素，在工程项目投资中所占比例约为三分之二。因此，在掌握材料的基本性能、使用方法、造价等基础上，保障工程质量、提升工程效率、加强财务管理、实现资源优化配置，达到投资最优收益率就显得非常重要。

土木工程材料的范畴非常广泛，从夯土、水到金属，无奇不有，但是习惯上，人们还是更加关注按照建筑物的使用要求，体现具体形态和使用性能的材料。材料决定建筑物的设计方法，同时也决定了相应的施工方法。例如，水泥混凝土的特点是抗压强度高、抗拉强度低，因此，水泥混凝土只适合设计为耐压构件；而商品混凝土的出现，使得混凝土的制备、运输和施工方法都发生了质的变化。

2.1 土木工程材料分类

土木工程材料是指各类土木工程(建筑工程、交通工程、水利工程等)中所用的材料。土木工程材料是各项基本建设的重要物质基础，其质量直接影响工程的质量与建筑物的寿命。一幢建筑物从主体结构到每一个细部和构件，都是由各种建筑材料经过设计、施工而成。因此，正确选择建筑材料的质量、品种、规格以及色彩，对建筑工程的安全、实用、耐久、美观及造价等均有重要意义。新型建筑材料的出现，对建筑形式的变化、结构设计计算和施工技术都有很大的促进作用。

由于建筑材料品种繁多，作用和功能各不相同，为便于掌握和使用，一般可把材料进行简单的分类。如按基本成分，建筑材料可分为金属材料、非金属材料和复合材料，而非金属材料按化学组成可分为无机材料和有机材料，见表2-1。

建筑材料按在建筑中的用途，可分为结构材料、构造材料、绝热材料、吸声材料、防水材料、装饰材料等。

表 2-1　建筑材料按基本成分的分类

金属材料		黑色金属	钢、铁	
		有色金属	铝、铜、铅及其合金等	
非金属材料	无机材料	天然石材	花岗岩、石灰岩、大理石等	
		烧土制品	砖瓦、陶瓷、玻璃等	
		胶凝材料	气硬性胶凝材料	石灰、石膏、水玻璃等
			水硬性胶凝材料	各种水泥
		以胶凝材料为基础的人造石	混凝土 砂浆 石棉水泥制品 硅酸盐建筑制品	
		有机材料	木材、沥青、树脂和塑料、涂料、橡胶等	
复合材料			金属-非金属材料、非金属材料-金属材料 无机-有机材料、有机-无机材料	

2.2　古代建筑工程材料

　　早期使用的土木工程材料主要有石材、砖、瓦、石灰、砂浆及木材等，它们至今仍在土木工程材料中占有重要地位。目前在土木工程中，石材主要用作结构材料、装饰材料、混凝土集料和人造石材的原料等。

2.2.1　石材

　　天然石材是较古老的土木工程材料之一。由于天然石材具有很高的抗压强度，良好的耐磨性和耐久性，经加工后表面美观、具装饰性，资源分布广，蕴藏量丰富，便于就地取材，生产成本低等优点，是古今土木工程中修建城垣、桥梁、房屋、道路及水利工程的主要材料。天然石材经加工后具有良好的装饰性，是现代土木工程的主要装饰材料之一。石材具有良好的耐久性，用石材建造的结构物具有永久保存的可能。古人早就认识到这一点，因此许多重要的建筑物及纪念性构筑物都是使用石材建造的。

　　石材的耐水性好，抗压强度高，所以在石块上叠砌石块，有可能建成大型的结构物。以石材为主的西欧建筑，威严雄浑，给人以庄重高贵的感觉，石材建筑是欧洲文化的象征，许多皇家建筑采用了石材。例如，欧洲最大的皇宫法国凡尔赛宫(1661—1689 年建造)，占地面积 100 多万平方米，其中建筑面积为 11 万平方米，宫殿中建筑物的墙体以及外部的地面全部使用石材建成，如图 2-1 所示。

图 2-1 法国凡尔赛宫

石材的种类如下。

（1）毛石。

毛石也称片石，是由采石场爆破直接获得的形状不规则的石块。根据平整程度将其分为乱毛石和平毛石两类。

毛石可用于砌筑基础、堤坝、挡土墙等，也可用作毛石混凝土的骨料。

（2）料石。

料石是由人工或机械开采出的较规则的六面体石块，再略经凿琢而成。根据表面加工的平整程度将其分为毛料石、粗料石、半细料石和细料石四种。

料石一般由砂岩、石灰岩、花岗岩等致密均匀的岩石加工而成。料石主要用于砌筑墙身、踏步、拱和纪念碑、柱等。

（3）饰面石材。

用于建筑物内外墙面、柱面、地面、栏杆、台阶等处装修用的石材称为饰面石材。饰面石材按岩石种类分主要有大理石和花岗岩两大类。饰面石材的外形可以加工成平面的板材，或者加工成各种曲面定型件。其表面经不同的工艺可加工成凹凸不平的毛面，或者经过精磨抛光成光彩照人的镜面。

（4）色石渣。

色石渣也称色石子，由天然大理石、白云石、方解石或花岗岩等石材经破碎筛选加工而成，作为骨料主要用于人造大理石、水磨石、水刷石、干粘石、斩假石等建筑物面层的装饰工程。

（5）石子。

在混凝土组成材料中，砂称为细骨料，石子称为粗骨料。石子除用作混凝土粗骨料外，也常用作路桥工程、铁道工程的路基道砟等。石子分为碎石和卵石，由天然岩石或卵石经破碎、筛分而得到的粒径大于 5 mm 的岩石颗粒，称为碎石；由自然条件作用而形成的粒径大于 5 mm 的颗粒，称为卵石。

2.2.2　砖

砖是一种常用的砌筑材料。砖瓦的生产和使用在我国历史悠久,春秋战国时期陆续创制了方形砖和长形砖,秦汉时期制砖的技术、生产规模、质量和花式品种都有显著发展,史称"秦砖"。砖的原料容易取得,生产工艺比较简单,价格低、体积小,便于组合,黏土砖还有防火、隔热、隔声、吸潮等优点,所以至今仍然广泛地用于墙体、基础、柱等砌筑工程中。但是由于生产传统黏土砖毁田取土量大、能耗高、砖自重大,施工生产中劳动强度高、工效低,因此有逐步改革并用新型材料取代的必要。有的城市已禁止在建筑物中使用黏土砖。

1. 砖的分类

砖按照生产工艺分为烧结砖和非烧结砖;按所用原材料分为黏土砖、页岩砖、煤矸石砖、粉煤灰砖、炉渣砖和灰砂砖等;按有无孔洞分为空心砖、多孔砖和实心砖。

2. 常用砖

(1)烧结普通砖。

根据《烧结普通砖》(GB/T 5101—2017)的规定:烧结普通砖是以黏土、页岩、煤矸石、粉煤灰、建筑渣土、淤泥(江河湖淤泥)、污泥等为主要原料,经焙烧而成的主要用于建筑物承重部位的普通砖。

1)烧结普通砖的技术性能指标。

①规格:烧结普通砖的外形为直角六面体,其标准尺寸是 240 mm×115 mm×53 mm。按技术指标分为优等品(A)、一等品(B)、合格品(C)3 个质量等级。

②强度等级:烧结普通砖按抗压强度分为 MU30、MU25、MU20、MU15、MU10 共 5 个强度等级。

③抗风化性能:抗风化性能是烧结普通砖主要的耐久性之一。它是指材料在干湿变化、温度变化、冻融变化等物理因素作用下,不破坏并长期保持其原有性质的能力。抗风化性能越强,耐久性越好。

④泛霜:泛霜是指砖内可溶性盐类(如硫酸钠等)随着砖内水分蒸发,逐渐于砖的表面析出一层白霜。严重泛霜不仅有损建筑物的外观,而且会对建筑结构产生较大破坏。

⑤石灰爆裂:烧结普通砖的原料中夹有石灰质,经过焙烧,石灰质变为生石灰,生石灰吸水熟化为熟石灰,体积膨胀,使砖产生内应力,导致砖发生爆裂现象。

2)烧结普通砖的应用。

烧结普通砖是砌筑工程中的一种主要材料。它可用作墙体,亦可砌筑柱、拱、烟囱及基础等。

(2)烧结多孔砖和烧结空心砖。

为减轻建筑物自重、节约黏土资源、节省烧结时的燃料消耗、提高墙体施工工效,并改善砖的隔热、隔声性能,推广使用多孔砖和空心砖是我国墙体材料改革的一项重要内容。

1)烧结多孔砖。

烧结多孔砖是以黏土、页岩或煤矸石为主要原料烧制而成的,主要用于结构承重的多孔砖。烧结多孔砖的孔洞率一般在 15%以上。在建筑中,烧结多孔砖多用于砌筑六层以下的承重墙或高层框架结构填充墙。烧结多孔砖如图 2-2 所示。

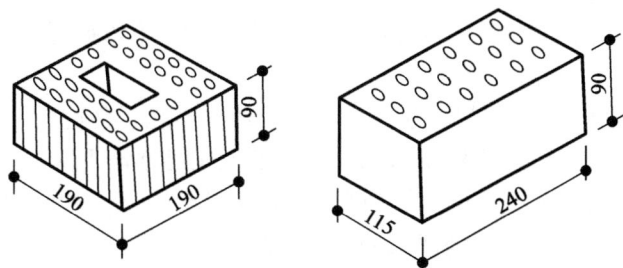

图 2-2　烧结多孔砖(单位：mm)

2) 烧结空心砖。

烧结空心砖是以黏土、页岩或粉煤灰为主要原料烧制的空心砖。烧结空心砖顶面有孔，孔大而少，而烧结多孔砖的孔小而多。烧结空心砖的孔洞率一般在 35% 以上。烧结空心砖如图 2-3 所示。

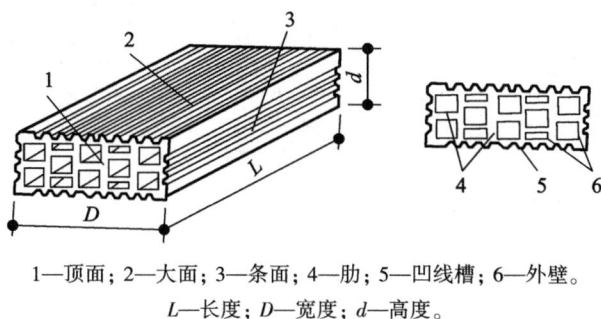

1—顶面；2—大面；3—条面；4—肋；5—凹线槽；6—外壁。
L—长度；D—宽度；d—高度。

图 2-3　烧结空心砖

烧结空心砖自重较轻，强度较低，多用于非承重墙，如多层建筑内隔墙或框架结构的填充墙等。

2.2.3　瓦

1. 瓦的历史

瓦，一般指黏土瓦。瓦以黏土(包括页岩、煤矸石等粉料)为主要原料，经泥料处理、成型、干燥和焙烧而成。在中国，瓦的生产比砖早。从甲骨文中，我们知道 3000 多年前的屋脊有高耸的装饰或结构构件，但尚无实物陶瓦的发掘发现。春秋时期，出现了板瓦、筒瓦、瓦当等。到了战国时期，普通人的房子都能用上瓦了。秦汉时期，形成了独立的制陶业，并在工艺上做了许多改进，如改用瓦榫头使瓦间相接更为吻合，取代瓦钉和瓦鼻。西汉时期，瓦的工艺又取得明显进步，如带有圆形瓦当的筒瓦由三道工序简化成一道工序，瓦的质量也有较大提高，史称"汉瓦"。

2. 常见的瓦

黏土瓦的生产工艺与黏土砖相似，但对黏土的质量要求较高，如含杂质少、塑性高、泥料均化程度高等。中国目前生产的黏土瓦有小青瓦、脊瓦和平瓦，小青瓦及小青瓦屋顶如图 2-4 所示。

黏土瓦只能应用于有较大坡度的屋面。由于其材质脆、自重大、片小、施工效率低，且需要大量木材等缺点，在现代建筑屋面材料中的比例已逐渐下降。

瓦，原本色泽灰黑无光，然而，紫禁城的瓦表面光滑如镜，这种瓦叫琉璃瓦，作为中国帝王之家的专属用品，也成为中国建筑的象征。最早的琉璃瓦实物见于唐昭陵。

一块色泽美丽的琉璃瓦，必须经过两座窑炉的煅烧方可制成。琉璃瓦采用两次烧成的方式，第一次将制好的黑色瓦坯烧成洁白的素坯，第二次则是将施釉后的素坯烧成色彩缤纷的琉璃瓦。上釉的素坯经过窑火的洗礼，火温稍有差异，出窑的琉璃瓦便呈现出不同的色彩，如图 2-5 所示，琉璃瓦具有良好的防水性和稳定性。

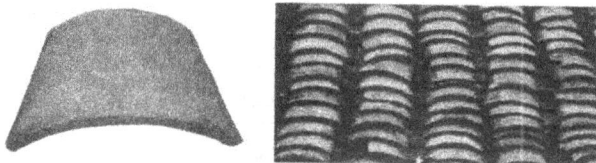

图 2-4　小青瓦及小青瓦屋顶　　　　　　　图 2-5　琉璃瓦

2.2.4　石灰

石灰是一种古老的建筑材料。由于其生产工艺简单、价格低廉、是有良好的性能，在建筑工程中被广泛应用。建筑工程中所指的石灰包括生石灰、生石灰粉和消石灰等。

1. 石灰的生产及分类

将主要成分是碳酸钙的天然石灰石在 $900 \sim 1100\ ℃$ 下煅烧，排除分解出的二氧化碳后，所得到以氧化钙为主要成分的产品为生石灰。

煅烧生成的块状生石灰经过不同加工，可得到石灰的另外三种产品：

（1）生石灰粉：将块状生石灰磨细制成的粉末，其主要成分是 CaO；

（2）消石灰粉：将块状生石灰用适量水熟化后得到的主要成分是 $Ca(OH)_2$ 的白色粉末，又称熟石灰。

（3）石灰膏：将块状生石灰用过量水熟化，或将消石灰粉和水拌合，得到的具有一定稠度的膏状物，其主要成分是 $Ca(OH)_2$。

2. 石灰的熟化

生石灰加水生成氢氧化钙的过程称为生石灰熟化或消解。生石灰熟化过程会放出大量的热，熟化时体积增大 $1 \sim 2.5$ 倍。生石灰必须在充分熟化后才能使用，否则未熟化的生石灰将在使用后继续熟化，使材料表面凸起、开裂或局部脱落。

3. 石灰的硬化

块状生石灰用过量水熟化，或将消石灰粉和水拌和，得到一定稠度的石灰膏，石灰膏会在空气中逐渐凝结硬化。其过程是氢氧化钙吸收空气中的二氧化碳，表面水分蒸发形成组织致密的碳酸钙薄膜，阻碍了空气中二氧化碳的继续渗入，所以该过程十分缓慢。随着时间的延长，表面碳酸钙的厚度逐渐增加，整体强度逐渐增大。

4. 石灰的性质

(1)可塑性好。生石灰熟化为石灰膏时，氢氧化钙表面会吸附一层水膜，故使用石灰配制的砂浆具有良好的可塑性。

(2)强度不高。石灰浆体硬化后强度不高，配比为 1 ∶ 3 的石灰砂浆 28 d 抗压强度通常只有 0.2~0.5 MPa。

(3)硬化慢且体积收缩大。由于空气中二氧化碳含量较少，表面硬化后，不利于内部水分的蒸发，因此硬化过程缓慢，体积收缩大，容易出现裂缝。

(4)耐水性差。硬化后的石灰受潮后，结晶析出的碳酸钙会再次微溶，所以石灰不宜用于潮湿环境，如基础工程。

5. 石灰的用途

石灰在建筑工程中应用广泛，主要用途如下：

(1)制造石灰乳涂料。石灰乳涂料由消石灰粉或石灰浆掺入大量的水调制而成，用于粉刷墙面或顶棚。

(2)配制砂浆。石灰可单独配制砂浆(称石灰砂浆)，也可和水泥一起配制砂浆(称水泥混合砂浆)，以用于砌筑和抹灰工程。用于抹灰工程的石灰砂浆，需加入纸筋等纤维材料，以克服收缩性大、易开裂的缺点。

(3)拌制灰土和三合土。在夯实状态下，灰土或三合土比黏土的抗渗能力、抗压强度、耐水性均有所提高。灰土和三合土广泛用于建筑物基础的各种垫层。

(4)生产硅酸盐制品。石灰是生产粉煤灰砖、灰砂砖、硅酸盐砌块等硅酸盐制品的主要原料之一。各类石灰在建筑上的用途见表 2-2。

表 2-2　各类石灰在建筑上的用途

品种名称	适用范围
生石灰	配制石灰膏；磨细成生石灰粉
石灰膏	用于调制石灰砌筑砂浆或抹面砂浆 稀释成石灰乳(石灰水)涂料，用于内墙和平顶刷白
生石灰粉 (磨细生石灰粉)	用于调制石灰砌筑砂浆或抹面砂浆 配制无熟料水泥(石灰矿渣水泥、石灰粉煤灰水泥、石灰火山灰水泥等) 制作硅酸盐制品(如灰砂砖等) 制作碳化制品(如碳化石灰空心板) 用于拌制石灰土(灰土)和三合土
消石灰粉	制作硅酸盐制品；用于拌制石灰土(石灰+黏土)和三合土

2.2.5 砂浆

砂浆是一种主要的土木工程材料，广泛应用于砌筑工程、抹面工程、修补工程等。

砂浆是由胶凝材料、细骨料、掺合料和水按适当比例拌制并经硬化而成的材料。按所用的胶凝材料不同，砂浆可分为水泥砂浆、混合砂浆、石灰砂浆等。

1. 砂浆的组成材料

（1）胶凝材料是砂浆的重要组成材料，起胶结作用，影响着砂浆的流动性、黏聚性和强度等技术性质。常用的胶凝材料有水泥、石灰等。

配制砂浆所选用的水泥品种有普通硅酸盐水泥、矿渣硅酸盐水泥、火山灰质硅酸盐水泥、复合硅酸盐水泥等。选用的水泥强度等级一般是32.5级。

可选用石灰作为胶凝材料配制石灰砂浆，也可用石灰代替部分水泥配制混合砂浆。混合砂浆不但可以节约水泥，而且具有很好的和易性。配制砂浆所用的石灰应预先消化，并符合相应的技术要求。

（2）细骨料在砂浆中所起的作用与混凝土中骨料的作用相同。但因砂浆层一般较薄，故对骨料的最大粒径有所限制。

（3）砂浆拌合水的技术要求与混凝土拌合水相同，应选用洁净无杂质的水。

2. 砂浆的技术要求

（1）和易性。新拌砂浆应具有良好的和易性。砂浆拌合物的和易性包括流动性和保水性。砂浆的流动性是指砂浆在自重或外力作用下流动的特性，也称作砂浆的稠度。流动性应根据砂浆的用途、施工工艺及气候条件来确定。砂浆的保水性是指砂浆保持水分的能力。砂浆中的水分应不易流失，摊铺容易。

（2）强度。强度是指边长为70.7 mm的立方体试件，在标准养护条件下[温度，(20±3)℃；相对湿度，对水泥混合砂浆为60%～70%，对水泥砂浆为90%以上]养护28 d的抗压强度平均值(单位为MPa)。砌筑砂浆的强度分为M2.5、M5、M7.5、M10、M15 五个强度等级。

3. 常用砂浆

（1）砌筑砂浆。将砖、石或砌块黏结成砌体的砂浆，称为砌筑砂浆。它起着黏结砖、石或砌块构成砌体，传递荷载，协调变形的作用。砌筑砂浆的主要技术指标是强度，砌筑砂浆的强度的选择由设计要求决定。

（2）抹面砂浆。抹面砂浆是指压抹在建筑物或构件表面的砂浆，可分为普通抹面砂浆、防水抹面砂浆和装饰抹面砂浆等。抹面砂浆的技术要求是具有良好的和易性和黏结力。普通抹面砂浆具有保护建筑物、提高耐久性、增强装饰性等功能。普通抹面砂浆常选用水泥砂浆、水泥混合砂浆、石灰砂浆等。抹面一般分为两层或三层施工，底层起黏结作用，中层起找平作用，面层起装饰作用。

（3）防水砂浆。防水砂浆主要用于制作砂浆防水层。砂浆防水层又称刚性防水层，仅适用于具有一定刚度的砌体表面。防水砂浆可采用普通水泥砂浆，也可在水泥砂浆中掺入防水剂来提高砂浆的抗渗能力。防水砂浆的施工操作要求很高，施工时墙面应保持清洁湿润，先刷一层纯水泥浆，然后抹一层防水砂浆，在初凝前，再抹压一遍；第二、三层以同样的方法操作，最后一层要压光。

（4）装饰砂浆。装饰砂浆是指抹在建筑物内外墙表面，具有保护建筑物和美化装饰作用的砂浆。其胶凝材料可以使用白水泥、彩色水泥，或在常用水泥中掺入颜料，以达到装饰效果。

（5）特种砂浆。特种砂浆可以分为以下六种。

①隔热砂浆。隔热砂浆是以水泥、石灰膏、石膏等胶凝材料与膨胀珍珠岩、膨胀蛭石、火山渣或浮石砂、膨胀矿渣、陶粒砂等轻质多孔骨料按一定比例配制成的砂浆，质量轻且具有良好的隔热性能，常用于屋面隔热层、隔热墙壁以及供热管道隔热层等处。

②吸声砂浆。吸声砂浆是由轻质多孔骨料制成的具有吸声功能的砂浆。吸声砂浆同时具有隔热功能，主要用于有吸声要求的室内墙壁和顶棚的抹灰。

③耐酸砂浆。耐酸砂浆是用水玻璃与氟硅酸钠拌制而成的具有耐酸功能的砂浆，有时可掺入一定量的石英岩、花岗岩等粉状细骨料，可用作耐酸地面和耐酸容器的内壁保护层。

④防辐射砂浆。防辐射砂浆是在水泥中掺入重晶石粉配制而成的具有防 X 射线等功能的砂浆，主要用于射线防护工程。

⑤膨胀砂浆。膨胀砂浆是在水泥砂浆中掺入膨胀剂，或使用膨胀水泥配制而成的具有膨胀作用的砂浆，主要用于修补工程或装配结构中的缝隙填充。

⑥自流平砂浆。自流平砂浆是在砂浆中掺入化学外加剂，使其能在自身重力作用下自然流动成平面的砂浆，主要用于地面工程。

2.2.6　木材

木材作为建筑材料，已有悠久的历史。在建筑工程中，木材可用作桁架、梁、柱、支撑、门窗、地板、桥梁、脚手架、混凝土模板及室内装修等。

作为建筑材料，木材的优点是轻质高强，弹性和韧性良好，能承受冲击和振动，导热性低，易于加工，纹理美观，装饰效果良好。木材的缺点有：构造不均匀、各向异性；含水率变化时胀缩显著，导致尺寸、形状的改变；易腐朽及虫蛀；易燃烧；有天然疵病等。但是经过一定加工和处理，这些缺点可以得到相当程度的减轻。

建筑用木材可分为针叶树和阔叶树两大类。针叶树如松、杉、柏等，一般树干通直而高大，易得木材，纹理通顺，材质均匀，木质较软，易于加工，故又称软木材；胀缩变形较小，耐腐蚀性强，有较高的强度，为建筑工程的主要用材，广泛用于承重结构。阔叶树如榆木、水曲柳、柞木等，树干通直部分较短，材质较硬而重，难于加工，故又称硬木材；强度较大，胀缩、翘曲变形大，易于开裂，不宜用作承重构件，经加工后，常有美观的纹理，故适用于内部装修、家具和胶合板。

1. 构造

（1）宏观构造。

木材的宏观构造是指用肉眼或放大镜所能观察到的木材组织结构。由于木材构造的不均匀性，研究木材宏观构造特征时，可从树干的 3 个切面上来进行剖析，即横切面、径切面和弦切面，如图 2-6 所示。

横切面：与树干主轴垂直的切面。

径切面：是顺着树干方向，通过髓心的切面。

弦切面：是顺着树干方向，与髓心有一定距离的切面。

从横切面上可以看到，树木由树皮、髓心和木质部组成。木质部是作为建筑材料使用的主要部分，靠近髓心的部分颜色较深，称为心材；靠近树皮的部分颜色较浅，称为边材。一般，心材比边材的利用价值大。

从横切面上还可以看到深浅相间的同心圆环，即年轮，一般，树木每年生长一轮。在同一年轮内，春天生长的木质色较浅、质较松软，称为春材(旱材)。夏秋两季生长的木质色较深，质坚硬，称为夏材(晚材)。相同树种，年轮越密，材质越好；夏材部分越多，木材强度越高。

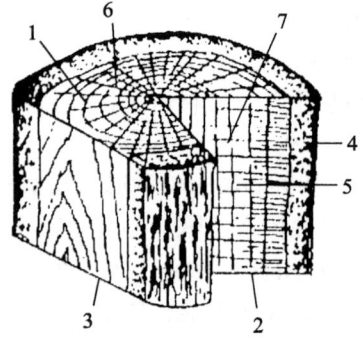

1—横切面；2—径切面；3—弦切面；
4—树皮；5—木质部；6—年轮；7—髓线。

图 2-6　树干的三个切面

（2）微观构造。

木材的微观构造是指借助显微镜才能见到的组织。用光学显微镜观察木材切片，可以看到木材是由无数管状细胞紧密结合而成的，除少数细胞横向排列外，绝大多数细胞纵向排列。每个细胞都是由细胞壁和细胞腔两部分组成，细胞壁由细纤维组成，其纵向连接较横向连接牢固，造成细胞壁纵向强度高、横向强度低。细纤维间具有极小的空隙，能吸附和渗透水分。木材细胞壁越厚，腔越小，木材越密实，体积密度和强度也越大，但胀缩也越大。春材细胞壁薄腔大，而夏材细胞壁厚腔小。

2. 主要性质

当木材中仅细胞壁内充满吸附水，而细胞腔及细胞间隙中无自由水时，称为纤维饱和点。纤维饱和点是木材物理力学性质发生变化的转折点。

（1）湿胀干缩。

木材具有显著的湿胀干缩性，这是由细胞壁内吸着水含量的变化所致。当木材由潮湿状态干燥到纤维饱和点时，其尺寸不变，继续干燥，即当细胞壁中吸着水蒸发时，木材则发生体积收缩。反之，干燥木材吸湿时，将发生体积膨胀，直到含水量达到纤维饱和点，其膨胀值达到最高，以后木材含水量继续增大，体积不再膨胀。木材的收缩和膨胀对木材的使用有严重影响，它会使木材产生裂缝或翘曲变形，以致木结构的接合松弛或凸起、装修部件的破坏等。

（2）强度具有方向性。

木材各向异性的特点也影响了木材的力学性能，使木材的各种力学强度都具有明显的方向性。当顺纹受力(作用力方向与木纹方向一致)时，木材抗压、抗拉强度都高；当横纹受力(木纹方向与作用力方向垂直)时，木材的强度低；而斜纹受力(作用力方向介于顺纹和横纹之间)时，木材强度随着作用力与木纹交角的增大而降低。表 2-3 列出了木材各项强度值比较。

影响木材强度的因素包括：

①含水率。木材的含水率对木材强度影响很大，当细胞壁中水分增多时，木纤维相互

间的连接力减弱，细胞壁软化。因此，当木材含水率在纤维饱和点以内变化时，木材强度随之反向变化，含水率增大，强度下降，含水率降低，强度上升；而含水率在纤维饱和点以上变化时，木材强度不变。含水率在纤维饱和点以内变化时，对各项强度影响最大的是顺纹抗压强度。

表 2-3　不同强度指标的定义与比较

强度类型	方向	典型数值范围/MPa	特点与示例
顺纹抗压强度	平行纤维	30~70 （如松木 40~50）	沿纤维方向受压，承受柱、建筑框架的关键指标，硬木（如橡木）通常高于软木
横纹抗压强度	垂直纤维	5~15	横向受压易变形，需避免局部受压（如螺钉固定时加垫片）
顺纹抗拉强度	平行纤维	70~150 （如云杉 80~120）	纤维方向抗拉能力最强，但木节、裂纹会显著降低强度，常用于桁架拉杆
抗弯强度	混合应力	50~120 （如橡木 80~100）	受弯曲荷载时的极限强度，家具、梁的核心指标，硬木（如山毛榉）表现优异
抗剪强度	顺纹剪切	5~15 （如松木 7~10）	沿纤维方向剪切，木结构节点（如榫卯、螺栓连接）的关键参数，需加强防剪切设计
硬度（Janka 硬度）	表面抗压	500~5000 N （如枫木 1450）	反映耐磨性，底板用材需高硬度（如柚木 > 1000 N），松木等软木易留凹痕

②温度。当环境温度升高时，木材纤维中的胶结物质逐渐软化，因而强度降低。温度超过 40 ℃时，木材开始变黑，强度明显下降；如果环境温度长期超过 50 ℃，不宜采用木结构。当温度降至 0 ℃以下时，木材内水分结冰，木材强度增大，但木质变得较脆，一旦解冻，各项强度都低于未冻时的强度。

③长期荷载。木材对长期荷载的抵抗能力低于对暂时荷载的抵抗能力。这是由于木材长期在外力作用下产生等速蠕滑，会产生大量连续变形。木材在长期荷载下不致引起破坏的最大强度，称为持久强度。木材的持久强度比极限强度小得多，一般为极限强度的50%~60%。

④疵病的影响。木材在生长、采伐、保管过程中，所产生的内部和外部的缺陷，统称为疵病。木材的疵病包括木节、斜纹、裂纹、腐朽和虫害等。这些疵病都不同程度地降低了木材的物理力学性能，降低了木材的等级，甚至使木材失去了使用价值。

2.3　现代建筑工程材料

2.3.1　水泥

水泥是一种粉末状物质，与适量的水混合后，经过物理、化学作用由浆体变成坚硬的石状物，并能将散粒状材料胶结成整体。由于水泥浆体不仅可以在空气中硬化，而且能更好地在水中硬化,故水泥被称为水硬性胶凝材料。水泥是重要的建筑材料之一,广泛应用于各类土木工程之中,如建筑、道路、铁路、水利、海港等工程。

水泥的种类繁多,按其主要水硬性物质名称,可分为硅酸盐水泥、铝酸盐水泥、硫铝酸盐水泥、氟铝酸盐水泥、铁铝酸盐水泥。按其用途和性能,又可分为通用水泥、专用水泥和特性水泥三大类。通用水泥是指用于建筑工程的水泥,如硅酸盐水泥、普通硅酸盐水泥、矿渣硅酸盐水泥、火山灰质硅酸盐水泥、粉煤灰硅酸盐水泥以及复合硅酸盐水泥,即所谓六大水泥。专用水泥是指专门用途的水泥,如砌筑水泥、道路水泥等。特性水泥是指某种性能比较突出的水泥,如快硬水泥、白色水泥、抗硫酸盐水泥、中热低热矿渣水泥、膨胀水泥等。下面主要介绍常用的硅酸盐水泥。

1. 硅酸盐水泥的生产

以石灰质原料(如石灰石)与黏土质原料(如黏土、页岩等)为主,有时辅以少量铁粉,按一定比例配合磨细成生料粉,送入回转窑或立窑,在1450 ℃左右的高温下燃烧,使其达到部分熔融,得到以硅酸钙为主要成分的水泥熟料,再将熟料与适量石膏共同磨细而制成的水泥,称为硅酸盐水泥。硅酸盐水泥生产工艺流程如图2-7所示。

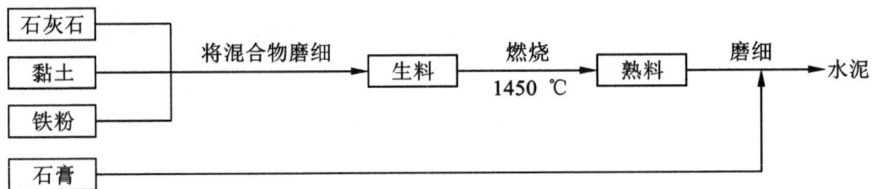

图2-7 硅酸盐水泥生产工艺流程

生料在高温过程中,首先脱水、分解,生成氧化钙(CaO)、二氧化硅(SiO_2)、三氧化二铝(Al_3O_2)、三氧化二铁(Fe_2O_3),然后在更高的温度下,CaO 与 SiO_2、Al_3O_2、Fe_2O_3 相结合,形成新的水泥熟料矿物:

硅酸三钙($3CaO \cdot SiO_2$,简写为 C_3S);

硅酸二钙($2CaO \cdot SiO_2$,简写为 C_2S);

铝酸三钙($3CaO \cdot Al_3O_2$,简写为 C_3A);

铁铝酸四钙($4CaO \cdot Al_3O_2 \cdot Fe_2O_3$,简写为 C_4AF)。

除上述四种主要熟料矿物外,水泥熟料中还含有少量的游离氧化钙(CaO)、氧化镁(MgO)、氧化钾(K_2O)、氧化钠(Na_2O)与三氧化硫(SO_3)等有害成分。熟料中所含的游离 CaO 和 MgO 均系过火石灰,一般在水泥硬化并具有一定强度后,才开始与水缓慢作用,体积增大,使已硬化的水泥浆体开裂,造成水泥体积安定性不良。Na_2O 与 K_2O 则能与某些作为混凝土骨料的岩石发生所谓"碱-骨料"反应,使水泥石胀裂,危害很大。SO_3 数量过多,会引起水泥产生假凝、强度下降或导致水泥石开裂等不良影响。

水泥熟料是具有不同特性的多种熟料矿物的混合物,因此,当熟料中各种矿物的相对含量不同时,水泥的性质也会发生相应的变化。例如,提高 C_3S 的含量,可以制成高强度水泥;提高 C_3S+C_3A 的总含量,可以制得快硬早强水泥;降低 C_3A 与 C_3S 的含量,提高

C_2S 的含量，则可得低水化热水泥(如大坝水泥)等。

2. 水泥的水化与凝结硬化

水泥加水拌合后，就开始了水化反应，成为可塑性的水泥浆。随着水化的不断进行，水泥浆逐步变稠，失去可塑性，但尚不具有强度的过程，称为水泥的凝结。随着水化的进一步进行，水泥浆将产生较高的强度并逐渐发展成为坚硬的人造石-水泥石的过程，称为硬化。水泥的水化是复杂的化学反应，凝结、硬化实质上是一个连续的、复杂的物理化学变化过程，是水化的外在表现，其凝结硬化阶段则是人为划分的。

硅酸盐水泥在一般使用情况下，是在少量水中进行水化作用的。其中，C_3S 水化时，会析出大量的 $Ca(OH)_2$。此外，水泥磨细时所掺的石膏也溶解于水，并与某些成分互相化合。故而，水泥的水化作用，基本上是在 $Ca(OH)_2$ 和 $CaSO_4$ 的饱和溶液或过饱和溶液中进行的，忽略水泥中一些次要的成分和少量的成分，可认为硅酸盐水泥的水化产物主要是 C—S—H 与水化铁酸钙的凝胶，以及氢氧化钙、水化铝酸钙与水化硫铝酸钙的晶体。

经过一定时间，水化物凝胶体的浓度上升，凝胶粒子相互凝聚成网状结构，使水泥浆变稠、失去塑性，这个过程称为凝结。再过若干时间，生成的凝胶增多，被紧密地填充在水泥颗粒间而逐渐硬化。图 2-8 为水泥凝结硬化过程示意图。

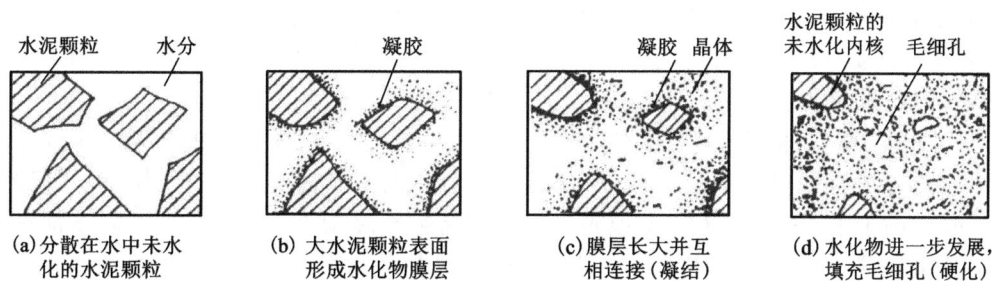

图 2-8　水泥凝结硬化过程示意

凝结与硬化没有明确的界限。水泥浆从流动状态到开始不能流动的塑性状态称为初凝；继续凝固直至完全失去塑性而还不具备强度时的状态称为终凝。

水泥的假凝：水泥和水拌合后几分钟内所出现的一种反常的过早变硬的现象称为假凝。它与急凝不同，在假凝的过程中没有明显的热量放出。一旦出现假凝，可以不用加水再拌合水泥浆，水泥浆又能恢复塑性，直到以普通形式凝结为止，而且没有强度损失。

3. 水泥的技术性质

(1)细度。

水泥颗粒越细，颗粒总表面积越大，水化反应越快、越充分，强度(特别是早期强度)越高，收缩也越大。

(2)凝结时间。

为使混凝土与砂浆有充分时间进行搅拌、运输、浇灌和砌筑，初凝时间不能太早。当施工结束后，则要求混凝土或砂浆尽快凝结并具有强度，终凝时间不能太长。

国家标准规定：硅酸盐水泥的初凝时间不得早于 45 min，终凝时间不得迟于 6.5 h。

(3)体积安定性。

水泥在硬化过程中体积变化是否均匀的性质，称为体积安定性。国家标准规定：游离 MO 的含量应小于5%，SO_3 的含量不得超过3.5%，以保证水泥在这两方面的体积安定性。可用沸煮法检验水泥体积安定性：若用标准稠度水泥净浆做成的试饼煮沸4 h后，经肉眼观察未发现裂纹，用直尺检查没有弯曲，可认为体积安定性合格。

(4)强度。

强度是选用水泥的主要技术指标之一。目前，我国测定水泥强度的试验按照《水泥胶砂强度检验方法(ISO 法)》(GB/T 17671—2021)进行。国家标准《通用硅酸盐水泥》(GB 175—2023)规定，硅酸盐水泥、普通硅酸盐水泥的强度等级分为 42.5、42.5R、52.5、52.5R、62.5、62.5R 六个等级；矿渣硅酸盐水泥、粉煤灰硅酸盐水泥、火山灰硅酸盐水泥的强度等级分为 32.5、32.5R、42.5、42.5R、52.5、52.5R 六个等级；复合硅酸盐水泥的强度等级分为 42.5、42.5R、52.5、52.5R 四个等级。

(5)水化热。

水泥的放热过程可以延续很长时间，但大部分热量在早期释放，特别是在前3 d，水化热及放热速率与水泥的矿物成分及水泥细度有关。

4. 其他品种水泥

在实际施工中，往往会遇到一些有特殊要求的工程，如紧急抢修工程、耐热耐酸工程、新旧混凝土搭接工程等。对这些工程，需要采用其他品种的水泥，如快硬硅酸盐水泥、高铝水泥、白色硅酸盐水泥等。

(1)快硬硅酸盐水泥。由硅酸盐水泥熟料和适量石膏磨细制成的，以3 d抗压强度表示标号的水硬性胶凝材料称为快硬硅酸盐水泥(简称快硬水泥)。由于快硬水泥凝结硬化快，故适用于紧急抢修工程、低温施工工程和高标号混凝土预制件等。快硬水泥在储存和运输中要特别注意防潮，施工时不能与其他水泥混合使用。另外，这种水泥水化放热量大且迅速，不适合用于大体积混凝土工程。

(2)快凝快硬硅酸盐水泥。以硅酸钙、氟铝酸钙为主的熟料，加入适量石膏、粒化高炉矿渣、无水硫酸钠，经过磨细制成的一种凝结快、强度增长快的水硬性胶凝材料，称为快凝快硬硅酸盐水泥(简称双快水泥)。

双快水泥主要用于军事工程、机场跑道、桥梁、隧道和涵洞等紧急抢修工程，同样不得与其他品种水泥混合使用，并注意其放热量大且迅速的特点。

(3)白色硅酸盐水泥。白色硅酸盐水泥熟料加入适量石膏，磨细制成的水硬性胶凝材料，称为白色硅酸盐水泥(简称白水泥)。

白水泥强度高，色泽洁白，可配制彩色砂浆和涂料、白色或彩色混凝土、水磨石等，用于建筑物的内外装修。白水泥也是生产彩色水泥的主要原料之一。

(4)高铝水泥。高铝水泥是一种快硬、高强、耐热及耐腐蚀的胶凝材料。其主要特性有：早期强度高、耐高温和耐腐蚀。高铝水泥主要用于工期紧急的工程，如国防、道路和特殊抢修工程等，也可用于冬季施工的工程。

(5)膨胀水泥。由硅酸盐水泥熟料与适量石膏和膨胀剂共同磨细制成的水硬性胶凝材料，称为膨胀水泥。按水泥的主要成分不同，膨胀水泥分为硅酸盐、铝酸盐和硫铝酸盐型三种；按水泥的膨胀值及其用途不同，膨胀水泥分为收缩补偿水泥和自应力水泥两大类。

前述各种水泥的共同点是在硬化过程中产生一定的收缩，可能造成裂纹、透水，从而不适于某些工程的使用。膨胀水泥在硬化过程中不仅不收缩，还有不同程度的膨胀。膨胀水泥除了具有微膨胀性能外，也具有强度发展快、早期强度高的特点，可用于制作大口径输水管和各种输油、输气管，也常用于有抗渗要求的工程、要求补偿收缩的混凝土结构、要求早强的工程结构节点浇筑等。

2.3.2 钢材

建筑钢材是指用于钢结构的各种型钢(如角钢、工字钢、槽钢、钢管等)、钢板和用于钢筋混凝土结构中的各种钢筋、钢丝和钢绞线等的总称。

1. 钢材的主要性能

钢材有两种完全不同的破坏形式：塑性破坏和脆性破坏。钢材在正常使用条件下，虽然有较高的塑性和韧性，但在某些条件下，仍然存在发生脆性破坏的可能。

塑性破坏的主要特征是破坏前具有较大的塑性变形，常在钢材表面出现明显的相互垂直交错的锈迹剥落线。只有当构件中的应力达到抗拉强度后才会发生破坏，破坏后的断口呈纤维状，色泽发暗。由于塑性破坏前总有较大的塑性变形发生，且变形持续时间较长，容易被发现和抢修加固，因此不致发生严重后果。钢材塑性破坏前有较大的塑性变形能力。

脆性破坏的主要特征是破坏前塑性变形很小，或根本没有塑性变形，可突然迅速断裂，破坏后的断口平直，呈有光泽的晶粒状或人字纹。由于脆性破坏前没有任何预兆，破坏速度又极快，无法被察觉和补救，而且一旦发生，常引发整个结构的破坏，后果非常严重，因此在结构的设计、施工和使用过程中，要特别注意防止这种破坏的发生。

钢材存在的两种破坏形式，和钢材的内在组织构造以及外部的工作条件有关。

(1)钢材在单向一次拉伸下的工作性能。

钢材的多项性能指标可通过单向一次(也称单调)拉伸试验获得。试验一般都是在标准条件下进行的：试件的尺寸符合国家标准，表面光滑，没有孔洞、刻槽等缺陷；按规定的速度增加荷载，直到试件破坏；环境温度为 20 ℃ 左右。钢材的单调拉伸应力-应变曲线如图 2-9 所示。由碳素结构钢的试验曲线可看出，在比例极限以前，钢材的工作是弹性的；比例极限以后，进入弹塑性阶段；达到屈服点后，出现了一段纯塑性变形，也称塑性平台；此后强度又有所提高，出现所谓强化阶段，直至产生颈缩而破坏。

钢材的一次拉伸应力-应变曲线提供了三个重要的力学性能指标：抗拉强度、伸长率和屈服点。抗拉强度是钢材的一项重要的强度指标，它反映钢材受拉时所能承受的极限应力。伸长率是衡量钢材断裂前塑性变形能力的指标。屈服点是结构设计中应力允许达到的最大限值，因为当构件中的应力达到屈服点后，结构会因过度的塑性变形而不适于继续承载。承重结构的钢材应满足相应国家标准对上述三个力学性能指标的要求。

(2)冷弯性能。

钢材的冷弯性能由冷弯试验确定。试验时，根据钢材不同的牌号和板厚，按国家相关标准规定的弯心直径，在试验机上把试件弯曲 180°，以试件表面和侧面不出现裂纹和分层为合格。冷弯试验不仅能检验材料承受规定的弯曲变形能力的大小，还能显示其内部的冶金缺陷，是判断钢材塑性变形能力和冶金质量的综合指标。

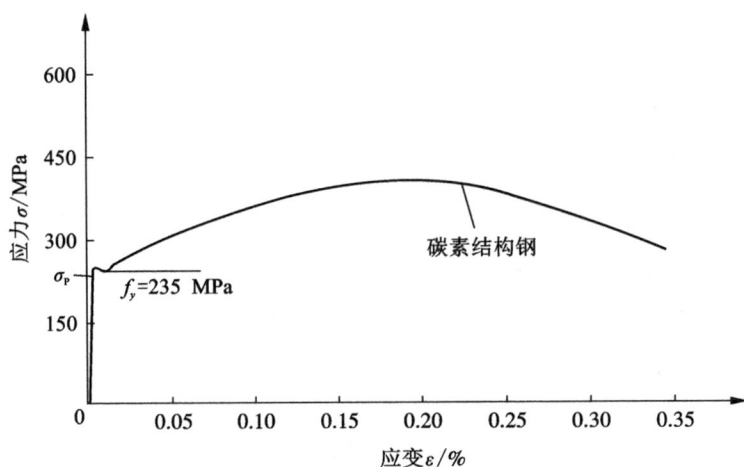

图 2-9　钢材的单调拉伸应力-应变曲线

（3）冲击韧度。

由单调拉伸试验获得的塑性没有考虑应力集中和动荷载作用的影响，只能用来比较不同钢材在正常情况下的塑性大小。冲击韧度也称缺口韧性，是评定带有缺口的钢材在冲击荷载作用下抵抗脆性破坏能力的性能，通常用带 V 形缺口的标准试件做冲击试验，以击断试件所消耗的冲击吸收功大小来衡量钢材在冲击荷载下抵抗脆性破坏的能力。

试验结果表明，钢材的冲击韧度值随温度的降低而降低，但不同牌号和质量等级钢材的降低规律有很大的不同。

（4）钢材的焊接性能。

受碳含量与合金元素含量的影响。当碳含量在 0.12%～0.20% 时，碳素钢的焊接性能最好；碳含量超过上述范围时，焊缝发热影响区容易变脆。钢材焊接性能的优劣除了与钢材的碳含量有直接关系之外，还与母材厚度、焊接方法、焊接工艺参数以及结构形式等条件有关。目前，国内外都采用试验的方法来检验钢材的焊接性能。

2. 建筑钢材的应用

建筑钢材可分为钢结构用钢材和钢筋混凝土结构用钢材两大类。各种型钢和钢筋的性能主要取决于所用钢种及其加工方式。

（1）钢结构用钢材。

钢结构用钢材主要包括碳素结构钢、低合金高强度结构钢及钢结构用型钢。

1）碳素结构钢。现行国家标准《碳素结构钢》（GB/T 700—2006）具体规定了它的牌号表示方法、代号和符号、技术要求、试验方法、检验规则等。碳素结构钢的牌号由代表屈服点的字母 Q、屈服点数值（单位为 MPa）、质量等级符号、脱氧方法符号等四个部分组成。碳素结构钢按屈服强度的数值分为 195、215、235、275（MPa）四种；按硫、磷杂质含量由多到少分为 A、B、C、D 四个质量等级；按照脱氧方法不同分别用"F"表示沸腾钢，"b"表示半镇静钢，"Z"表示镇静钢，"TZ"表示特种镇静钢。在具体标注时，"Z"和"TZ"可以省略，如 Q235B 代表屈服点为 235 MPa 的 B 级镇静钢。

2）低合金高强度结构钢。根据国家标准《低合金高强度结构钢》(GB/T 1591—2018)规定，低合金高强度钢根据屈服强度共分 Q355、Q390、Q420、Q460、Q500、Q550、Q620、Q690 等 8 个牌号，根据硫、磷等杂质含量由多到少分为 B、C、D、E、F 等 5 个质量等级。

在钢结构中，常采用低合金高强度结构钢轧制的型钢、钢板来修建桥梁、高层及大跨度建筑。在重要的钢筋混凝土结构或预应力钢筋混凝土结构中，主要应用低合金钢加工成的热轧带肋钢筋。

3）钢结构用型钢。钢结构构件一般应直接选用各种型钢。构件之间可直接或通过附接钢板连接。连接方式有铆接、螺栓连接和焊接。所用母材主要是碳素结构钢及低合金高强度结构钢。型钢有热轧和冷轧成型两种。钢板也有热轧和冷轧两种。

①钢板。钢板有厚钢板、薄钢板、扁钢(或带钢)之分。厚钢板常用作大型梁、柱等实腹式构件的翼缘和腹板，以及节点板等；薄钢板主要用来制造冷弯薄壁型钢；扁钢可用作焊接组合梁、柱的翼缘板、各种连接板、加劲肋等。钢板截面的表示方法为在符号"—"后加"宽度×厚度"，如—200×20 等。钢板的供应规格如下。厚钢板：厚度 4.5~6.0 mm，宽度 600~3000 mm，长度 4~12 m。薄钢板：厚度 0.35~4 mm，宽度 500~1500 mm，长度 0.5~4 m。扁钢：厚度 4~60 mm，宽度 12~200 mm，长度 3~9 m。

②热轧型钢。常用的热轧型钢有角钢、工字钢、槽钢、T 形钢、H 形钢、L 形钢等，如图 2-10 所示。

③冷弯薄壁型钢。冷弯薄壁型钢通常用 2~6 mm 厚的薄钢板冷弯或模压而成，有角钢、槽钢等开口薄壁型钢及方形、矩形等空心薄壁型钢，主要用于轻型钢结构中，如图 2-10 所示。

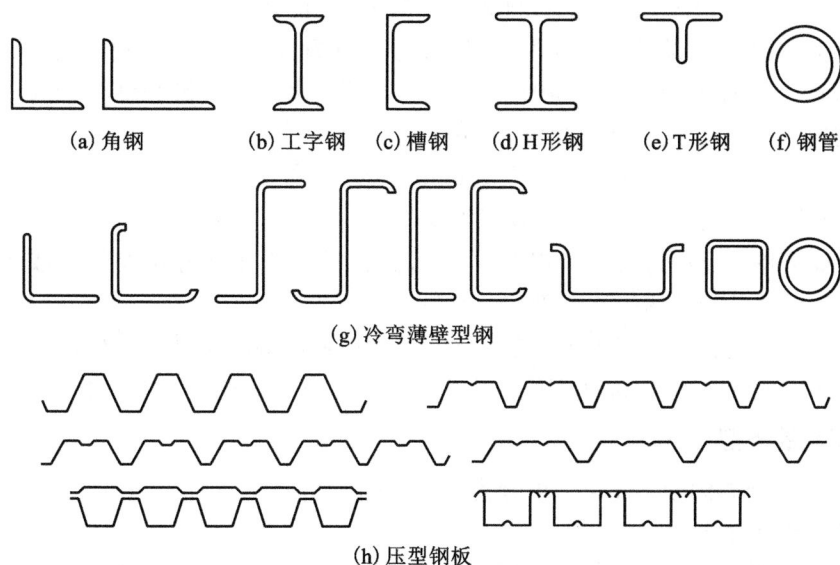

(a) 角钢　　(b) 工字钢　　(c) 槽钢　　(d)H 形钢　　(e)T 形钢　　(f) 钢管

(g) 冷弯薄壁型钢

(h) 压型钢板

图 2-10　型钢和冷弯薄壁型钢

我国建筑用热轧型钢主要采用碳素结构钢 Q235-A,其强度适中,塑性及可焊性较好,成本低,适合建筑工程使用。在钢结构设计规范中,推荐使用的低合金钢主要有 Q345 (16Mn)及 Q390(15 MnV)两种,可用于大跨度、承受动荷载的钢结构中。

(2)钢筋混凝土结构用钢材。

钢筋混凝土结构用的钢筋、钢丝和钢绞线,主要由碳素结构钢或低合金结构钢轧制而成。其主要品种有热轧钢筋、冷加工钢筋、热处理钢筋、预应力混凝土用钢丝和钢绞线。钢筋通常按直条供货,直径不大于 12 mm 的钢筋也可按盘卷(也称盘条)供货。直条钢筋长度一般为 6 m 或 9 m。

3.钢材选用原则和建议

钢材的选用既要确保结构物的安全可靠,又要经济合理,必须慎重对待。为了保证承重结构的承载能力,防止在一定条件下出现脆性破坏,应根据结构的重要性、荷载特征(动荷载或静荷载)、连接方法(焊接、螺栓连接、铆接)、工作环境(常温或低温)、应力状态(拉、压、剪)和钢材厚度等因素综合考虑,选用合适牌号和质量等级的钢材。

一般而言,直接承受动荷载的构件或结构、重要的构件或结构、采用焊接连接的结构以及处于低温下工作的结构,应采用质量等级较高的钢材。

承重结构采用的钢材应具有抗拉强度、伸长率、屈服点和硫、磷含量的合格保证,对焊接结构尚应具有碳含量的合格保证。重要的承重结构采用的钢材,还应具有冷弯试验合格保证。受动荷载作用时,钢材应具有冲击韧性的合格保证。

2.3.3 混凝土

混凝土是由胶凝材料、水、粗骨料和细骨料按适当比例配合拌制,经一定时间硬化而成的人造石材。其按胶凝材料可分为水泥混凝土、沥青混凝土、聚合物混凝土等。

水泥混凝土是常用的一种混凝土。它是由水泥、水、粗骨料和细骨料按适当比例配合,拌制均匀,浇筑成型,经硬化后形成的人造石材。

混凝土是一种常用的建筑材料,具有许多优点,具体如下:

(1)组成材料中的砂、石等材料取材方便。

(2)在凝结硬化前具有良好的塑性,可浇筑成各种形状和大小的结构物或构件。

(3)硬化后具有较高的抗压强度与耐久性。

(4)混凝土与钢筋之间有牢固的黏结力,能制作钢筋混凝土结构或构件。

混凝土材料的缺点为抗拉强度低,受拉时变形能力小,容易开裂,自重大。

1.混凝土的类型

根据不同的分类标准,混凝土可分为以下几类。

(1)按胶凝材料分。

1)无机胶凝材料混凝土,如水泥混凝土、石膏混凝土、水玻璃混凝土等;

2)有机胶凝材料混凝土,如沥青混凝土、聚合物混凝土等。

(2)按表观密度分。

1)重混凝土:干表观密度大于 2800 kg/m³,采用特别密实和特别重的骨料(如重晶石、铁矿石、钢屑等)配制而成,常用于防辐射工程或耐磨结构,也可用于工程配重。

2)普通混凝土：干表观密度为 2000～2800 kg/m³，以天然的砂、石作骨料配制而成，在建筑工程中常用于房屋及桥梁的承重结构、道路路面、水工建筑物的堤坝等。

3)轻混凝土：干表观密度小于 2000 kg/m³，由较轻和多孔的骨料(如浮石、煤渣等)制成，常用作绝热、隔声或承重材料。

(3)按使用功能分。

防水混凝土、耐热混凝土、耐酸混凝土、耐碱混凝土、水工混凝土、港工混凝土等。

(4)按强度特征分。

早强混凝土、超早强混凝土、高强混凝土、超高强混凝土、高性能混凝土(HPC)等。

(5)按坍落度大小分。

低塑性混凝土、塑性混凝土、流动性混凝土、大流动性混凝土、流态混凝土。

(6)按维勃稠度值分。

超干硬性混凝土、特干硬性混凝土、干硬性混凝土、半干硬性混凝土。

(7)按施工工艺分。

普通浇筑混凝土、离心成型混凝土、喷射混凝土、泵送混凝土等。

(8)按配筋情况分。

素混凝土、钢筋混凝土、纤维混凝土等。

2. 普通混凝土的组成材料

普通混凝土(简称混凝土)由水泥、砂、石和水组成，根据需要常加入适量的外加剂和掺合剂，表观密度为 1930～2500 kg/m³。

(1)混凝土中各组成材料的作用。

在混凝土中，砂、石起骨架作用，称为骨料；水泥与水形成水泥浆，水泥浆包裹在骨料表面并填充其空隙。在硬化前，水泥浆起润滑作用，赋予拌合物一定的和易性，便于施工。硬化后，水泥浆起胶结作用，将骨料胶结成一个坚实的整体。混凝土结构如图 2-11 所示。

(2)混凝土组成材料的技术要求。

混凝土组成材料的性质及其含量对混凝土的技术性质有很大的影响，混凝土的施工工艺(搅拌、运输、养护等)对混凝土的技术性质也有影响。

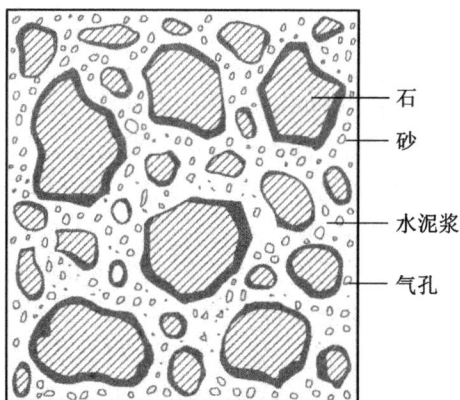

图 2-11　混凝土结构

1)水泥品种的选择。配制混凝土时应根据工程性质、部位、施工条件、环境状况等，按各种水泥的特性做出合理的选择，可参考五种常用水泥的选用表进行选择。水泥强度等级的选择应与混凝土的设计强度等级相适应，基本原则为：配制高强度等级的混凝土，应选用高强度等级的水泥；配制低强度的混凝土，应选用低强度等级的水泥。

2)骨料。混凝土体积中骨料的体积占 60%～80%，骨料按粒径的大小分为粗骨料和细骨料。骨料的技术性能直接影响混凝土的性能。

①细骨料。细骨料是指粒径在 0.16~5 mm 的砂。常用的砂有河砂、海砂及山砂。对砂的要求有以下几方面：

有害杂质。砂中常含有云母、黏土、淤泥、粉砂等杂质，如果这些杂质的含量超过规定的标准，会影响混凝土的性能。工程中应严格控制砂的有害杂质的含量。

颗粒形状及表面特性。砂的颗粒形状及表面特征会影响砂与水泥的黏结及混凝土拌合物的流动性。表面粗糙带有棱角的山砂与水泥拌制的混凝土强度较高，但混凝土拌合物的流动性较差；表面圆滑的河砂、海砂与水泥的黏结较差，拌制的混凝土强度较低，但拌合物的流动性较好。

颗粒级配及粗细程度。颗粒级配就是大小颗粒的搭配情况。从图 2-12 可看出：在混凝土中，相同粒径砂的空隙最大[图 2-12(a)]；两种不同粒径的砂搭配起来，空隙减小[图 2-12(b)]；三种不同粒径的砂搭配，空隙就更小了[图 2-12(c)]。可见，要想减小砂粒间的空隙，就要选用大小不同的粒径的砂进行搭配，以提高混凝土的强度。砂的粗细程度，通常有粗砂、中砂与细砂之分。在一般情况下，用粗砂拌制混凝土比用细砂所需的水泥浆少。

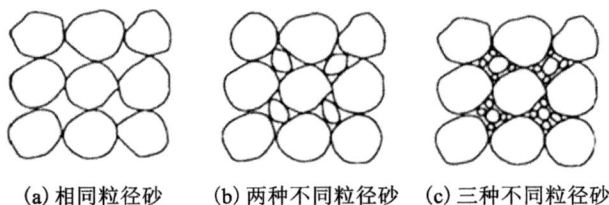

(a) 相同粒径砂   (b) 两种不同粒径砂   (c) 三种不同粒径砂

图 2-12   骨料颗粒搭配

坚固性。砂的坚固性是指砂在气候、环境变化或其他物理因素作用下抵抗破裂的能力。砂在长期受到各种自然因素的综合作用下，其物理力学性能会逐渐下降，这些自然因素包括温度变化、干湿度变化和冻融循环等。因此，混凝土中对砂的坚固性有相应要求。

②粗骨料。粗骨料是指粒径大于 5 mm 的骨料，俗称石。常用的粗骨料有碎石与卵石。碎石是天然岩石经机械破碎、筛分得到的。卵石是由自然风化、水流搬运、分选得到的。配制混凝土的粗骨料有以下几个方面的要求。粗骨料中常含有一些有害杂质，如黏土、淤泥、细屑、硫酸盐、硫化物和有机杂质。这些有害杂质会对混凝土的性能产生影响，在工程中同样需严格按照标准控制混凝土用粗骨料中有害杂质的含量。粗骨料的颗粒形状及表面特征会影响粗骨料与水泥的黏结及混凝土拌合物的流动性，表面粗糙带有棱角的碎石，与水泥黏结较好，其拌制的混凝土强度较高，但流动性较差；表面光滑的卵石，与水泥黏结较差，其拌制的混凝土强度较低，但流动性较好。粗骨料的颗粒形状还有叶状和片状的，叶、片状颗粒过多，会使混凝土的强度降低及流动性减小。因此，叶片状颗粒的含量不宜大于 10%。粗骨料的最大粒径应尽量选用得大些，但混凝土中粗骨料的选用还受到结构或构件截面最小尺寸、混凝土中布置钢筋的最小净距和混凝土施工工艺的控制，粗骨料的颗粒级配对混凝土的作用和细骨料大致相同，石子级配对节约水泥和保证混凝土具有良好的和易性有很大影响；为了保证混凝土的强度要求，粗骨料也应质地致密，具有足够的

强度，必要时应进行岩石抗压检验。粗骨料的坚固性对混凝土的作用大致与细骨料相同。

3）混凝土拌合水和养护用水。拌制和养护混凝土用水应选用饮用水、清洁的地表水、地下水以及经适当处理后的工业废水（中水），总的要求为：不得影响混凝土的凝结；不得有损混凝土的强度发展；不得降低混凝土的耐久性；不得加快钢筋腐蚀及导致预应力钢筋脆断；不得污染混凝土表面。因此，海水和其他含有害化学物质较多的水不能用于混凝土的拌合和养护。

4）混凝土外加剂。它是指在拌制混凝土过程中掺入的用以改善混凝土某种性能的物质，其掺量一般不大于水泥用量的 5%。混凝土外加剂对改善混凝土拌合物的和易性，调节凝结硬化时间，控制强度发展和提高耐久性等方面起着显著作用。近年来，混凝土外加剂获得迅速发展和推广，已成为混凝土的第五组分。常用的混凝土外加剂有减水剂、早强剂、引气剂（加气剂）、速凝剂、缓凝剂、防水剂、泵送剂等。

3. 普通混凝土的主要技术指标

混凝土在未凝结硬化以前，称为混凝土拌合物。混凝土拌合物要求具有良好的和易性，以方便施工和保证良好的浇筑质量。混凝土拌合物凝结硬化后，要求具有足够的强度和必要的耐久性。

（1）混凝土拌合物的和易性。混凝土拌合物的和易性也可称工作性，是指混凝土在搅拌、运输、浇灌、捣实等过程中易于操作，能保持质量均匀而不发生离析的性能。

1）和易性的概念。混凝土拌合物的和易性是一项综合性能，包括流动性、黏聚性和保水性三方面。流动性是指混凝土拌合物在自重或机械振捣作用下产生流动，能均匀密实地填满模板的性能；黏聚性是指混凝土拌合物在施工过程中各组成材料之间有一定的黏聚力，不产生分离和离析现象，保持整体均匀的性能；保水性是指混凝土拌合物在施工过程中，具有一定的保水能力，不致产生严重泌水现象，泌出的水会形成泌水通道，影响混凝土的密实，降低混凝土的强度、抗渗性和耐久性。

2）和易性的测定和选择。目前还没有能够比较全面反映混凝土拌合物和易性的测定方法。通常采用坍落度测定混凝土拌合物的流动性，同时目测拌合物的黏聚性和保水性。

3）坍落度试验。将混凝土拌合物按规定的方法装入标准的坍落筒（无底）内，装满刮平后，垂直向上将筒提起，混凝土拌合物将在自身重力作用下产生坍落，坍落后拌合物最高点与坍落筒之间的高差（mm），即为该混凝土拌合物的坍落度。坍落度数值越大表示流动性越大，如图 2-13 所示。

测定坍落度的同时应观测混凝土拌合物的黏聚性和保水性。其方法为：用捣棒在已坍落的混凝土锥体侧面轻轻敲打，若锥体均匀下沉，则表示黏聚性较好，若锥体出现崩坍，则表示黏聚性不好。保水性是当坍落筒提起后，观察锥体周围

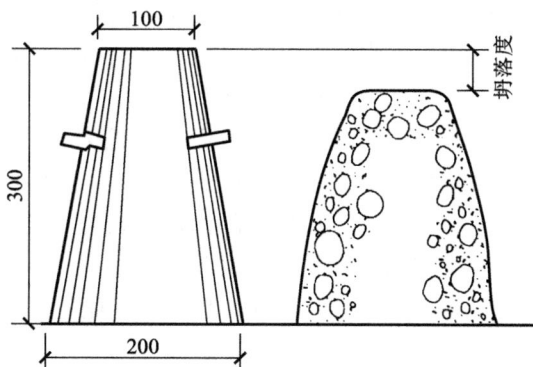

图 2-13　混凝土拌合物坍落度的测定（单位：mm）

析出的水泥浆多少，析出水泥浆较少者，保水性好。

4)影响和易性的因素。影响和易性的因素主要是水泥浆的数量、稠度、砂率和外加剂。

水泥浆使混凝土拌合物产生流动性。在水灰比不变的前提下，单位体积混凝土拌合物内，水泥浆越多，拌合物的流动性越强。但水泥浆不宜过多，否则将产生流浆现象。水泥浆数量也不宜过少，否则不能填满骨料之间的空隙。可见，混凝土拌合物中的水泥浆数量应以满足流动性为宜。

水泥浆的稠度由水灰比决定，水灰比越小，水泥浆越稠，混凝土拌合物的流动性越差，越不利于混凝土浇筑；但水灰比太大，则会产生流浆等现象。可见，水灰比不能过大或过小。

砂率是指混凝土中砂的质量占砂、石总质量的百分比，表示混凝土中砂与石的组合关系。砂率越大，混凝土中砂的比例越高。所以砂率大的混凝土拌合物显得干稠、流动性差，而砂率过小，则砂的体积不足以填充石之间的空隙，混凝土拌合物的流动性也不好，所以在配制混凝土时要合理选择砂率。

外加剂可改变混凝土的性能，加入少量的引气剂、减水剂等外加剂，可使混凝土拌合物获得较好的和易性。

(2)混凝土的强度。混凝土拌合物经过硬化，应达到规定的强度要求。混凝土的强度包括抗压、抗拉、抗弯、抗剪强度等，其中抗压强度最大，故混凝土主要用来承受压力。

混凝土的抗压强度是把混凝土制成边长为 150 mm 的立方体标准块，在标准条件下［温度(20±2) ℃，相对湿度95%以上］养护到 28 d 龄期，测得的具有95%保证率的强度值，简称立方体抗压强度。混凝土强度通常是指混凝土的抗压强度。

混凝土强度等级是按混凝土立方体抗压标准强度来划分的。混凝土强度等级采用符号"C"与立方体抗压强度标准值(单位为 MPa)来表示。混凝土可划分为 C15、C20、C25、C30、C35、C40、C45、C50、C55、C60、C65、C70、C75、C80 等十四个等级。混凝土强度等级是混凝土结构设计、施工质量控制和工程验收的重要依据。

影响混凝土抗压强度的因素很多，主要有组成材料的配合比、养护条件、龄期等。

混凝土的强度主要取决于水泥石的强度及其与骨料间的黏结力，两者均随水泥强度和水灰比的变化而变化。水灰比较小，混凝土中所加水分除去与水泥化合反应外，剩余水分较少，混凝土内部结构密实，孔隙少，强度较高；水灰比较大，则剩余水分较多，在混凝土中形成较多的孔隙，强度明显下降。

骨料本身强度一般都比水泥石的强度高，不会直接影响混凝土的强度。若使用低强度的岩石，会使混凝土的强度降低，用碎石配制的混凝土比用卵石配制的混凝土强度高。

养护条件主要是指环境的温度和湿度。当环境温度较高时，混凝土强度发展就较快。当温度低于 0 ℃时，混凝土强度不发展。当环境湿度较小时，混凝土会因环境干燥而失水，强度不继续发展。所以，为保证混凝土强度，周围环境需尽量保持较高的温度和必要的湿度。

混凝土在正常养护条件下，强度随着龄期的增加而增长。最初的 7~14 d，强度增长较快，28 d 以后增长缓慢，增长过程可延续数十年。

(3)混凝土的耐久性。

混凝土的耐久性是指抵抗环境介质作用并长期保持其良好的使用性能和外观完整性

的能力，主要包括抗渗、抗冻、抗侵蚀、碳化、碱-骨料反应、干缩等性能。

1）抗渗性。抗渗性是指混凝土抵抗水、油等液体的压力作用并保护不渗透的性能。抗渗性直接影响混凝土的抗冻性和抗侵蚀性，是耐久性性质中重要的指标。

2）抗冻性。混凝土在冰冻作用下，由混凝土内部孔隙中的水结冰造成体积膨胀，产生裂缝，反复冻融使裂缝不断扩展并使其强度下降，直到局部或整体破碎。

3）抗侵蚀性。混凝土发生侵蚀，主要是在外界侵蚀介质作用下受到破坏引起的，与所选用的水泥品种及混凝土本身的密实度有关。

4）混凝土的碳化。混凝土的碳化是指环境中的二氧化碳与水泥石中的氢氧化钙作用，减弱了混凝土对钢筋的防锈保护作用，碳化还将引起混凝土体积收缩，使其产生细微裂缝，引起强度下降。

5）碱-骨料反应。碱-骨料反应是指硬化混凝土中所含的碱与骨料中活性成分发生反应，生成具有吸水膨胀性的产物，在有水的条件下吸水膨胀，导致混凝土开裂，影响耐久性。

6）干缩。干缩是指混凝土因毛细孔和凝胶体中水分蒸发与散发而引起体积缩小，当干缩受到限制时，混凝土会出现干缩裂缝，从而影响耐久性。

2.3.4 钢筋混凝土

钢筋混凝土是在混凝土中配置钢筋形成的复合建筑材料，它既可以充分利用混凝土的抗压强度，又可以发挥混凝土对钢筋的保护作用，充分利用钢筋的抗拉、抗弯强度，因此钢筋混凝土结构被广泛应用于建筑工程、桥梁工程等土木工程中。

1. 钢筋混凝土的优点

（1）合理发挥材料的性能。混凝土具有很高的抗压强度，但抗拉强度却很低，而钢筋是一种抗拉强度很高的结构材料，在构件的受压部分用混凝土，在构件的受拉部分用钢筋，大大提高了构件的承载力，充分发挥了材料的性能。

（2）耐久性好。在钢筋混凝土结构中，混凝土的强度随着时间的增加而增长，并且钢筋受到混凝土的保护而不易锈蚀。

（3）耐火性好。混凝土包裹在钢筋之外，起着保护钢筋的作用，避免钢筋因达到软化温度而造成结构整体破坏。

（4）整体性好。钢筋混凝土结构（特别是现浇的钢筋混凝土结构）整体性好。

（5）就地取材。钢筋和混凝土两种材料都比较容易得到，价格也比较低。

（6）灵活性大。可以根据构件的受力情况，合理配置钢筋和确定混凝土等级，达到经济合理的效果。

2. 钢筋混凝土的缺点

（1）自重大。普通钢筋混凝土自重比钢结构大，不宜用于大跨度、高层建筑。

（2）抗裂性差。混凝土的抗拉强度及极限拉应变都很小，所以在荷载的作用下，一般均带裂缝工作。

（3）保温效果差。普通钢筋混凝土的导热系数较大，热量容易传递。

另外，钢筋混凝土还有施工受气候条件限制、修复困难等缺点。

2.3.5 预应力钢筋混凝土

普通钢筋混凝土结构的裂缝出现过早,为克服这一缺点,充分利用高强度材料,可以设法在结构构件受外荷载作用前,预先对由外荷载引起的混凝土受拉区施加压力,以此产生预压应力来减小或抵消外荷载所引起的混凝土拉应力,从而使结构构件的拉应力不大,甚至处于受压状态。这种在构件受荷载以前预先对混凝土受拉区施加压应力的结构称为预应力混凝土结构。对于裂缝控制严格、密闭性或耐久性要求高、变形要求严格的结构物,宜采用预应力钢筋混凝土结构。

2.3.6 特种混凝土

1. 轻骨料混凝土

轻骨料混凝土又称轻集料混凝土,是指粗骨料选用轻骨料,细骨料选用轻骨料或普通砂,表观密度不大于 1950 kg/m^3 的混凝土。

轻骨料一般指多孔的人造陶粒、工业废渣、天然浮石等堆积密度不大于 1000 kg/m^3 的粗骨料,以及粒径不大于 5 mm,堆积密度不超过 1100 kg/m^3 的轻砂。大部分轻骨料具有微小的气孔,表观密度小,所拌制的混凝土自重小。

与普通混凝土相比,轻骨料混凝土孔隙率高,表观密度小,吸水率大,强度低,可用于房屋围护结构或承重构件,同时具有轻质、保温、隔热等性能。

2. 多孔混凝土

多孔混凝土是内部均匀分布着大量微小气泡的轻质混凝土。多孔混凝土按其气孔形成的方式不同,分为加气混凝土、泡沫混凝土和大孔混凝土。

(1)加气混凝土由硅质材料和石灰、水泥,掺入发气剂,加水拌匀,经蒸压或蒸养而成。加气混凝土表观密度为 400~800 kg/m^3,可制成配筋条板,用作楼板、墙体和屋面构件。

(2)泡沫混凝土由水泥浆和泡沫剂搅拌均匀,经浇筑、养护硬化而成。泡沫混凝土的性能和用途与加气混凝土基本相同,不过泡沫混凝土可现场浇筑。

(3)大孔混凝土是以粗骨料、水泥和水配制而成的一种轻质混凝土,又称无砂大孔混凝土。在大孔混凝土中,水泥浆仅将粗骨料黏在一起,而不填满粗骨料之间的空隙,因而形成大孔结构。因大孔混凝土中孔隙较大,所以其强度较低,为提高其强度,也可掺入少量细骨料,这种混凝土称为少砂大孔混凝土。大孔混凝土的表观密度为 800~1500 kg/m^3,多用作非承重墙体材料,由于孔隙率大,具有透水性,还可以用于排水工程或建筑工程中的排水暗管或井管。

3. 防水混凝土

防水混凝土是指具有良好抗渗性并达到防水要求的混凝土,通常可以用改善骨料颗粒级配,适当增加水泥用量,掺加适当外加剂等办法使混凝土均匀密实,减少甚至杜绝混凝土内部的毛细管通路,以达到较高的抗渗、防水性能。富水泥浆防水混凝土一般指采用较小的水灰比、较高的水泥用量(不低于 300 kg/m^3)、合理的砂率配制而成的混凝土,富水泥浆防水混凝土适用于环境潮湿的地下结构的防水工程。

骨料级配防水混凝土是指严格控制砂、石级配及其混合比例,使骨料之间的空隙充分填充,使混凝土获得最大的密实度,以提高抗渗性能,达到防水效果的混凝土。

外加剂防水混凝土是在混凝土中掺入外加剂来改善其内部结构,从而提高抗渗性的混凝土。常用的外加剂有密实剂、复合外加剂等。

4. 耐热混凝土

耐热混凝土通常指长期经受高温(200 ℃以上)作用,并能在高温下保持其物理力学性能的混凝土。根据所用胶凝材料的不同,耐热混凝土可分为硅酸盐水泥耐热混凝土、铝酸盐水泥耐热混凝土等。

5. 纤维混凝土

纤维混凝土是在普通混凝土中掺加各种纤维制成的混凝土,如钢纤维、碳纤维、尼龙、聚丙烯等。纤维的作用是提高混凝土的抗拉强度,降低脆性,提高抗裂性。在纤维混凝土中,纤维的含量以及纤维的特性对其性能有很大影响。其主要应用于路面、桥面、机场跑道等工程中。

6. 泵送混凝土

泵送混凝土是指坍落度在 100 mm 以上,适用于用泵输送的混凝土。其拌合物具有流动性大、不离析的特性,要保证混凝土在泵送管道中顺利输送,就要求混凝土拌合物在输送中阻力小,不离析,不泌水,不阻塞。为此,除对混凝土的组成材料有具体要求外,还应掺入泵送剂或减水剂,必要时还应掺入粉煤灰等。泵送混凝土已在高层建筑、大型工业与民用建筑、桥梁工程、港口工程等领域广泛应用。

7. 装饰混凝土

装饰混凝土是利用混凝土本身的水泥和骨料的颜色、质感而用作饰面工程的混凝土。常用的装饰混凝土有彩色混凝土、图案混凝土、图案花饰混凝土、清水混凝土等。

2.4　其他材料

2.4.1　防水材料

沥青是一种褐色或黑褐色的有机胶凝材料,在建筑、公路、桥梁等工程中有着广泛的应用,其主要用途是生产防水材料和铺筑沥青路面等。

目前常用的 SBS 改性沥青防水卷材尤其适用于寒冷地区、结构变形频繁地区的建筑物防水。施工时不需要现场熬制沥青,而是以汽油喷灯直接烘烤卷材表面,使表面沥青熔化后卷材可以相互黏结或者与混凝土黏结。目前,沥青类防水卷材用量约占防水卷材市场总量的 80%。

2.4.2　保温材料

在建筑和工业中采用良好的保温技术和材料,往往能起到事半功倍的效果。统计表明,建筑中每使用一吨矿物棉绝热制品,一年可节约一当量吨石油。采用良好的绝热措施与材料，可显著降低采暖与空调能耗，改善居住环境，同时有较好的经济效益。保温材料分为无机保温材料和有机保温材料等。

1. 无机保温材料

无机保温材料包括纤维建材、粒状材料和多孔材料等。纤维建材有天然纤维建材（石棉）、人造纤维（矿物棉、玻璃棉等）。粒状材料主要是指膨胀珍珠岩及其制品，是以珍珠岩为原材料，经破碎、预热、焙烧，使其内部结合，挥发性成分急剧膨胀并迅速冷却而成白色松散颗粒。膨胀珍珠岩是一种良好的超轻质高效能保温材料。多孔材料包括加气混凝土、泡沫混凝土和泡沫玻璃等。

2. 有机保温材料

软木及软木板、水泥木丝板、泡沫塑料、轻质钙塑板、轻质纤维板等都属于有机保温材料。

2.5 绿色建材

人类所使用的材料会对人类健康产生影响，这样的事情在历史上早有先例。古罗马帝国热衷于使用含铅的器具和输水管，经过数代积累引发了普遍的慢性中毒，有关专家认为，这是古罗马帝国最终灭亡的原因之一。

随着工业发展和科学技术进步，人类的生活水平大幅提高，人口数量也逐渐增加，导致人类从自然界获取的资源量越来越多，同时也给自然界和人类自身造成了环境破坏、资源耗尽、健康受损等问题。在此背景下，绿色建材的概念应运而生。绿色建材主要包含以下内容：

（1）不含或少含有害有机挥发物（如甲醛、苯、卤化物溶剂、汞及其他化合物等）的涂料、复合实木地板、强化地板（复合地板）等。

（2）低放射性的花岗岩、大理石、瓷砖、空心砖等。

（3）使用工业废料和建筑垃圾制成的墙体砌块、混凝土等。

（4）不含有害重金属元素的给排水设备，尽量使用塑料管材、节水马桶、节水水嘴等。

绿色建材的理念被我国土木工程界接受后，各种合理的材料和施工标准纷纷出台，一些落后的产品、材料、施工工艺逐渐被淘汰，这为人类健康、环境保护做出了巨大贡献。

练习题

（1）根据课程中对各种材料的介绍，找到生活中这些材料在哪些场所应用。

（2）水泥、砖、钢材的种类有哪些？

（3）混凝土的材料组成、主要技术要求是什么？

（4）根据材料的特点，思考其适用于土木工程中不同场所的原因。

（5）水泥的主要技术性能指标有哪些？

（6）绿色建材的绿色有何含义？

第3章

建筑工程

　　建筑工程一般称为工业与民用建筑工程(简称工民建)，它是对兴建房屋过程中规划、勘察、设计、施工的总称，最终成果是满足使用功能要求的各种房屋和构筑物，包括办公楼、住宅、厂房、仓库、电视塔、水池和烟囱等。从某个时期来看，建筑物最能体现当时的先进技术、建筑风格与艺术。

　　建筑物最初是人类为了避风雨和防备野兽侵袭的需要而搭建的，《周易·系辞传下》中就有"上古穴居而野处，后世圣人易之以宫室，上栋下宇，以待风雨"的记载。距今约1.8万年前的北京周口店龙骨山山顶洞人住在天然岩洞里；六七千年前的原始社会居住遗址——西安半坡村遗址，已经有用木骨(架)泥墙构成的居室，在建筑的一侧，留有明显的人工壕沟，考古工作者认为其作用是防御野兽侵袭。

　　随着社会生产力的发展，奴隶制社会取代了原始社会。在这个时期，我国已经出现了城邑、宗庙和宫殿建筑，例如在河南安阳殷墟中发现了宫室、宗庙等。

　　统治阶级出现后，为满足统治阶级需求的建筑也应运而生，例如建于公元前2723—前2563年的埃及最大的金字塔，就是古埃及第四王朝统治者——法老的陵墓，巨大的方锥体象征法老的权威是不可动摇的。随着佛教的传入，古印度埋藏佛舍利的半圆形土、石堆建筑也传入中国，并且和中国的传统重楼建筑相结合，形成了独特的建筑类型——塔，始建于7世纪的西安大雁塔和8世纪的西安小雁塔便是其中的代表。

　　封建社会的进一步发展和资本主义社会的出现，为建筑提供了更新的技术和更雄厚的物质基础。北京故宫建成于1420年，单紫禁城内宫室就有9000多间，占地72万 m^2，是世界上规模最大的宫殿组群建筑，它保存了中国传统建筑形式，综合了形体上的壮丽、工程上的完美、布局上的庄严秩序。这一气魄宏大的宫殿建筑，充分体现了我国劳动人民的勤劳和智慧，不愧为世界五大宫殿之冠(其次是始建于16世纪、后屡经扩建至18世纪形成的法国凡尔赛宫，英国18世纪建于伦敦的白金汉宫，俄罗斯的莫斯科克里姆林宫和建于1792年的美国华盛顿白宫)。

　　钢材、水泥、混凝土等材料的应用，使大跨、高层建筑发展迅猛。1975年建成的美国芝加哥水塔广场旅馆大楼，共76层，高262 m，采用钢筋混凝土筒中筒体系，楼板现浇无梁楼盖；1970—1974年建成的芝加哥西尔斯大厦，110层另加3层地下室，高443 m，采用由9个框筒组成的钢结构，构成束筒体系，每个框筒断面为22.9 m×22.9 m。中华人民共和国成立不久，就开始了大规模的经济文化建设工作，许多工厂、学校、住宅以及商厦、旅馆、影剧院、文化宫、医院、办公楼等相继建成，北京的人民大会堂、民族文化宫、工人体育场、北京西客站、中国革命博物馆、"鸟巢""水立方"等大型公共建筑，更是新中国繁荣昌盛的具体表现。改革开放后我国建设了很多高层建筑，上海环球金融中心地上101层，地下3层，高429 m，2008年建成。1996年建成的广州中天广场大厦，为混凝土结构，从地面到铁塔顶的高度近400 m。468 m高的"东方明珠"电视塔，为预应力混凝土结构，于1995年建成。上海中心大厦总高为632米，结构高度为580米，由地上118层主楼、5层裙楼和5层地下室组成，于2015年完成整栋大厦的施工工程，是我国最高的摩天大楼。现在，我国在高层建筑造型的多样化、建筑多功能使用、结构改革、新材料和新技术的采用、合理组织施工，以及抗震分析和计算机程序应用上都达到了国际先进水平。

随着经济发展和国力增强，我国将会建造更多、更高、更新的大型公共建筑和高层建筑。专家预测，不久的将来，可以用混凝土建造600～900 m的超高层建筑，但这只意味着技术上的可能，有无必要性还有待探讨。

3.1　建筑工程平面布置

一个地区或一项工程的总体布置情况可通过总平面布置图(也称总平面定位图)表示。总平面布置图一般按比例绘制在实测的地形图上。无论是民用建筑的总平面布置图，还是工厂厂区的总平面布置图，其所要表达的内容一般都有：

(1)场地范围内的地形。

(2)新建建筑区域的总体布置(包括工程用地范围，新建建筑与原有建筑等的位置关系，新建、改建道路与各种管网的布置情况等)。

(3)建筑物室内、外地坪及道路路面的绝对标高。

(4)用指北针表示地区方位及建筑物朝向，用风玫瑰图表示常年风向频率，总平面布置图应注明主要技术指标等。

以上内容要用规定的图例来表示。其中，新建建筑与原有建筑等的位置关系采用坐标表示，一般有测量与施工两种坐标系统，分别用"X、Y"和"A、B"表示。风玫瑰图是表示常年风向频率的图。风玫瑰图是根据某一地区多年统计的平均各个方向吹风次数的百分比均值按一定比例绘制的图。根据风玫瑰图可以形象地了解一个地区常年的风向情况，借以选择各类建筑物的最优朝向。

下面简单介绍民用建筑中的住宅区总平面布置和工厂厂区总平面布置的有关知识。

3.1.1　住宅区总平面布置

住宅区总平面布置的目的是为居民合理地、经济地创造一个满足日常物质和文化生活需要的方便、卫生、安全及优美的居住环境。其主要为居住建筑(住宅楼)的平面布置，其次是日常生活所需的公共建筑、生产性建筑、市政公用设施(如泵房、调压站、锅炉房等)的平面布置。

住宅区总平面布置的主要内容包括：

(1)确定用地位置及红线范围。

(2)确定规模，即人口数量和用地大小。

(3)拟定居住建筑的类型及层数比例、数量和布置方式等。

(4)拟定其他公共建筑、生产性建筑、公用设施等的规模和数量。

(5)布置绿化、各种管线及道路等。

(6)进行技术经济指标分析。

住宅区总平面布置的技术经济指标有：建筑面积(m^2)、使用面积(m^2)、总建筑面积(m^2)、住宅建筑面积(m^2)、公共建筑面积(m^2)、建筑密度(m^2)、住宅建筑毛密度(m^2)、住宅建筑净密度(%)、容积率、居住户数、平均套建筑面积(m^2)、居住人数、户均人数、人口毛密度、住宅平均层数、绿地率(%)等。

3.1.2　工厂厂区总平面布置

工厂厂区总平面布置的目的是综合考虑工厂生产性质特点、规模及地形、地貌与周边环境，满足工厂厂区生产使用功能要求，满足运输和动力供应等要求，合理布置工厂内的建筑物、构筑物、堆场、交通运输与动力设施、管线和绿化等。

工厂厂区总平面布置的主要内容包括：

(1)厂区的功能分区。厂区功能分区就是合理进行区域划分，确定各类建筑物、构筑物及其他工程设施的平面布置。功能分区是根据建设项目的性质、使用功能、交通运输联系、防火和卫生要求等，将性质相同或相近、功能相似或有联系的、对环境要求一致的建筑物、构筑物及设施分成若干组，再结合用地内外的具体条件，组成各区段，并在各区段中布置相应的建筑物、构筑物和设施。尤其对工厂来说，总平面布置的功能分区合理与否将直接影响工厂的生产效率、产品质量和工人的身体健康。较典型的厂区一般由行政办公和生活福利区、生产区、动力区、仓库区等构筑物组成。

(2)厂内外运输系统的合理安排，厂内运输方式的选择，人流与货流的合理组织等。

(3)结合地形合理进行厂区竖向布置，确定各生产车间及其他建筑物的室内外标高。

(4)合理布置各种生产、生活所需的管线。

(5)绿化布置。

(6)进行技术经济指标分析。

工厂厂区总平面布置的技术经济指标有：厂区占地面积(m^2)、单位产量占地面积(m^2)、建(构)筑物占地面积(m^2)、建筑系数、露天堆场面积(m^2)、堆场系数、道路与广场面积(m^2)、道路及广场系数、铁路(轨距)长度(m)、绿化面积(m^2)和绿化系数等。

3.2　基本构件

一栋房屋有其自身的承重结构体系，承重结构体系被破坏，房屋就会倒塌。承重结构体系是由若干个结构构件连接而成的，这些结构构件的形式虽然多种多样，但可以概括为以下几种典型的基本构件。

3.2.1　梁(杆件)

梁作为一种典型的杆件，在建筑结构中扮演着重要的角色。在力学中，杆件是指那些长度远远大于其他两个方向尺寸的构件，这种构件的形状和尺寸可以通过横截面和轴线两个主要几何元素来描述。梁的截面高度与跨度之比一般为 1/16~1/8，高跨比大于 1/4 的梁称为深梁；梁的截面高度通常大于截面的宽度，但因工程需要，梁宽大于梁高时，称为扁梁；梁的高度沿轴线变化时，称为变截面梁。梁承受板传来的压力以及梁的自重。梁受荷载作用的方向与梁轴线相垂直，其作用效应主要为受弯和受剪。梁可以现浇，也可以预制。

根据其组成特征和受力特点，梁可以被分类为几种不同的类型，包括：

(1)简支梁：梁的两端支承在墙上或柱上。简支梁在荷载作用下，内力较大，宜用于小跨，如单个门窗洞口上的过梁、单根搁置在墙上的大梁等通常都按简支梁计算。简支梁的优点是当两支座有不均匀沉降时，不产生附加应力。简支梁的高度一般为跨度的 1/15~1/10，宽度为其高度的 1/3~1/2。

(2)连续梁：它是支承在墙、柱上整体连续的多跨梁。其在楼盖和框架结构中最为常见。连续梁刚度大，跨中内力比同样跨度的简支梁小，但中间支座处及边跨中部的内力相对较大。为此，常在支座处加大截面，做成加腋的形式；而边跨跨度可稍小一些，或在边跨外加悬挑部分，以减小边跨中部的内力。当支座有不均匀下沉时，连续梁将有附加应力。

(3)多跨静定梁：它和简支梁一样，在支座有不均匀下沉时，不产生附加应力。它是由外伸梁和短梁铰接而成。这种梁连接构造简单，而内力比单跨简支梁小。木檩条常做成这种梁的形式，以节约木材。

梁通常为直线形，如需要也可做成折线形或曲线形。曲梁的特点是，内力除弯矩、剪力外，还有扭矩。梁在墙上的支承长度一般不小于 240 mm，如图 3-1 所示。

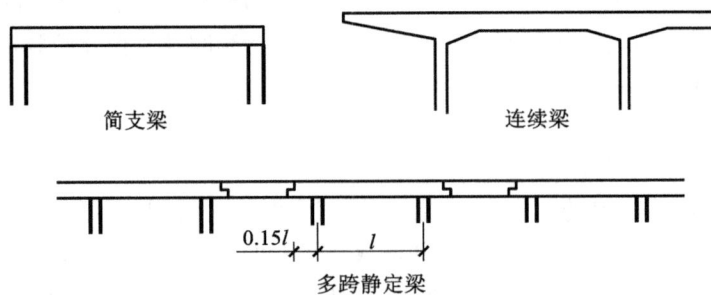

图 3-1　梁的形式

按梁在结构中的位置，可将其分为主梁、次梁、连梁、圈梁、过梁等，如图 3-2 所示。次梁一般直接承受板传来的荷载，再将荷载传递给主梁。主梁除承受板直接传来的荷载外，还承受次梁传来的荷载。连梁主要用于连接两榀框架，使其成为一个整体。圈梁一般用于砖混结构，将整个建筑围成一体，增强结构的抗震性能。过梁一般用于门窗洞口的上部，用以承受洞口上部结构的荷载。

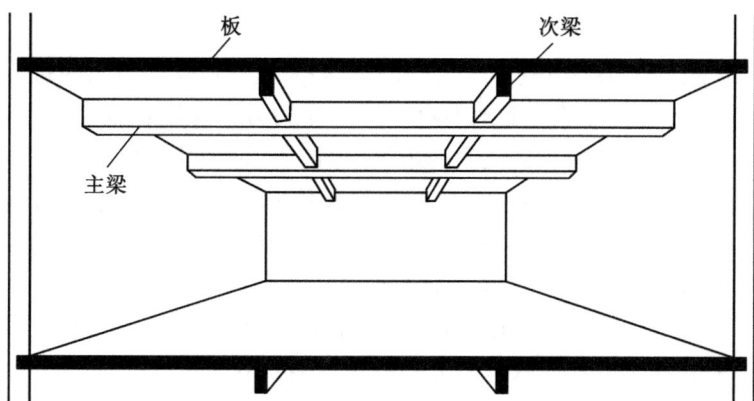

图 3-2　建筑楼盖中的主梁、次梁

3.2.2　板

板是指平面尺寸较大而厚度较小的受弯构件，根据受力特点可分为水平布置、斜向布置及竖向布置，板的形式如图 3-3 所示。板在建筑工程中一般用于楼板、屋面板、基础底板、墙板等。板的长、宽两方向的尺寸远大于其高度(也称厚度)。板承受施加在楼板板面上并与板面垂直的重力荷载(含楼板、地面层、顶棚层的恒载和楼面上人群、家具、设备等活载)。板的作用效应主要为受弯，常用材料为钢筋混凝土。根据施工工艺的不同，板可以分为现浇板和预制板。

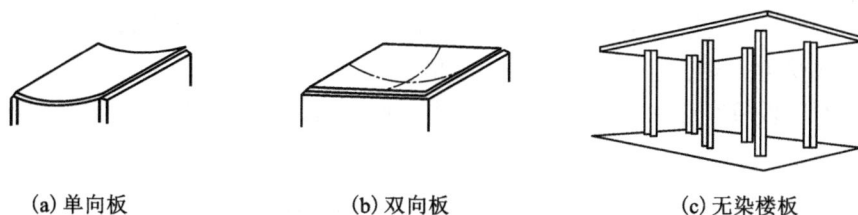

(a) 单向板　　　　　(b) 双向板　　　　　(c) 无染楼板

图 3-3　板的形式

1. 现浇板

现浇板具有整体性好、适应性强、防水性好等优点。它的缺点是模板耗用量大，施工现场作业量大，施工进度受到限制，适用于楼面荷载较大，平面形状复杂或布置上有特殊要求的建筑物，以及对防渗、防漏或抗震要求较高的建筑物及高层建筑。

(1)现浇单向板：两对边支承的板为单向板。四边支承的板，当板的长边与短边长度之比大于 2 时，在荷载作用下板短跨方向弯矩远远大于板长跨方向弯矩，可以认为板仅在短跨方向有弯矩存在并产生挠度，这种板称为单向板。单向板的经济跨度为 1.7~2.5 m，不宜超过 3 m。为保证板的刚度，当为简支时，板的厚度与跨度的比值应不小于 1/35；当两端连续时，板的厚度与跨度的比值应不小于 1/40。一般，单向板厚约为 80 mm，不宜小于 60 mm。

（2）现浇双向板：在荷载作用下双向弯曲的板称为双向板。当为四边支承时，板的长边与短边之比小于或等于 2，在荷载作用下板长、短跨方向弯矩均较大，均不可忽略，这种板称为双向板。为保证板的刚度，当为四边简支时，板的厚度与短向跨度的比值应不小于 1/45；当为四边嵌固时，板的厚度与短向跨度的比值应不小于 1/50。四边支承的双向板厚度一般在 80~160 mm。除四边支承外，双向板还有三边支承、圆形周边支承、多点支承等其他形式。双向板在墙上的支承长度一般不小于 120 mm。

在工程中，还有三边支承、一边自由的双向板；两相邻边支承、另两相邻边自由的双向板。所以，广义的双向板是荷载双向分布、受力钢筋双向设置的板。

2. 预制板

在工程中常采用预制板，以加快施工速度。预制板一般采用当地的通用定型构件，由当地预制构件厂供应。它可以是预应力的，也可以是非预应力的。但由于其整体性较差，目前在民用建筑中已较少采用，主要用于工业建筑。

预制板按截面形式不同分为实心板、空心板、槽形板及 T 形板等。

（1）实心板：普通钢筋混凝土实心平板一般跨度在 2.4 m 以内。这种板上下表面平整，制作方便，但用料多、自重大，且刚度小，多用作走道板、地沟盖板、楼梯平台板等，如图 3-3（a）所示。实心板通常在现场就地预制。

（2）空心板：空心板上下平整，当中有圆形、矩形或椭圆形孔，如图 3-3（b）所示，其中圆形孔制作简单，应用最多。这种板构造合理，刚度较大，隔声、隔热效果较好，且自重比实心板轻，缺点是板面不能任意开洞，自重也较槽形板大，所以一般用于民用建筑中的楼（屋）盖板。

（3）槽形板：它相当于小梁和板的组合，如图 3-3（c）所示。槽形板有正槽板和反槽板两种。正槽板受力合理，但顶棚不平整；反槽板顶棚平整，而楼面需填平，可加其他构件做成平面。槽形板较空心板自重轻且便于开洞，但隔音隔热效果较差，在工业建筑中采用较多。

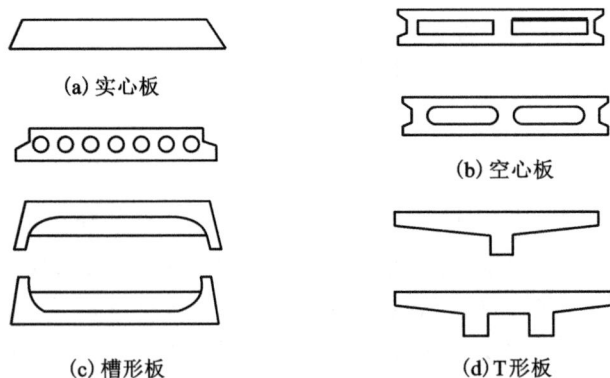

(a) 实心板

(b) 空心板

(c) 槽形板

(d) T形板

图 3-3　预制板的截面形式

(4)T形板：T形板是大梁和板合一的构件，有单T板和双T板两种，如图3-3(d)所示。这类板受力性能良好，布置灵活，能跨越较大的空间，但板间的连接较薄弱。T形板适用于跨度在12 m以内的楼(屋)盖结构，也可用作外墙板。

3.2.3　柱

柱是工程结构中主要承受压力、弯矩的竖向构件。柱按截面形式可分为方柱、圆柱、管柱、矩形柱、工字形柱、H形柱、L形柱、十字形柱、双肢柱、格构柱；按所用材料可分为石柱、砖柱、砌块柱、木柱、钢柱、钢筋混凝土柱、劲性钢筋混凝土柱、钢管混凝土柱和各种组合柱；按柱的破坏特征或长细比可分为短柱、长柱及中长柱；按柱的受力情况可分为轴心受压柱和偏心受压柱。钢柱常用于大中型工业厂房、大跨度公共建筑、高层房屋、轻型活动房屋、工作平台、栈桥和支架等。钢柱按截面形式可分为实腹柱和格构柱。实腹柱的截面为一个整体，常用截面为工字形截面；格构柱由两肢或多肢组成，各肢间用缀条或缀板连接。

柱的截面尺寸远小于其高度。柱承受梁传来的压力以及柱自重，荷载作用方向与柱轴线平行。当荷载作用线与柱截面形心线重合时，为轴心受压；当偏离截面形心线时，为偏心受压(既受压又受弯)。在工业与民用建筑中，应用较多的是钢筋混凝土偏心受压构件，如一般框架柱、单层工业厂房排架柱等。

钢筋混凝土柱(图3-4)是常见的柱，广泛用于各种建筑。钢筋混凝土轴心受压柱一般采用正方形或矩形截面；当有特殊要求时，也可采用圆形或多边形。偏心受压柱一般采用矩形截面，当采用矩形截面尺寸较大时(如截面的长边尺寸大于700 mm时)，为减轻自重、节约混凝土，常采用工字形截面。装有吊车的单层工业厂房中的柱带有牛腿，当厂房的跨度、高度和吊车起重量较大、柱的截面尺寸较大时(截面的长边尺寸大于1300 mm)，宜采用平腹杆或斜腹杆双肢柱及管柱，如图3-5所示。

图3-4　钢筋混凝土柱

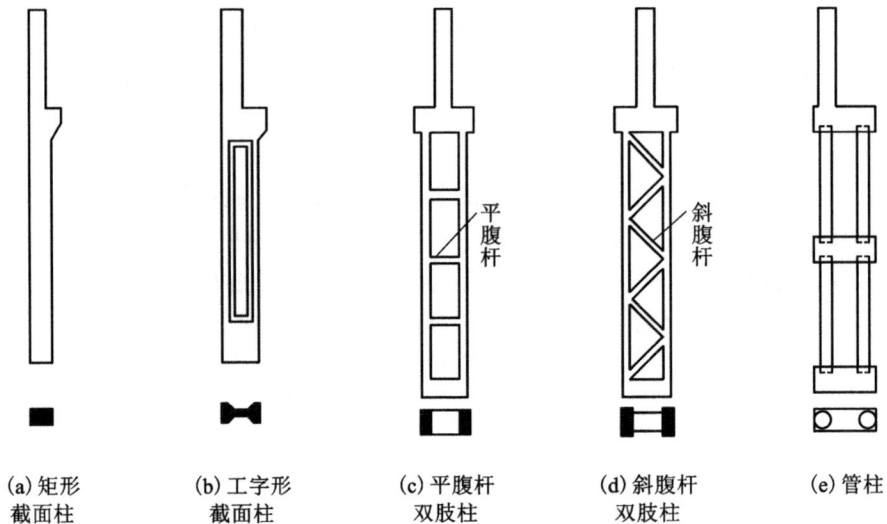

| | | | 斜腹杆 | |
| | | 平腹杆 | | |

(a) 矩形　　　(b) 工字形　　　(c) 平腹杆　　　(d) 斜腹杆　　　(e) 管柱
截面柱　　　　截面柱　　　　双肢柱　　　　双肢柱

图 3-5　柱的形式

3.2.4　墙

墙是与柱相似的受压和受剪构件，其竖向尺寸的高和宽均较大，而厚度相对较小，采用的材料可以是砌体，也可以是钢筋混凝土。墙是建筑物竖直方向起围护、分隔和承重等作用，并具有保温隔热、隔声及防火等功能的主要构件。

墙按不同的方法可以分成不同的类型。

(1)按墙在建筑物中的位置可以分为外墙和内墙。外墙是指位于建筑物外围的墙。位于房屋两端的外墙称山墙；纵向檐口下的外墙称檐墙。内墙是指位于建筑物内部的墙体。另外，沿房屋纵向(或者说，位于纵向定位轴线上)的墙，通称为纵墙；沿房屋横向(或者说，位于横向定位轴线上)的墙，通称横墙。在一堵墙上，窗与窗或门与窗之间的墙称窗间墙，窗洞下边的墙称窗下墙。

(2)按墙在建筑物中的受力情况可分为承重墙、自承重墙和非承重墙。承重墙是承受屋顶、楼板等上部结构传递下来的荷载及自重的墙体。自承重墙是指只承担自重的墙体。非承重墙是不承重的墙体，例如幕墙、填充墙等。

(3)按墙在建筑物中的作用可分为围护墙和内隔墙。围护墙是起遮挡风雨和阻止外界气温及噪声等对室内产生影响的墙。内隔墙是起分隔室内空间、减少相互干扰作用的墙。在骨架结构建筑中，墙仅起围护和分隔作用，填充在框架内的墙又称填充墙；预制装配在框架上的墙称悬挂墙，又称幕墙。

(4)根据墙体用料，墙可以分为土墙、石墙、砖墙、砌块墙、混凝土墙以及复合材料墙等。其中，普通黏土砖墙目前已禁止使用。复合材料墙有工厂化生产的复合板材墙，如由彩色钢板与各种轻质保温材料复合成的板材，也有在黏土砖或钢筋混凝土墙体的表面现场复合轻质保温材料而成的复合墙。

(5)按墙体施工方法，墙可以分为现场砌筑的砖、石或砌块墙，在现场浇筑的混凝土或钢筋混凝土墙，在工厂预制、现场装配的各种板材墙等。

墙采用手工砌筑,效率非常低,但仍被广泛采用。改进型的空心熟土砖性能有所提高,但普及率还相当低。结构试验表明,电厂粉煤灰制作的砌块(大砖),许多指标优于红砖,用作墙体材料,既避免了烧砖(破坏农田),又解决了电厂粉煤灰的污染问题,很有发展前途。由于普通砖的规格为 240 mm×115 mm×53 mm,用水泥砂浆砌筑时,砖与砖之间应留有 10 mm 厚的砂浆缝。普通砖墙的厚度及其名称如图 3-6 所示。

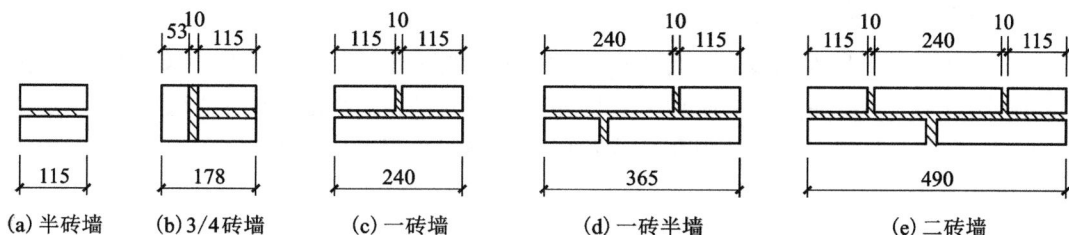

图 3-6　普通砖墙的厚度及其名称(单位:mm)

3.2.5　拱

拱由曲线形构件(称拱圈)或折线形构件及其支座组成,在荷载作用下,拱的支座产生水平反力,所以拱主要承受轴向压力。因此,拱的跨度可以很大,且变形较小。它比同跨度的梁更节约材料。用砖石砌体、钢筋混凝土、木材、金属材料建造的拱结构在房屋结构中有广泛应用。拱结构可以比梁有更大的跨度。图 3-7 为拱结构的几种形式。拱有带拉杆和不带拉杆之分。拱按构造可分为无铰拱、三铰拱和两铰拱等。

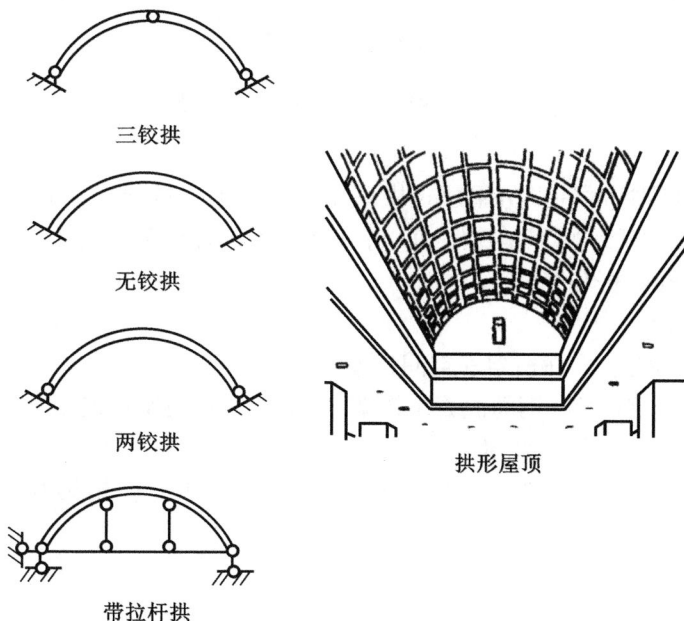

图 3-7　拱结构的几种形式

（1）无铰拱。无铰拱与基础刚性连接。无铰拱刚度较大，但对地基变形较敏感，适用于地质条件好的地基。

（2）三铰拱。有铰拱与基础铰接，拱顶由铰连接两边的拱构件。三铰拱本身刚度较差，但当基础有不均匀下沉时，对结构不产生附加内力，故可用于地基条件较差的地方。

（3）两铰拱。两铰拱的特点介于无铰拱和三铰拱之间。

3.2.6 桁架

桁架是由若干杆件构成的一种平面或空间的格架式结构或构件，是建筑工程中广泛采用的结构形式之一，如民用房屋和工业厂房的屋架、托架、跨度较大的桥梁，以及起重机塔架、建筑施工用的支架等。图3-8为钢屋架和钢筋混凝土屋架图。

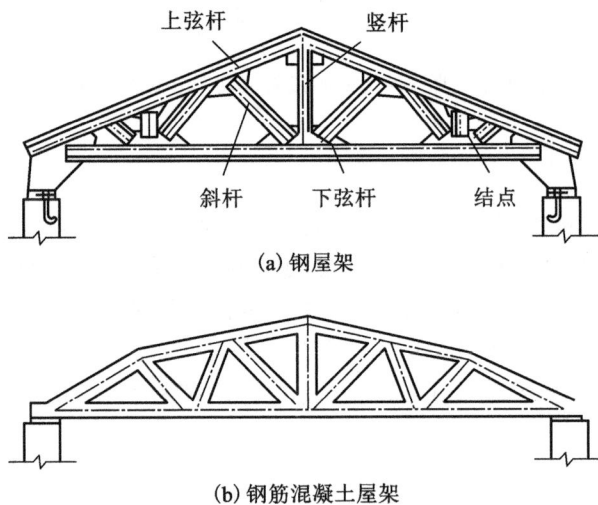

(a) 钢屋架

(b) 钢筋混凝土屋架

图3-8　钢屋架和钢筋混凝土屋架

桁架有铰接和刚接两种。房屋建筑中常用铰接桁架。铰接桁架是由许多三角形组成的杆件体系，它在荷载作用下是稳定的。桁架上、下部杆件分别称上、下弦杆，两弦杆之间的杆件则称腹杆（斜杆和竖杆）。

桁架的分类如下：

（1）按受力特性分：平面桁架和空间桁架。

（2）按材料分：钢桁架、钢筋混凝土桁架、木桁架、钢与钢筋混凝土或钢与木的组合桁架（目前在中国木桁架已很少采用）。

（3）按外形分：三角形桁架、梯形桁架、空腹桁架、平行弦桁架及多边形桁架等，如图3-9所示。

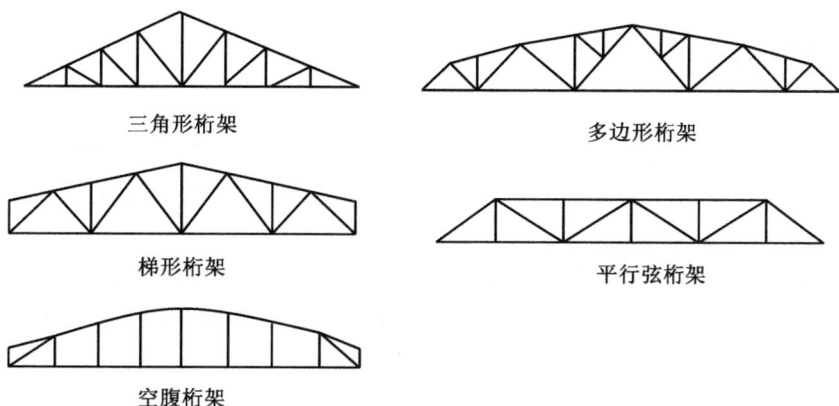

图 3-9 桁架类型

（三角形桁架　多边形桁架　梯形桁架　平行弦桁架　空腹桁架）

3.3 混凝土结构

混凝土结构是以混凝土为主制作的结构，包括素混凝土结构、钢筋混凝土结构和预应力混凝土结构等。混凝土结构工程是建筑领域中常见且重要的一部分，它具有强度高、耐久性强、施工灵活等特点。

（1）混凝土结构的优点。与其他材料的结构相比，混凝土结构的优点具体体现在以下几个方面：整体性好，可浇筑成一个整体；可模性好，可浇筑成各种形状和尺寸的结构；耐久性和耐火性好；工程造价和维护费用低。

（2）混凝土结构的组成和特点。混凝土主要由水泥、砂、石和水组成。它具有强度高、耐久性强、施工灵活、防火性好、吸音性能好等特点。

（3）混凝土结构的设计原则。混凝土结构的设计应遵循安全可靠、经济合理、施工方便等原则。其重要的设计考虑因素包括荷载、结构形式、变形控制、防水隔热等。

（4）混凝土结构的施工技术。混凝土结构的施工质量对整个工程项目的影响巨大，因此，加强对其施工技术的研究很有意义。影响混凝土结构质量的因素包括主观因素（施工相关人员）和客观因素（施工环境等）。在施工过程中，需要确保所用材料符合设计需求，严格按照配比和添加顺序将混凝土、水及其他添加剂进行混合，确保温度在合理的范围内，各种材料均匀混合；还需要注意混凝土的浇筑过程，以避免裂缝的产生。

（5）混凝土结构的常见问题和解决方法。混凝土结构中常见的问题包括裂缝、碱-骨料反应和锈蚀等。解决这些问题的方法包括增加伸缩缝、采用增强措施、选用低碱水泥和使用抗碱剂等。

（6）混凝土结构的检测和维护。混凝土结构需要进行定期检测和维护，以确保结构的安全性和耐久性。

混凝土结构是一种重要的建筑结构形式，它的应用和发展对于现代建筑工程具有重要意义。

3.4 钢结构

钢结构是以钢材为主制成的工程结构，包括钢板、圆钢、钢管、钢索及各种型钢等。它具有高强度、质量轻、材质均匀、可靠性高、塑性和韧性好等特点，适用于大跨度空间结构、高层建筑、工业建筑等多种场合。

（1）钢结构的种类和应用范围。钢结构可以根据其连接方法的不同分为焊接结构、螺栓连接结构和铆接结构。其中，焊接是最主要的连接方法，因为它的构造简单、省材料、易加工，且可采用自动化作业。然而，焊接可能会引起结构变形和产生残余应力，所以在一些场合可能会被螺栓连接取代。钢结构因其独特的性能和广泛的适用性，在各个领域都有着重要的应用。例如，它可以用于大型厂房、大跨度空间结构、轻钢结构、住宅建筑等。此外，钢结构还广泛用于桥梁、火电主厂房和锅炉钢架、输变电铁塔、广播电视通信塔、海洋石油平台、核电站、风力发电、水利建设、地下基础钢板桩等领域。

（2）钢结构的优点和缺点。钢结构的优点包括强度高、质量轻、材质均匀、可靠性高、塑性和韧性好、便于机械化制造、安装方便、施工期限短以及密封性好等。然而，钢结构也有其缺点，如耐火性差、耐锈蚀性差等，故在一些对耐火和耐腐蚀要求较高的场合，需要采取特殊的保护措施。

（3）钢结构的发展趋势。随着工业化进程的加快和制造业的转移提升，中国钢结构制造行业已经达到了一个空前的新阶段，整体规模、装备水平、制造能力都处于国际领先水平。而且，随着新农村建设和现代农业的发展，钢结构在住宅建筑领域的应用也越来越广泛。

钢结构以其独特的优势在现代建筑和工程领域中占据了不可替代的地位。随着科技的进步和人们生活水平的提高，钢结构的应用将会更加广泛。

3.5 混合结构

混合结构是一种建筑结构形式，它结合了多种材料和结构体系，以实现建筑物的稳定性和功能性。这种结构通常用于6层以下建筑物，承重的主要构件是用钢筋混凝土和砖木建造的。例如，房屋的梁可能是用钢筋混凝土制成的，而承重墙则是砖墙，或者梁可能是用木材建造的，而柱是用钢筋混凝土建造的。

混合结构房屋具有较高的强度和稳定性，能够承受较大的荷载和地震力等外部作用力。同时，它还可以根据需要进行灵活的设计和布局，具有较好的适应性。不过，混合结构房屋的施工难度较大，需要多工种和技术人员的配合，因此施工周期较长，成本较高。此外，混合结构房屋的维护和修缮也需要专业人员的指导和帮助。

混合结构房屋可以用于商业建筑，如商场、办公楼等，以满足其高强度和稳定性的需求。商业建筑、住宅建筑、公共设施混合结构房屋也可以用于住宅建筑，特别是高层住宅和别墅等，以提供更好的居住环境和安全性。混合结构房屋还可以用于公共设施，如学校、医院、体育场馆等，以满足其特殊的功能和安全需求。

总的来说，混合结构房屋是一种适应性较强的建筑结构形式，它可以在一定程度上满足建筑物的多样化需求。然而，在设计和施工过程中需要注意各种细节问题，以确保建筑物的质量和安全性。

3.6　特种结构

特种结构是指具有特殊用途的一类工程结构，它在建筑、工程或其他领域中具有特殊功能或特殊要求。特种结构需要经过专业工程师和技术人员的精心设计和施工，以确保其安全性和可靠性。

特种结构的种类繁多，主要包括烟囱、挡土墙、灯塔、电力杆塔、管道、冷却塔、水池、水塔、筒仓、压力容器、核电站反应堆等。

特种结构的设计需要考虑在极限荷载或灾难性荷载作用下的变形等问题。例如，油罐等结构在实际应用中常常需要考虑这些问题。采用 ABAQUS 软件进行设计可以保证结构在失稳时具有良好的收敛性。此外，核电站结构存在复杂的振动模态形式，采用三维有限元的计算结果比原来采用的基于梁理论的分析方法更加贴近实际。

特种结构是在土木工程中有广泛用途的功能比较特殊的工程结构。它通常具有复杂的结构形式和特殊的功能要求。特种结构的设计和施工需要专业知识和技能，并且往往需要借助现代计算机辅助设计和分析软件来确保其安全性和可靠性。

练习题

(1)什么叫建筑工程？建筑是怎样分类的？

(2)建筑物的基本构成要素有哪些？

(3)为什么要进行总平面布置？总平面布置包括哪些主要内容？

(4)什么是柱？什么是长柱？什么是短柱？

(5)单层工业厂房通常由哪些结构构件组成？它们各起什么作用？

第4章

交通工程

交通运输是国民经济的动脉，是国家经济发展的基础产业之一，随着交通运输的发展和人民生活水平的提高，它在联系工业与农业、城市与乡村、生产与消费等各个领域起着十分重要的作用。

现代交通运输由铁路运输、公路运输、水运、航空运输及管道运输五种运输方式组成。这些运输方式在技术经济上各有特点，它们根据运输的需要合理分工、相互衔接、互为补充，形成完整的国家综合运输体系。公路运输机动灵活，集散货物比较迅速，但运输量不大，成本相对较高；铁路运输对于中、远程的大宗货物及人流运输具有运输量大、成本低的特点；水运在通航地区具有运量大、运价低廉的特点；航空运输具有速达作用，但成本高，能耗大；管道运输则多用于运输液体和气体或散装物品。

无论是公路还是铁路，当遇到高山阻碍时多以隧道方式穿越，当遇到深谷河流时多以桥梁方式跨过。本章以道路、铁路、隧道、桥梁及水上通航过坝建筑物等主要交通工程为主要介绍对象，对其他类交通工程内容，或因未普及应用，或因结构特点雷同，或因专业知识量不大而不再于本书中讲解。

4.1　道路工程

道路工程是一门涉及多门学科的综合性工程学科，它的主要内容包括道路规划、设计、建设、养护和管理等。道路工程的目的是构建一个安全、高效、舒适、经济的交通系统。

我国道路建设拥有悠久的历史，早在公元前2000年，就有了可以行驶牛车和马车的道路。到了清代，全国已形成了层次分明、功能比较完善的"官马大路""大路""小路"等分别为京城到各省城、省城到重要城市、重要城市到一般市镇的三级道路系统，其中仅"官马大道"就有4000余里(1里=500米)。

中华人民共和国成立以后，为了恢复和发展国民经济、改善人民生活、巩固国防、促进民族团结，国家对公路建设作出了很大的努力，取得了显著成就；但与发达国家相比，仍存在着较大的差距，公路网标准低、数量少、布局不尽合理，是目前存在的突出问题。

加快公路网新线建设，对原有公路进行技术改造，逐步提高技术标准和通行能力，是我国当前公路建设的主要任务。

4.1.1 道路的特点、分类与技术标准

1. 道路的特点

长期以来，汽车运输业的迅速发展和道路及其运输所具有的特点是分不开的。与其他交通运输方式相比，道路运输具有以下特点：

(1) 机动灵活性高，能迅速集中和分散货物，在规定的时间和地点可做到直达运输而不需要中转，节约时间和费用，减少货损，经济效益高。

(2) 适应性强，服务面广，适用于小批量运输和大宗运输，可以深入城市、乡村及工矿企业，可独立实现"门到门"的直达运输。

(3) 建设投资相对较省，见效快，经济效益和社会效益显著。

(4) 由于公路运输服务人员多，单位运量小，故汽车运输费用比铁路运输和水运高。

2. 道路的分类

道路按其使用特点可分为公路、城市道路、专用道路及乡村道路等。

(1) 公路。

公路是指连接城市与乡村、主要供汽车行驶、具备一定技术条件和设施的道路。按其重要程度和使用性质可划分为国家干线公路(简称国道)、省级干线公路(简称省道)、县级公路(简称县道)和乡级公路(简称乡道)。

国道，是在国家干线网中，具有全国性的政治、经济和国防意义，并被确定为国家级干线的公路。

省道，是在省公路网中，具有全省性的政治、经济和国防意义，并被确定为省级干线的公路。

县道，是指具有全县(旗、县级市)政治、经济意义，连接县城和县内主要乡(镇)、主要商品生产和集散地的公路，以及不属于国道、省道的县际的公路。

乡道，是指修建在乡村、农场，主要供行人及各种农业运输工具通行的道路。

(2) 城市道路。

城市道路是指在城市范围内，供车辆及行人通行的，具备一定技术条件和设施的道路。城市道路是城市组织生产、安排生活、搞活经济、物质流通所必需的交通设施。

(3) 专用道路。

专用道路是由工矿、农林等部门投资修建，主要供该部门使用的道路。

① 厂矿道路，指主要为工厂、矿山运输车辆通行的道路，通常分为厂内道路、厂外道路和露天矿山道路。厂外道路为厂矿企业与国家公路、城市道路、车站、港口相衔接的道路，或是连接厂矿企业分散的车间、居住区之间的道路。

② 林区道路，指修建在林区的主要供各种林业运输工具通行的道路。由于林区地形及运输木材的特征，林区道路的技术要求应按专门制定的林区道路工程技术标准执行。

3. 公路与城市道路的分级

公路是为汽车运输或其他交通服务的工程结构物。中华人民共和国行业标准《公路工

程技术标准》(JTG B01—2014)(以下简称《标准》),根据公路的路网规划、公路功能、交通量分为五个等级:高速公路、一级公路、二级公路、三级公路和四级公路。

(1)高速公路为专供汽车分向、分车道行驶,全部控制出入的多车道公路。高速公路的平均日设计交通量应在 15000 辆小客车以上。

(2)一级公路为供汽车分向、分车道行驶,可根据需要控制出入的多车道公路。一级公路的年平均日设计交通量应在 15000 辆小客车以上。

(3)二级公路为供汽车行驶的双车道公路。二级公路的年平均日设计交通量宜为 5000~15000 辆小客车。

(4)三级公路为供汽车、非汽车混合行驶的双车道公路。三级公路的年平均日设计交通量宜为 2000~6000 辆小客车。

(5)四级公路为供汽车、非汽车交通混合行驶的双车道或单车道公路。双车道四级公路年平均日设计交通量宜在 2000 辆小客车以下;单车道四级公路年平均日设计交通量宜在 400 辆小客车以下。

以上五个等级的公路构成了我国的公路网。其中,高速公路、一级公路和二级公路为公路网的骨干线,三级公路为公路网的基本线,四级公路为公路网的支线。

城市道路分为快速路、主干路、次干路和支路。

4.1.2 道路的组成

道路工程是一种线形构造物,它包括线形组成和结构组成两大部分。其基本组成包括路基、路面、桥梁、隧道、排水工程、防护工程及沿线设施。高等级公路还设有较完善的公路安全设施、管理服务设施、通信系统、监控系统、收费系统、供电照明系统、环境绿化工程等。

1. 路基

路基是道路行车部分的基础,是由土、石按照一定尺寸、结构要求所构成的带状土工结构物。路基必须稳定坚实。

2. 路面

路面是设于路基顶部的行车道部分,是用各种材料分层铺筑的结构物,供车辆在其上以一定速度安全、舒适地行驶。路面应当坚固,并有足够的强度、平整度和粗糙度。

3. 桥涵

道路在跨越河流、沟谷和其他障碍物时所使用的结构物叫桥涵。桥涵是道路横向排水系统之一。

4. 排水工程

为确保路基稳定,免受自然水的侵蚀,道路还应修建排水工程。排水工程按其排水方向的不同,可分为纵向排水和横向排水;按其排水位置的不同,又分为地面排水和地下排水两部分。地面排水设施是排除危害路基的雨水、积水及外来水等地面水的设施;地下排水主要用于降低地下水位及排除地下水,常见的地下排水设施有盲沟等。

5. 隧道

隧道是为了使道路从地层内部或水下通过而修筑的建筑物,由洞身和洞门两部分组成。其作用是缩短里程，避免翻山越岭，保证道路行车的平顺性。

6. 防护工程

陡峻的山坡或沿河一侧的路基边坡受水流冲刷，会威胁路段的稳定。为保证路基的稳定，加固路基边坡所修建的人工构造物称为防护工程。

7. 特殊结构物

除上述常见的构造物外，为了保证道路连续、路基稳定，确保路基安全，还在山区地形、地质条件特别复杂的路段修建一些特殊结构物，如悬出路台、半山桥、防石廊等。

8. 沿线设施

沿线设施是道路沿线交通安全、管理、服务以及环保设施的总称，主要有：

（1）交通安全设施。包括跨线桥、地下通道、色灯信号、护栏、防护网、反光标志、照明设施等。

（2）交通管理设施。包括道路标志、路面标志、立面标志、紧急电话、道路情报板、道路监视设施、交通控制设施、交通监视设施以及安全岛、交通岛、中心岛等。

（3）防护设施。包括抗滑坡构造物、防雪走廊、防沙棚、挑坝等。

（4）停车设施。指在道路沿线及起终点设置的停车场、汽车停靠站、回车道等设施。

（5）沿线房屋及其他沿线设施。包括养护房屋、营运房屋、收费所、加油站、休息站等。

（6）绿化设施。包括道路分隔带、路旁、立交枢纽、休息设施、人行道等处的绿化，以及道路防护林带和集中的绿化区等。

4.1.3　道路线形

道路线形是指道路中心线的空间线形。为研究方便和直观起见，对该空间线形进行三视图投影。路线在水平面上的投影称作路线的平面；沿中线竖直剖切并展开构成纵断面线形；中线上任一点的法向切面构成横断面线形。道路线形设计实际上是确定平面、纵断面及横断面线形的尺寸和形状，也就是通常所指的平面设计、纵断面设计和横断面设计。三者之间既相互联系又相互制约，因此在路线设计时，必须综合考虑。

1. 道路平面

（1）平面线形的类型。

道路的平面线形，由于其位置受社会经济、自然地理和技术条件等因素的制约，道路从起点到终点在平面上不可能是一条直线，而是由许多直线段和曲线段组合而成。对平面线形而言，一般可分解为直线、圆曲线及缓和曲线。

①直线。直线是两点间距离最短的线形，一般情况下，它测设、施工简单，视线良好，运行距离短，从而降低了汽车的运营成本，因而在公路设计中被广泛运用。但由于直线线形的灵活性差，受地形、环境等条件限制大，并且直线线形很容易导致驾驶员的思想麻痹，造成经常性超车，从而易发生交通事故。所以，在设计中不能片面强调直线线形，而且直线的长度不宜过长。

②圆曲线。各级公路和城市道路不论转角大小均应设置圆曲线，而圆曲线是平面线形中的主要组成部分。圆曲线由于与地形适应性强、可循性好、线形美观和易于测设等优

点,使用十分普遍。圆曲线半径越大,横向力就越小,汽车就越稳定。所以从汽车行驶稳定性出发,圆曲线半径越大越好。但有时因受地形、地质等因素的限制,圆曲线半径不可能设置得很大,往往会采用小半径的圆曲线,这时如果半径选用的值小,又会使汽车行驶不安全,甚至翻车。所以必须综合考虑汽车安全、迅速、舒适和经济,并兼顾美观,使确定的最小半径能满足某种程度的行车要求。

③缓和曲线(回旋线)。缓和曲线是设置在直线与圆曲线之间或大圆曲线与小圆曲线之间的过渡线形,是道路平面线形要素之一。它的主要特征是曲率均匀变化。缓和曲线的作用为:便于驾驶员操纵方向盘;满足乘客乘车的舒适与稳定,减小离心力变化;满足超高、加宽缓和段的过渡,利于平稳行车;与圆曲线配合得当,增加线形美观。

(2)路线平面线形的组合。

①基本形路线:直线—回旋线—圆曲线—回旋线—直线的顺序组合,如图4-1所示。

②S形路线:两根反向圆曲线用回旋线连接的组合,如图4-2所示。

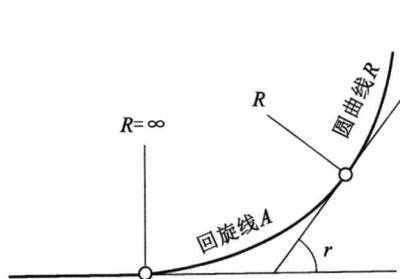

图4-1 基本形路线

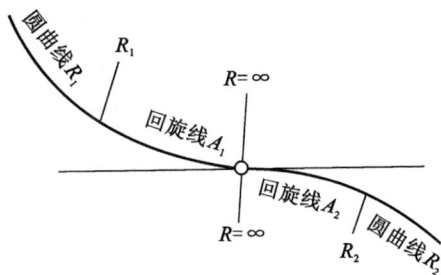

图4-2 S形路线

③卵形路线:用一根回旋线连接两根同向圆曲线的组合,如图4-3所示。

④凸形路线:在两根同向回旋线间不插入圆曲线而径相衔接的组合,如图4-4所示。

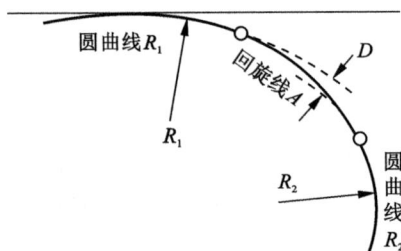

图4-3 卵形路线

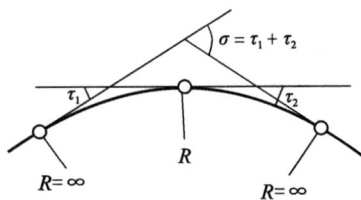

图4-4 凸形路线

⑤复合形路线:两根以上同向回旋线间在曲率相等处相互连接的形式,如图4-5所示。

⑥C形路线:同向曲线的两根回旋线在曲率为零处径相衔接的形式,如图4-6所示。

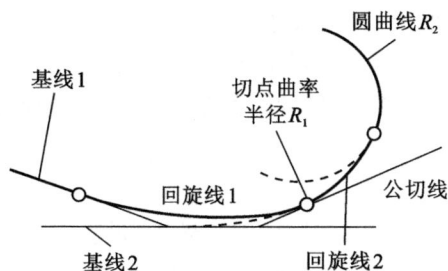

图 4-5 复合形路线

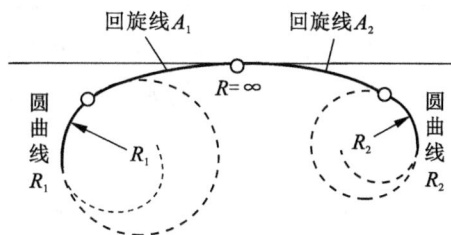

图 4-6 C 形路线

（3）公路加宽。

①规定及要求。

汽车在弯道上行驶时，各车轮的行驶轨迹是不同的，其中，前轴外轮的行驶轨迹半径最大，后轴内轮的行驶轨迹半径最小。驾驶员在圆曲线部分操纵汽车使前轮轮轴中心沿着车道中线行进，后轮轮轴中心就会向内侧偏移，后轴内轮常超出车道内侧边缘，平曲线半径越小，或汽车轴距越长，后轮的偏移值越大。由此可知，在弯道上行驶的汽车所占的路面宽度要比在直线上行驶所占的值大些，才能满足安全行驶的要求。这种为满足车轮行驶轨迹需要而增大的路面宽度，称为路面加宽值。圆曲线上路面加宽值的大小，在《公路工程技术标准》（JTG B01—2014）中，分多种情况都有相应规定。

②加宽过渡方式。

从平面线形看，在圆曲线部分进行加宽会使路基、路面宽度产生突变，影响路容的美观，而且这部分加宽也不能很好地发挥作用。为此，需在直线和圆曲线间设置一段加宽的过渡段，此过渡段称为加宽缓和段。不设回旋线或超高缓和段时，加宽缓和段长度应按渐变率为 1∶15 且长度不小于 10 m 的要求设置。加宽值大时，缓和段可略长些，并取 5 m 的整数倍。

2. 道路纵断面

通过道路中线的竖向剖面图称为路线纵断面图。由于地形、地物、地质、水文等自然因素的影响以及满足经济性的要求，道路路线在纵断面上不可能从起点至终点是一条水平线，而是一条有起伏的曲线。纵断面设计的主要任务就是根据汽车的动力性能、公路等级和性质、当地的自然地理条件以及工程经济等，来研究这条空间线形的纵坡大小及其长度。它是道路设计的重要内容之一，而且将直接影响行车的安全和速度、工程造价、运营费用和乘客的舒适程度。

（1）纵断面线形。

道路纵断面线形常采用直线、竖曲线。直线又叫直坡段。竖曲线又分为凸形和凹形两种，如图 4-7 所示。竖曲线常采用圆曲线。直线和竖曲线是纵断面线形的基本要素。纵断面上两相邻纵坡线的交点为变坡点。为满足行车

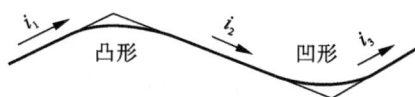

图 4-7 公路纵断面线形

安全、舒适及视距的需要，在变坡点处应设置竖曲线，其作用是缓和因纵向变坡而使车辆产生的冲击感，确保纵向行车视距，有利于路面排水、改善行车视线诱导和提高舒适感。

竖曲线技术指标有竖曲线半径和竖曲线长度。凸形竖曲线最小长度和半径是按停车视距、行程时间和减少径向离心力的要求进行计算的；凹形竖曲线的最小长度和半径按停车视距确定。

（2）路线纵坡。

路线纵断面上同一坡段两端点间的高差与其水平距离的比值叫路线纵坡，通常用 i 表示。纵坡的大小影响路线的长短、使用质量的好坏、行车安全以及运输成本和工程的经济性。它通常分为上坡和下坡。过陡和过长的纵坡，对汽车爬坡和行驶速度不利，影响行车安全。

路线纵坡的主要技术指标有最大纵坡、最小纵坡、最大坡长、最小坡长、合成纵坡、平均纵坡等。

①最大纵坡。最大纵坡是公路纵断面设计的重要控制指标，特别是在山岭区，纵坡的大小直接影响路线的长短、行车安全、使用质量、运输成本和工程造价。在进行纵坡设计时，应全面分析研究，以确定经济、合理的纵坡值。

最大纵坡的确定主要根据汽车的动力特性、公路等级、自然因素，并要保证行车安全。当路线纵坡较大时，汽车采用低挡爬坡，加速了零件的磨损，而且会使发动机过热，造成水箱开锅；在下坡时，制动次数较多，会因制动器过热而失效造成事故。

在各级公路中，公路等级越高，最大纵坡值越小，否则，将大大降低车速和增大危险程度。《公路工程技术标准》（JTG B01—2014）规定，各级公路的最大纵坡不应大于表 4-1 所列的值。

表 4-1　最大纵坡

设计速度/(km·h⁻¹)	120	100	80	60	40	30	20
最大纵坡/%	3	4	5	6	7	8	9

高速公路受地形条件或其他特殊情况限制时，经技术经济论证，其最大纵坡可增加 1%。

最大纵坡只是在线形受地形限制严重的路段才准许使用。在一般情况下应尽量采用小的纵坡，以利于将来提高公路等级。

②最小纵坡。对最大纵坡加以限制，并不是说纵坡越小越好。为了利于长路堑地段、设置边沟的低填方地段以及其他横向排水不畅地段的排水，防止积水渗入路基而影响其稳定性，应采用不小于 0.3% 的纵坡，当必须设计平坡或小于 0.3% 的纵坡时，其边沟应进行纵向排水设计，但干旱小雨地区不受此限制。

③最大坡长。进行纵断面设计时，两变坡点间的水平距离称为坡长。坡长对车辆的运行质量和行车安全有很大影响，尤其是在纵坡大于 5% 的坡段太长时，汽车长时间采用低挡爬坡或频繁制动下坡，会对汽车造成过大损伤和安全隐患。

坡长限制是根据汽车动力性能来决定的。长距离的陡坡对汽车行驶不利。连续上坡，发动机过热影响机械效率，从而使行驶条件恶化；下坡则因刹车频繁而危及行车安全，因此，纵坡越陡，坡长越长，对行车的影响越大。《公路工程技术标准》(JTG B01—2014)对各级公路不同陡坡的最大坡长加以限制(见表4-2)。

表 4-2　不同纵坡的最大坡长　　　　　　　　　　　　　　　单位：m

纵坡坡度 /%	设计速度/(km·h⁻¹)						
	120	100	80	60	40	30	20
3	900	1000	1100	1200	—	—	—
4	700	800	900	1000	1100	1100	1200
5	—	600	700	800	900	900	1000
6	—	—	500	600	700	700	800
7	—	—	—	—	500	500	600
8	—	—	—	—	300	300	400
9	—	—	—	—	—	200	300
10	—	—	—	—	—	—	200

④最小坡长。最小坡长限制主要是从汽车行驶平顺性的要求进行考虑。如果坡长过短，使变坡点增多，汽车行驶在连续起伏地段产生增重与减重的频繁变化，导致感觉不舒适，车速越高感觉越突出，而且路容美观、相邻两竖曲线的设置和纵断面的视距等也要求坡长不能太短。为使纵断面线形不至于因起伏频繁而呈锯齿形的状况，并便于平面线形的合理布设，应对纵坡的最小长度进行限制。最小坡长通常以设计速度行驶 9~15 s 的行程作为规定值。《公路工程技术标准》(JTG B01—2014)规定，各级公路最小坡长见表4-3。

表 4-3　公路最小坡长

设计速度/(km·h⁻¹)	120	100	80	60	40	30	20
最小坡长/m	300	250	200	150	120	100	60

⑤合成坡度。公路在平曲线地段，若纵向有纵坡并横向有超高时，则最大坡度既不在纵坡方向上，也不在横坡方向上，而是在纵坡和横坡合成方向上，这时的最大坡度称为合成坡度，又叫流水线坡度。

汽车在有合成坡度的地段行驶，若合成坡度过大，当车速过慢或汽车停在弯道上时，汽车可能沿合成坡度的方向产生侧滑；同时，若遇急弯陡坡，汽车可能沿合成坡度方向冲出弯道而造成事故；此外，当合成坡度较大时，还会造成汽车倾斜、货物偏重，甚致使汽车倾倒。

因此，我国《公路工程技术标准》(JTG B01—2014)规定了各级公路的最大容许合成坡度(见表4-4)。

表 4-4　公路最大合成坡度

公路等级	高速公路			一级公路			二级公路		三级公路		四级公路
设计速度/(km·h⁻¹)	120	100	80	100	80	60	80	60	40	30	20
合成坡度值/%	10.0	10.0	10.5	10.0	10.0	10.5	9.0	10.0	9.5	10.0	10.0

⑥平均纵坡。平均纵坡是指某一路段的起终点高差与水平距离之比(以"%"计)。平均纵坡是衡量路线线形设计质量的重要指标之一。

平均纵坡与坡道长度有关,还与相对高差有关。《公路工程技术标准》(JTG B01—2014)规定二级及二级以下公路的越岭路线连续上坡(或下坡)路段,相对高差为 200～500 m 时,平均纵坡不应大于 5.5%;相对高差大于 500 m 时,平均纵坡不应大于 5%。任意连续 3 km 路段的平均纵坡不应大于 5.5%。

3. 道路横断面

公路中线的法线方向剖面图称为公路横断面图,简称横断面,它是由横断面设计线与横断面地面线所围成的图形。

(1)道路建筑限界。

道路建筑限界,又称净空,是为保证道路上各种车辆、人群的正常通行与安全,在一定的高度和宽度范围内不允许有任何障碍物侵入的空间界限。在进行道路的横断面设计时,决不允许桥台、桥墩以及照明、护栏、信号灯、道路标志牌、电杆等设施侵入建筑限界。

道路建筑限界由净高和净宽两部分组成。

(2)行车道。

行车道是供各类车辆行驶的部分。为保证汽车快速、安全行驶,行车道应具备一定的宽度和强度。行车道宽度是由车道数和每条车道宽度决定的,它必须能满足对向车辆错车、超车或并排行驶所必需的余宽。

一条公路设置的车道数目是根据设计交通量及车道的通行能力经计算确定的,设计交通量越大,则车道数越多。每一条行车道的宽度与设计车型的横向尺寸、汽车行驶速度、交通量大小、交通组成等因素有关。设计车辆规定的最大宽度为 2.5 m,是一个定值,计算行车速度大于 100 km/h 时,车道宽度应为 3.75 m;计算行车速度小于 100 km/h 时,车道宽度应为 3.5 m。

(3)路肩。

路肩是路面结构层的横向支承,有保护车道边缘不致遭受侧向破坏、供临时停放车辆和行人通行的作用。同时,它作为侧向余宽的一个组成部分,同驾驶员的视觉、心理有着密切的关系。

路肩宽度根据公路等级、车辆和行人交通密度而定。如计算行车速度为 120 km/h 的四车道高速公路,路肩宽宜采用 3.5 m 的硬路肩,高速公路和一级公路应在路肩宽度内设右侧路缘带,其宽度一般为 0.5 m。

（4）中间带。

中间带由两条左侧路缘带和中央分隔带组成。中间带的主要作用是分隔往返行驶的车流，防止车辆碰撞，减少事故；诱导驾驶员视线，提供行车所需侧宽，增加行车安全和舒适感，保证车速，提高通行能力；防止车辆随意转弯；减轻夜间行车时对向车灯眩光作用；为设置路上设施、标志等提供场所。

（5）公路超高。

当圆曲线半径较小时，为了使汽车能安全、稳定、经济、舒适地通过圆曲线，应将圆曲线部分的路面做成向内侧倾斜的单向横坡，称为超高横坡度。其目的是让汽车在圆曲线部分行驶时能获得一个指向圆曲线内侧的横向分力，用以克服离心力，减小横向力。由于从圆曲线起点至圆曲线终点的半径是不变的，所以在车速一定时，其离心力也是不变的，故超高横坡从圆曲线起点至圆曲线终点也是一个定值。

超高横坡度按公路等级、计算行车速度、圆曲线半径、路面类型、自然条件和车辆组成等情况确定。考虑到在圆曲线上行驶的车辆可能以低速行驶，甚至完全停在圆曲线上，如果这时超高横坡度太大，汽车就有向内侧滑移的可能，特别是在冬季结冰的公路上，这种可能性更大，所以圆曲线上超高值不能太大。各级公路圆曲线处最大超高横坡度规定见表 4-5。

表 4-5　各级公路圆曲线部分最大超高横坡度

公路等级	高速公路	一级公路	二级公路	三级公路	四级公路
一般地区/%	10 或 8		8		
积雪冰冻地区/%	6				

4.1.4　路基工程

路基是路面的基础，路面靠路基来支撑。路面是用硬质材料铺筑于路基顶部的层状结构，没有稳固的路基就没有稳固的路面。

路基是按照路线位置和一定技术要求修筑的作为路面基础的带状构造物。为了保证路基的稳定，必须修建适宜的排水系统（如边沟、截水沟、排水沟等排水设施），用以排出地面水和地下水。在修建山区公路时，还常须修筑各种防护工程和特殊构筑物，如在山坡较陡时，为了保证路基的稳定和节省土方量，往往须修筑挡土墙（图 4-8）、石砌边坡和护脚（图 4-9）；再如为保护岩石路堑边坡免受自然因素侵蚀，可砌筑护面墙（图 4-10）。

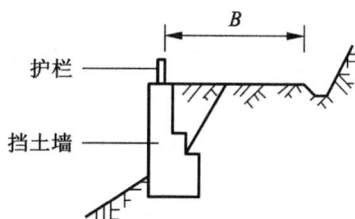

图 4-8　挡土墙型路基

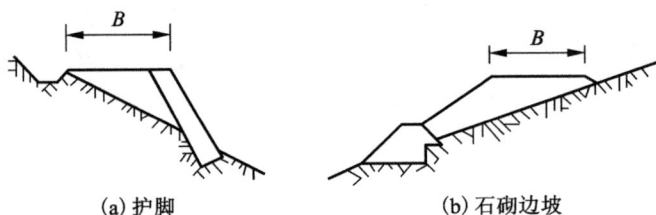

(a) 护脚　　　　　　　　　(b) 石砌边坡

图 4-9　石砌边坡和护脚路基

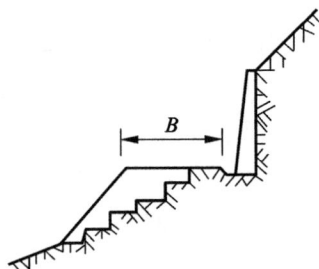

图 4-10　护面墙型路基

1. 路基工程的特点

在公路建设中，路基的修筑大多是由土石填筑或挖掘而成的，要耗费大量的劳力和机械台班，花费也相当大。一般路基工程的投资占全部投资的 24% ~ 42%，个别可达 65%。路基工程占地多，直接影响农业生产和农田建设。路基施工改变了沿线原有地面的自然状态，挖填和弃土影响当地生态平衡、水土保持和农田建设。山区土石方相对集中或条件较为复杂的路段，路基施工对施工工期的影响比较大，甚至会成为影响公路建设期限的关键。因此，路基工程的特点为：工艺较简单，工程数量大，耗费劳力多，占用投资大，涉及面广。

2. 路基横断面的基本形式

路基横断面可归纳为四种类型：路堤、路堑、半填半挖路基和不填不挖路基。

（1）路堤。

路堤是指高于原地面的填方路基，如图 4-11 所示为常见的路堤形式。

（2）路堑。

路堑是指低于原地面的挖方路基，如图 4-12 所示为常见的路堑形式。

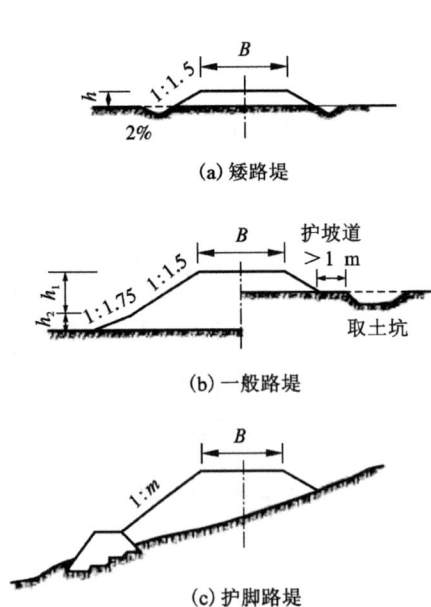

(a) 矮路堤

(b) 一般路堤

(c) 护脚路堤

图 4-11　路堤形式

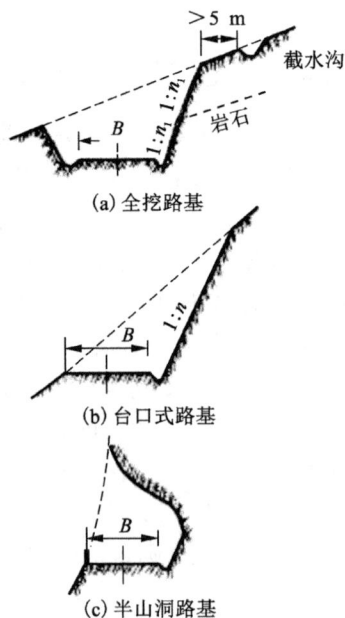

(a) 全挖路基

(b) 台口式路基

(c) 半山洞路基

图 4-12　路堑形式

（3）半填半挖路基。

在一个横断面内，部分为路堤，部分为路堑的路基，就是半填半挖路基，如图4-13所示。

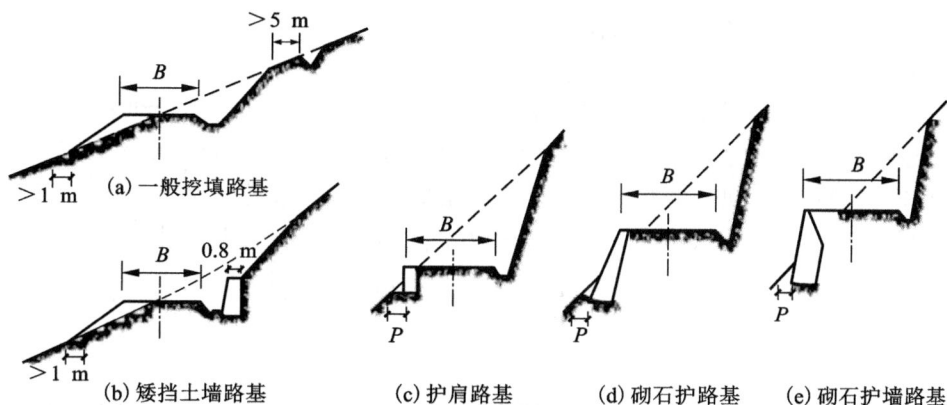

图 4-13　半填半挖路基横断面形式

（4）不填不挖路基。

原地面与路基标高相同，构成不填不挖的路基横断面形式，如图4-14所示。这种形式的路基，虽然节省土石方，但对排水非常不利，易发生水淹、雪埋等病害，常用于干旱的平原区和丘陵区以及山岭区的山脊线。

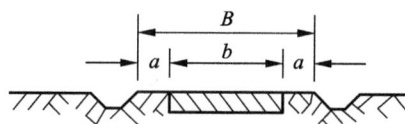

B—路基宽度；b—路面宽度；a—路肩宽度。

图 4-14　不填不挖路基横断面形式

4.1.5　路面工程

路面是用各种材料铺筑在路基上供车辆行驶的层状构造物。未铺筑路面的路基虽然也能行驶车辆，但它抵御自然因素和车辆荷载的能力差，天晴时尘土飞扬、雨天时泥泞，行车会使其表面崎岖不平及使车辆颠簸、打滑，行车速度低，甚至无法通行，而且油料和机件耗损严重。铺筑路面后，改善了道路条件，就能使车辆全天候通行，而且汽车能以一定的速度、安全、舒适且经济地在道路上行驶。

1. 对路面的要求

现代化的汽车运输，要求路面能满足行车的使用要求，提高行车速度，增强安全性和舒适性，降低运输费用和延长路面使用寿命。路面应具有下列性能。

（1）强度和刚度。

汽车在路面上行驶时，通过车轮把垂直力和水平力传给路面。此外，路面还受到车辆的振动和冲击力作用，在汽车身后还有真空吸力的作用。在上述外力的综合作用下，路面结构内会产生不同的压应力、拉应力和剪应力，如果路面结构整体或某一组成部分的强度不足，不能抵抗这些应力的作用，路面就会出现断裂、沉陷（伴随两侧隆起）、碎裂和磨损等破坏现象，从而影响正常行车。因而，要求路面结构及其各组成部分必须具备足够的强度，以抵抗行车作用下所产生的各种应力，避免路面破坏。

刚度是指路面抵抗变形的能力。强度和刚度是两个不同的力学特性，二者有联系，又有不同，强度大的路面，其刚度也较大，但同样强度的路面，其刚度也可能不同。路面结构整体或某一组成部分有时虽然强度足够，但刚度可能不足，此时，在行车荷载作用下，也会使路面产生变形，如车辙及沉陷等。

（2）稳定性。

路面不仅承受行车荷载作用，路面结构袒露在大气之中，还经常受到水分和温度的影响，有的路面材料较敏感，其性能也随之发生不同的变化，路面的强度和刚度就不稳定，路况也就时好时坏。例如，沥青路面在夏季高温季节可能会软化，因而在轮载作用下会出现车辙和推拼，而在冬季低温时又可能出现收缩、变脆而开裂。为了设计出适合当地气候条件、稳定性良好的路面结构，就要调查和分析当地温度和湿度对路面结构的影响，在此基础上选择有足够稳定性的路面结构及其材料。

（3）平整度。

路面平整度对行车的影响很大。路面平整度差时行车阻力增大，行车因振动作用而颠簸，影响行车速度及行车的安全性和舒适性。同时因车辆振动对路面施加冲击力而使路面加快破坏，汽车的机件和轮胎的损坏也加快，还会增加油耗。因而路面要求一定的平整度，高级路面行车速度快，对路面的平整度要求就更高一些。

（4）抗滑性。

光滑的路面使车轮与路面之间缺乏足够的附着力或摩擦阻力，在雨天高速行车、转弯和紧急制动时容易打滑，爬坡和突然启动时容易空转，致使行车速度降低，也容易发生交通事故。

要保证路面的抗滑性能，要求路面面层采用坚硬、耐磨及表面粗糙的集料或具有良好黏结力的沥青来修筑。水泥混凝土路面可以采取在表面拉毛或拉槽等措施。

（5）耐久性。

如果路面的耐久性不足，就会缩短路面使用时间，增加养护工作量和费用，而且会干扰正常的交通运输。为了保证和尽可能延长路面的使用年限，应尽量采用有足够疲劳强度、抗老化和抗变形累积能力的路面结构和路面材料。

2. 路面结构及其层次的划分

（1）典型路面结构。

横断面典型结构如图4-15所示，左半侧为沥青路面（柔性路面），右半侧为水泥混凝土路面（刚性路面）。

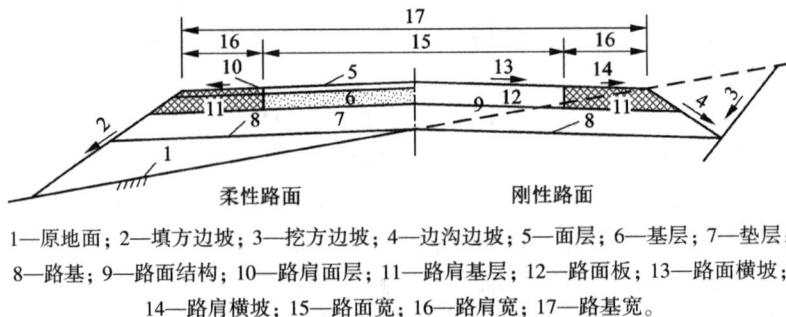

1—原地面；2—填方边坡；3—挖方边坡；4—边沟边坡；5—面层；6—基层；7—垫层；
8—路基；9—路面结构；10—路肩面层；11—路肩基层；12—路面板；13—路面横坡；
14—路肩横坡；15—路面宽；16—路肩宽；17—路基宽。

图4-15 路面横断面典型结构

（2）路面层次结构。

行车荷载和自然因素对路面的影响是随深度而逐渐减弱的。因此，对路面材料的强度、刚度和稳定性等要求也可随深度而逐渐降低。所以，通常路面结构根据使用要求、受力状况，可在土基上采用不同规格和要求的材料分成多层来铺筑，这样可以发挥各种路面材料的功能，还能节约工程造价。路面结构层一般分为面层、基层和垫层，如图 4-16 所示。

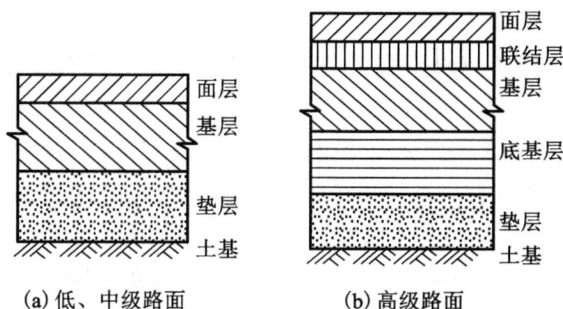

（a）低、中级路面　　　（b）高级路面

图 4-16　路面结构

①面层。面层是路面结构层最上面的一个层次，直接承受车辆荷载及自然因素的影响，并将荷载传递到基层。因此，它要求比基层有更高的强度和刚度，能安全地把荷载传递到下部。另外，它还要求表面平整、有良好的抗滑性能，使车辆能顺利地通过。它必须能抵抗车轮的磨耗，对气候作用有充分抵抗的能力，稳定性好，不透水，以防止水分渗入下部。

面层的材料主要有水泥混凝土、沥青混凝土、沥青碎（砾）石混合料、碎（砾）石掺土或不掺土混合料和块石等。

面层有时可分两层或三层。如沥青混凝土可作为高等级道路的路面面层上层，沥青碎石作为路面面层下层。

②基层。基层是面层以下的结构层。它主要承受由面层传递的车辆荷载垂直力，并将它分布到土基或垫层上。因此，它应有足够的强度和刚度，并具有良好的扩散应力的性能。基层应有足够的水稳定性，以防湿软变形过大而影响路面结构的强度。

基层的主要材料有各种结合料（如石灰、水泥或沥青等）稳定土或碎（砾）石或工业废渣组成的混合料，贫水泥混凝土，各种碎（砾）石混合料或天然砂砾及片、块石或圆石等。

③垫层。为了隔水、排水、防冻或改善基层和土基的工作条件，可以在基层与土基之间修筑垫层。如在地下水位较高的路基上、可能发生冻胀翻浆的路基上，以及土质不良的路基或冻深较大的路基上，都应设置垫层。

垫层材料不要求强度高，但要求水稳定性好或隔热性能好。常用垫层材料有砂砾、炉渣或片（圆）石组成的透水性垫层和石灰土或炉渣石灰土等。

应该指出，实际路面结构层次不一定如上述那样完备，有时一个层次可起两个层次的作用。如用碎石路面铺在土基上，则这层碎石路面既是面层也是基层。在旧的碎石路面上铺沥青路面，则原来的碎石路面由面层变为新路面的基层。

4.2 铁路工程

铁路的发展历史已有 200 多年,在以马车作为代步和载货工具的年代,常因雨天地面泥泞,车轮陷入泥沟中而使行驶非常困难。后来,人们想到了在地面铺上木板,再后来就是在木板上铺上铁板,这就是铁轨的开始。第一条完全用于客货运输而且有特定时间行驶列车的铁路,是 1830 年通车的英国利物浦与曼彻斯特之间的铁路,这条铁路全长56.3 km。此后,铁路主要依靠牵引力的发展而发展。牵引机车从最初的蒸汽机车发展为内燃机车,再到电力机车,铁路运行速度也越来越快。20 世纪 60 年代开始出现了高速铁路,速度从 120 km/h 提高到 450 km/h 左右,后又打破了传统的轮轨相互接触的黏着铁路,出现了轮轨分离的磁悬浮铁路。后者的试验运行速度,已超过 500 km/h。一些发达国家和发展中国家(包括我国在内)已经把建设磁悬浮铁路列入计划。

铁路运输的最大优点是运输能力大、安全可靠、速度较快、成本较低、对环境的污染较小,基本不受气候的影响,能源消耗远低于航空运输和公路运输,是现代化运输体系中的主干力量。

4.2.1 铁路等级及主要技术标准

1.铁路等级划分的目的及意义

由于中国疆域辽阔、地形复杂,人口、资源分布和工农业生产布局不平衡,各地区间经济、文化发展水平差异甚大,因此经行不同地区的铁路线的经济、文化和国防意义及其在运输系统中的地位和作用不同,运量也各异。划分铁路等级的目的,在于体现国家对各级铁路的运营质量和运行安全等的不同要求,有区别地规划不同铁路的运输能力,经济合理地确定相应的技术标准和设备类型,使国家资金得到合理的利用。

铁路等级是区分铁路在国家铁路网中的作用、意义和远期客货运量大小的标志,是确定铁路技术标准和设备类型的依据。

2.铁路等级划分

我国《铁路线路设计规范》(TB 10098—2017)规定:铁路等级应根据其在路网中的作用、性质、设计速度和客货运量确定,分为高速铁路、城际铁路、客货共线铁路、重载铁路。其中客货共线铁路的年客货运量为重车方向的货运量与由客车对数折算的货运量之和,对旅客列车按 1.0 Mt 年货运量折算。客货共线铁路分为 I 、Ⅱ、Ⅲ、Ⅳ级,其划分应符合下列规定。

I 级铁路:铁路网中起骨干作用的铁路,或近期年客货运量大于或等于 20 Mt 的铁路;

Ⅱ级铁路:铁路网中起联络、辅助作用的铁路,或近期年客货运量小于 20 Mt 且大于或等于 10 Mt 的铁路;

Ⅲ级铁路:为某地区或企业服务的铁路,近期年客货运量小于 10 Mt 且大于或等于5 Mt 的铁路;

Ⅳ级铁路:为某一地区或企业服务的铁路,近期年客货运量小于 5 Mt 的铁路。

铁路等级的确定对铁路工程投资、输送能力、经济效益有直接影响。等级定高了，造成建筑物标准过高，能力过剩，投资过早，积压资金；等级定低了，满足不了运量增长的要求，造成过早改建。故设计线的铁路等级应慎重确定。铁路的等级可以全线一致，也可以按区段确定。线路较长，经行地区的自然、经济条件及运量差别很大时，也可按区段确定等级，但应避免同一条线上等级过多或同一等级的区段长度过短，使线路技术标准频繁变更。

3. 主要技术标准

高速铁路、城际铁路、客货共线Ⅰ级和Ⅱ级铁路、重载铁路的设计速度应根据运输要求、工程条件等因素综合技术经济比选确定，见表4-6。当沿线运输需求或地形差异较大，并有充分的技术经济依据时，可分路段选定设计速度，路段长度不宜过短。改建既有线和增建第二线的路段设计速度，应根据运输需要并结合既有线特征等因素经技术经济比选确定。

表4-6 设计速度 单位：km/h

铁路等级	高速铁路	城际铁路	客货共线Ⅰ级	客货共线Ⅱ级	重载铁路
设计速度	350、300、250	200、160、120	200、160、120	120、100、80	100、80

新线铁路的正线数目，一般按单线设计，如需修建双线或预留双线位置，应在计划任务书中提出要求。改建铁路或增设第二线时，一般采用新建铁路的标准。

4.2.2 线路平面

所谓"线路"又称"线路中心线"，是用一条线来表示铁路中心线的空间位置，这条线是以通过路肩的水平面 AB 和通过轨道中心（在曲线上则为距外轨内侧半个标准轨距）的铅垂面 CD 交线表示。图4-17为路基横断面。

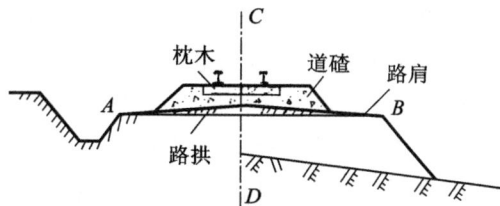

图4-17 路基横断面

线路中心线在水平面上的投影称为线路平面。线路平面画在平面图上，就表示铁路的平面位置和线路的走向。线路的平面形状是由直线、缓和曲线和圆曲线组成的。

1. 圆曲线

圆曲线的基本部分（要素）由曲线半径 R、曲线转角 α、曲线长度 L、切线长度 T 以及外矢距 E 组成。知道了曲线半径和曲线转角，就可以从曲线表中查得其余各要素。可见，线路平面设计中的圆曲线问题，实质上就是确定曲线转角和曲线半径大小的问题。

（1）曲线转角。

曲线转角的大小是由相邻直线的位置决定的。曲线转角的大小反映线路弯曲的程度，它对工程和运营方面的影响很大。在困难地形条件下，为了减小工程量，往往需要采用较大的曲线转角，这样就会使线路曲折延长，行车也不平顺。因此，线路平面的确定，既要适应地形条件设置曲线转角，又要尽量减小曲线转角的度数。

（2）曲线半径。

曲线半径的大小对工程和运营两方面影响极大，它是平面设计中的关键问题。从工程方面看，采用小半径曲线，一般可使线路更好地适应地形的曲折变化，特别是在地形复杂地区，可以大大地减小土石方和桥隧工程量，从而可缩短工期，使铁路提前交付使用，早日发挥效益，并可节省工程投资。从运营方面看，曲线半径采用得太小，将产生许多不良后果，主要有：

①限制行车速度。对于同样的行驶车速，曲线半径越小，转弯时的离心力越大，因此为了保证行车的安全和平稳以及旅客的舒适性，对列车在转弯处的速度限制有明确规定。

②降低轮轨间的黏着系数。机车通过小半径曲线（$R \leqslant 400$ m）时，由于内外轮行程相差大，轮轨间滑动严重，因此引起轮轨间黏着系数降低。机车的黏着力（机车动轮在轨道上无滑动，依靠摩擦力所能实现的最大牵引力）等于机车的黏着重量与黏着系数的乘积。黏着系数降低，黏着牵引力将减小，如果该曲线又位于线路的最大坡度上，为保证列车在此坡道上能以不低于计算速度等速运行，则必须用减缓坡度的办法来弥补由黏着系数降低而造成牵引力减小的损失。

（3）延长线路。

由图 4-18 可见，当曲线转角大小不变时，小半径曲线方案的长度为 ABCD，而大半径曲线方案为弧线 AD。显然，小半径线路要比大半径线路长，从而使工程建造费和运营费增加。

（4）增加轨道设备和维修费。

对于曲线半径为 600 m 以下的曲线地段，为了防止因离心力的增大而使轨距扩大，改变平面位置，需要对此段的轨道增设加强设备和增加轨枕的根数，因此增加了设备费用。同时，日常维修养护工作量和费用也有所增加。尤其是小半径曲线上

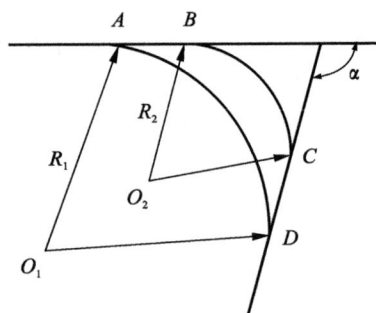

图 4-18　不同半径圆曲线

的钢轨磨损很严重，使钢轨使用年限大幅缩短，增加钢轨需用量。

由上述分析可知，小半径曲线不利因素多，但有时由于一些客观因素的限制，如地形、地质等条件限制，不得不采取小半径曲线方案，当然大半径曲线方案也有其不利的一面，如曲度很小，曲线很长，较难保证曲线的正常形状，往往容易形成折线，反而增加养护的困难。因此，最大半径以 4000 m 为限。

根据《铁路线路设计规范》（TB 10098—2017）规定，曲线半径应在下列数值中选用：40000 m，30000 m，25000 m，20000 m，18000 m，15000 m，12000 m，10000 m，8000 m，7000 m，6000 m，5500 m，5000 m，4500 m，4000 m 和 350 m。设计时，可根据具体条件，由大到小合理选用。同时，又规定客货共线铁路的最小曲线半径不得小于最小曲线半径表中的数值（表 4-7）。在个别情况下，如有充分根据，并经相关部门批准，允许采用更小的半径，但 I、II 级铁路不得小于 300 m，III 级铁路不得小于 250 m。

表 4-7　最小曲线半径表

铁路等级	最小曲线半径/m	
	一般地段	困难地段
Ⅰ、Ⅱ	800	400
Ⅲ	600	350

2. 缓和曲线

为了保证行车的平稳与安全,线路平面上在直线与圆曲线之间,必须设置一定长度的缓和曲线,除非曲线半径很大($R=4000$ m),曲率非常小,很接近直线,此时缓和曲线才可以省去。

(1)缓和曲线的主要作用。

将线路的直线末端的无限大的半径逐渐变化至圆曲线应有的半径;线路外轨的高程从直线末端开始,随缓和曲线长度的增长而逐渐升高,以达到圆曲线应有的超高值;当曲线半径较小时,圆曲线的轨距应较标准轨距宽,其加宽数值也在缓和曲线上完成。

(2)缓和曲线的长度。

缓和曲线长度的确定原则是列车外轮升高速度(列车由直线经缓和曲线进入圆曲线时,外侧车轮因有外轨超高而不断升高的竖向速度)不致使旅客感到不适。在一定的超高值时,缓和曲线越长,外轮升高的速度越小,就越能保证旅客不受到剧烈的冲击。

4.2.3　线路纵断面

线路中心线展直后在铅垂面上的投影称为线路纵断面。线路纵断面设计,主要是根据地形的起伏及地质、水文地质和其他情况,设计出合理的坡度、坡道长度以及相邻坡道的连接。

1. 线路的最大坡度

铁道的坡度不能无限制地增大,其所限制的最大坡度值,即最大坡度。最大坡度有以下几种。

(1)限制坡度。

限制坡度是指单机牵引情况下的最大坡度。限制坡度是铁路的主要技术标准之一,因为它对线路的工程指标和运营指标有重大影响。线路设计采用的限制坡度越大,在工程方面,线路越短,相应桥隧工程和路基工程量越小,工程投资将降低,工期可缩短;但在运营方面,则因牵引荷载减少,铁路运输能力降低,运输成本增加。此外,过大的限制坡度对保证行车安全和提高行驶速度都有一定的影响。因此,线路的限制坡度应根据铁路的等级、地形条件、经济和技术水平,考虑未来的发展以及相邻线路的限制坡度,拟定各种不同限制坡度方案,经过全面比选,在初步设计阶段确定。

我国《铁路线路设计规范》(TB 10098—2017)以客货共线铁路为例,一般不超过下列数值。

Ⅰ级铁路:一般地段 6‰;困难地段 12‰;重新铁路 4‰。

Ⅱ级铁路:一般地段 12‰;困难地段 15‰。

Ⅲ级铁路：一般地段 15‰；困难地段 20‰。

限制坡度也不宜选得过小，通常认为是 4‰左右。采用更小的限制坡度一般已没有必要，因为采用小限制坡度会大大增加工程量和投资，且牵引重量也不能有很大提高，因为这时的牵引重量已受到启动附加阻力的限制。

一般情况下，由于线路两个方向的货运量不会有过大的差别，所以两个方向选用相同的限制坡度。但是也有某些线路，两个方向的货运量显著不平衡，而且根据远期计划，预计这种情况不会有重大的改变，故在地形显著陡峻时，为节省工程量，可以在轻车方向采用比重车方向更陡的限制坡度。许多通往矿山的铁路往往如此。

（2）加力牵引坡度。

用两台或两台以上机车牵引时，其所能通过的最大坡度称为加力牵引坡度。采用加力牵引坡度的主要优点是在地形困难的越岭或地面自然纵坡特别陡峻的地段，可以缩短线路长度，节省工程投资，缩短工期。但这也存在着机车数增加、需要设置补机折返点、运输费增加的缺点。因此，在越岭地段或采用平缓坡度将引起巨大工程量的地段，经过比选，可采用加力牵引。

《铁路线路设计规范》（TB 10098—2017）规定，加力牵引坡度在各级铁路中一般不超过 20‰。如必须超过此数值，应提出充分依据，并经相关部门批准。但内燃机牵引的铁路上最大加力牵引坡度不得超过 25‰，电力机车牵引的铁路上最大加力牵引坡度不得超过 30‰。

（3）动能坡度。

当列车在减轻荷载的条件下，借助于列车事先积累的动能和机车的牵引力联合作用，以不低于机车的计算速度所能闯过的、大于限制坡度的坡度，称为动能坡度。

列车在闯坡前要确保有加速条件且能达到一定的初速度，如受气候变化或列车运行特殊原因等的影响，达不到规定的初速度，势必造成在动能坡段上减速以致停车，所以，新建铁路不宜采用。只有在旧线改建时，减缓原有坡度可能会引起过大工程量增加，同时该路段又具有备用动能的条件时，经相关部门批准，才可局部采用。

2. 坡段长度及连接

（1）坡段长度。

相邻两坡段的交点称为变坡点。两相邻变坡点间的距离称为坡段长度。坡段越短，则线路纵断面越能适应地形起伏变化，并可减小桥、隧和路基的工程量，但此时位于一个列车下面的变坡点也越多。由于坡度的变化，当列车经过变坡点时，在车钩上产生的附加应力会影响行车的安全与平顺，变坡点越多，此种情况也越严重。因此，一般情况下，坡段长度不宜小于远期货物列车长度的一半，即列车下面的变坡点不超过两个。坡段长度在某些特殊情况下可缩短至 200 m。设计时，坡段长度一般取 50 m 的整倍数。

（2）坡度代数差。

变坡点两边坡度的变化，常用相邻坡度的代数差表示，即 $\Delta i = i_2 - i_1$（图 4-19）。

若前一坡度为下坡 $i_1 = -4‰$，后一坡度为上坡 $i_2 = +4‰$，则坡度代数差 $\Delta i = 8‰$。附加应力的大小往往随两相邻坡度的代数差值的增大而增加。若附加应力过大，加之司机操纵不良，就可能造成断钩事故。《铁路线路设计规范》（TB 10098—2017）中规定：相邻坡段的坡度代数差应尽量小些，最大不得超过重车方向的限制坡度值。

（3）相邻坡度段的连接。

为了便于列车平顺地由一个坡段过渡到另一个坡段，相邻坡段之间要设置竖曲线，一般为一定半径的圆曲线型竖曲线（图4-19 *AB* 弧段）。

竖曲线半径 R_V 在《铁路线路设计规范》（TB 10098—2017）的规定为：Ⅰ、Ⅱ级线上为 10000 m，Ⅲ级线上为 5000 m。

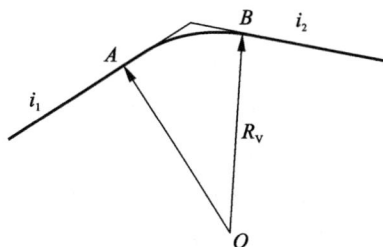

图 4-19　坡段竖曲线连接图

4.2.4　铁路路基

铁路路基是承受并传递轨道重力及列车动态作用的结构，是轨道的基础，也是保证列车安全运行的重要建筑物。路基是一种土石结构，处于各种地形地貌、地质、水文和气候环境中，有时还遭受各种灾害，如洪水、泥石流、崩塌、地震等灾害。路基设计一般需要考虑如下问题。

1. 横断面

横断面是指与线路中心线垂直的路基断面。其形式有路堤、半路堤、路堑、半路堑、不填不挖等。路基由路基体和附属设施两部分组成。路基体由路基面、路肩和路基边坡构成。路基附属设施是为了保证路肩的强度和稳定所设置的排水设施、防护设施与加固设施等，排水设施有排水沟等，防护设施有种草、种树等，加固设施有挡土墙、扶壁支挡结构等。

2. 路基稳定性

路基稳定性是指路基受到列车动态作用及各种自然力影响所出现的道砟陷槽、翻浆冒泥和路基剪切滑动与挤起等。影响路基稳定性的因素有：路基的平面位置和形状；轨道类型及其上的动态作用；路基所处的工作地质条件；自然力作用等。路基稳定性验算是铁路工程设计中非常重要的内容。

4.2.5　其他类型铁路简介

1. 高速铁路

高速铁路是于 20 世纪 60 年代首先在一些发达国家逐步发展起来的。1964 年 10 月 1 日，世界上第一条高速铁路——日本的东海道新干线正式投入运营，速度达到 210 km/h，从东京到大阪运行时间为 3 小时 10 分钟。英国铁路公司于 1977 年投入使用的高速列车速度高达 200 km/h，它用两台 1654 kW 的柴油机作动力，运行于伦敦、布里斯托尔和南威尔士之间。法国于 1981 年建成了它的第一条高速铁路（TGV），列车速度为 270 km/h；后来又建成TGV 大西洋线，速度达 300 km/h。1990 年 5 月 13 日，其高速铁路试验的最高速度已达到 515.3 km/h，使用运营速度达到 400 km/h，使得法国在技术和经济指标上均超过日本而居世界领先地位。由于 TGV 列车可以延伸到原有铁路线上运行，因此 TGV 的总通车里程超过 2500 km，承担了法国铁路旅客运输量的 50%。

我国自 20 世纪 90 年代开始在常规铁路路基上进行了列车提速试验，并先在华东地区京沪铁路上实施，列车速度为 150~160 km/h。之后，全国范围内的火车又进行了多次提速。2007年4月18日零点，中国铁路正式实施第六次大面积提速，这次大面积提速调整所取得的成果是全方位的。本次提速，实现了我国铁路既有线路速度200 km/h及以上提速资源零的突破，线路延展里程一次达到6003 km，其中速度250 km/h线路延展里程达846 km。经过这次提速调整，我国速度120 km/h及以上线路总延展里程从原来的1.6万km增加到2.2万km，提速资源大幅拓展，覆盖全国大部分省（区、市），这次调整标志着我国铁路快速客运网建设取得了重大进展。客货运输能力大幅提升，有效缓解了铁路运输的紧张状况，为经济社会快速发展提供更加有力的运力支持。

2. 地下铁道与城市轻轨

世界上第一条载客的地下铁道是1863年建成的伦敦地铁。当时的地铁还是蒸汽机车，通道为明挖后覆盖的浅埋式。第一条使用电动机车且真正深入地下的铁路直到1890年才建成，这种新型、清洁的电动机车弥补了以往蒸汽机车的很多不足，使地铁的应用迎来了黄金时代。目前，伦敦的地铁线路长度已达402 km，全市形成了一个四通八达的地铁网，日均客流量达300~400万人次。现在，地铁已在全世界许多大、中型城市广泛应用。

发达国家的地铁设施非常完善，如法国的巴黎，其地铁在城市地下纵横交错，行驶里程高达几百公里，遍布城市各个角落的地下车站给居民带来了非常便利的公共交通服务。莫斯科的地铁，以车站富丽堂皇而闻名于世，20世纪90年代，地铁长度已达212.5 km，设有132个车站，拥有8条辐射线和多条环形线，平面形状宛如蜘蛛网一般。美国波士顿地铁于20世纪90年代率先采用了交流电驱动的电机和不锈钢制作的车厢。

城市轻轨是城市客运有轨交通系统的另一种形式，它与原有电车交通系统不同。它一般有较大比例的专用道，大多采用浅埋隧道或高架桥的方式，车辆和通信信号设备也是专用的，克服了有轨电车运行速度慢、正点率低和噪声大的缺点。它与公共汽车相比具有速度快、效率高、节省能源和无空气污染等优点。自20世纪70年代以来，世界上出现了建设轻轨铁路的高潮。目前，全球有50~60个国家拥有城市轻轨系统。

3. 磁悬浮铁路

磁悬浮列车是利用电磁系统产生的吸引力和排斥力将车辆托起，使整个列车悬浮在铁路上。它利用电磁力进行导向，并利用直流电机将电能直接转换成推进力。与传统铁路相比，磁悬浮铁路由于消除了轮轨之间的接触与摩擦，列车速度快速而平稳，行驶速度为500 km/h以上。

磁悬浮列车无机械振动和噪声，无废气和污染，有利于环境保护，能充分利用能源，从而获得高的运输效率。另外，由于其没有钢轨、车轮和接触导线等摩擦部件，可节省大量的维修工作和维修费用。

对于磁悬浮列车的研究，德国和日本起步最早。德国从1968年开始研究，于1983年在曼姆斯兰德建设了一条长32 km的试验线，并完成了载人试验，列车行驶速度达到412 km/h。目前，磁悬浮铁路已经逐步从探索的基础研究阶段进入实际应用与商业化推广阶段。

上海建成国内首条磁悬浮列车专线，该条专线于2001年3月1日在浦东挖下第一铲，2002年12月31日全线试运行，2003年1月4日正式开始商业运营。它西起上海地铁2号线的龙阳路站，东至上海浦东国际机场，专线全长29.863 km，是中德两国合作开发的世界第一条磁悬浮商业运线。

长沙磁浮快线于 2016 年开通运营,全长 18. 55 km,是连接长沙南站与长沙黄花国际机场的重要交通枢纽,目前设有磁浮高铁站、磁浮榔梨站、磁浮机场站三个站点,是打造长沙空铁联运一体化综合交通枢纽的示范工程。长沙至浏阳磁浮快线起于黄花机场 T3 航站楼,止于浏阳关口站,全长 48. 73 km,最高设计时速 160 km,预计 2029 年建成通车。

4.3 桥梁工程

桥梁工程是指供公路、城市道路、铁路、渠道、管线等跨越水体、山谷或彼此之间相互跨越的工程构筑物。

桥梁既是一种功能性的建筑物,又是一种具有立体的造型工艺工程,也是一种具有时代特征的景观工程。道路、铁路、桥梁建设的突飞猛进,对创造良好的投资环境,促进地域性经济的腾飞,起到关键的作用。

4.3.1 桥梁的分类

1. 按受力体系分类

桥梁按受力体系分为梁式桥、拱式桥、刚架桥、斜拉桥和吊桥五种基本体系,以及由这几种基本体系组合而成的组合体系。

2. 按桥梁全长和跨径分类

(1)特大桥:多孔桥全长大于 500 m,单孔桥全长大于 100 m。

(2)大桥:多孔桥全长大于 100 m 且小于 500 m,单孔桥全长大于 40 m 且小于 100 m。

(2)中桥:多孔桥全长大于 30 m 且小于 100 m,单孔桥全长大于 20 m 且小于 40 m。

(4)小桥:多孔桥全长大于 8 m 且小于 30 m,单孔桥全长大于 5 m 且小于 20 m。

3. 按用途分类

桥梁按用途可分为公路桥、铁路桥、公路铁路两用桥、机耕桥、运水桥(渡槽)、人行桥及其他专用桥等。

4. 按行车道位置分类

桥面布置在主要承重结构之上的桥梁称为上承式桥,桥面布置在主要承重结构之下的桥梁称为下承式桥,桥面布置在桥跨结构高度之间的桥梁称为中承式桥,如图 4-20 所示。

5. 按所用材料分类

桥梁按上部结构所用材料分为圬工桥(包括砖、石、混凝土)和设有少量钢筋的少筋混凝土桥、钢筋混凝土桥和钢桥。

6. 按跨越障碍的性质分类

按跨越障碍的性质可分为跨河桥、跨线桥(立交桥)、高架桥和栈桥。

高架桥一般指跨越深沟峡谷以代替高路堤的桥梁;而栈桥是为使车道升高至周围地面以上并使其下面的空间可以通行车辆或做其他用途而修建的。

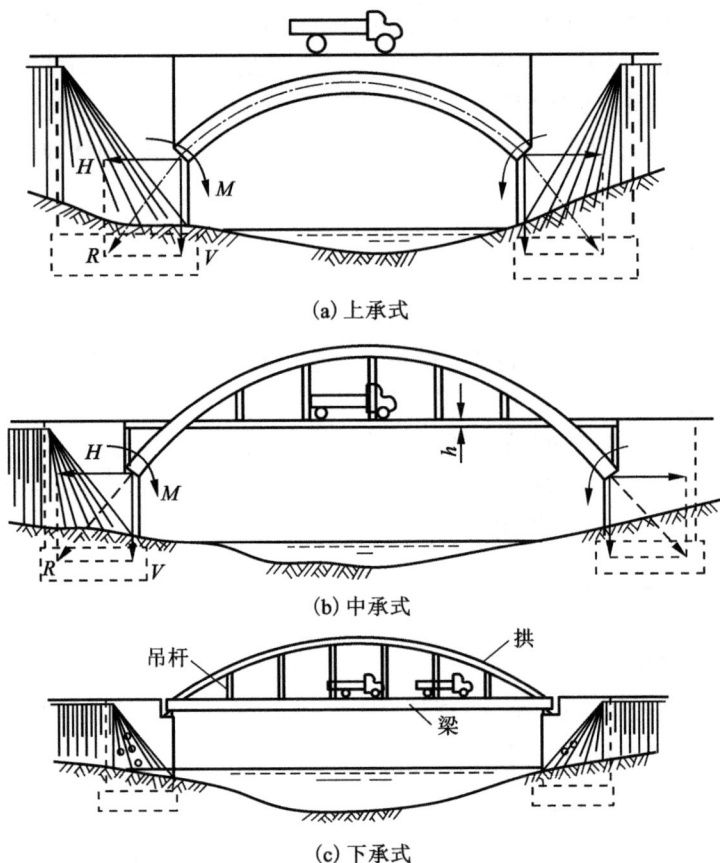

(a) 上承式

(b) 中承式

(c) 下承式

图 4-20 按行车道位置分类

4.3.2 桥跨结构

桥梁一般由桥跨结构、支承结构(桥墩、桥台)及基础三部分组成。通常人们还习惯称桥跨结构为桥梁的上部结构,称桥墩或桥台为桥梁的下部结构。桥面构造和桥跨结构形式是桥梁的主要组成部分。

1. 桥面构造

(1)桥面的组成。

桥面是直接承受各种荷载的部分,主要包括行车道板、桥面铺装、人行道、栏杆、变形缝、排水设施等,如图 4-21 所示。

(2)桥面铺装层。

桥面铺装层是指铺设在行车道板上的面层,主要作用在于防止车辆轮胎或履带对行车道板的直接磨损,同时,对车辆作用的集中荷载还有扩散效果。桥面铺装层的铺装材料一般为混凝土、沥青混凝土和碎石等。铺装层的厚度,混凝土、沥青混凝土常用5~8 cm,碎石层为 15~20 cm。桥面铺装层与所连道路路面应尽量一致,以便于管理养护和车辆行驶。

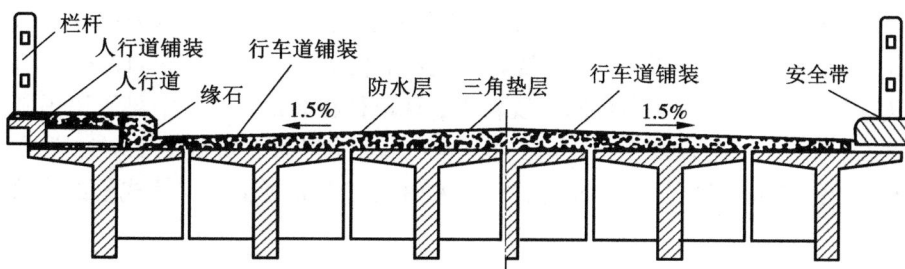

图 4-21 桥面的组成

(3)桥面排水。

为了快速排出桥面雨水,桥面应设置1.5%~3.0%的横坡,并在行车道两侧适宜的长度内设置直径为10~15 cm的排水管。排水管一般为钢筋混凝土管或铸铁管。当桥长小于50 m,桥面纵坡大于2%时,可不设排水管,但在桥头引道两侧应设置引水槽。

(4)人行道或安全带。

人行道的设置根据需要而定,人行道宽一般为0.75 m或1.0 m,为便于排水,人行道也设置向行车道倾斜1%的横坡。人行道的外侧必须设置栏杆,栏杆高0.8~1.2 m,栏杆柱间距1.5~2.5 m,柱的截面尺寸为0.15 m×0.15 m。

不设人行道时,桥面两侧应设安全带,安全带宽一般为0.25 m,高为0.2~0.25 m。

(5)伸缩缝或变形缝。

为降低温度变化、混凝土收缩、地基不均匀沉降等因素的影响,桥面应设置伸缩缝,缝距一般不超过30 m。为保证车辆平稳行驶,并防止雨水和泥土渗入,缝内必须填塞具有弹性、不透水的橡皮或沥青胶泥等塑性材料。

2. 桥跨结构形式

(1)梁式桥。

梁式桥是一种在竖向荷载作用下无水平反力的结构(图4-22)。由于桥上的恒载和活载的作用方向与支承结构的轴线接近垂直,其受力特点就像是一根梁,所以与同样跨径的其他结构体系相比,桥的梁上将产生最大弯矩,通常需要用抗弯能力强的材料(如钢或钢筋混凝土)来建造。

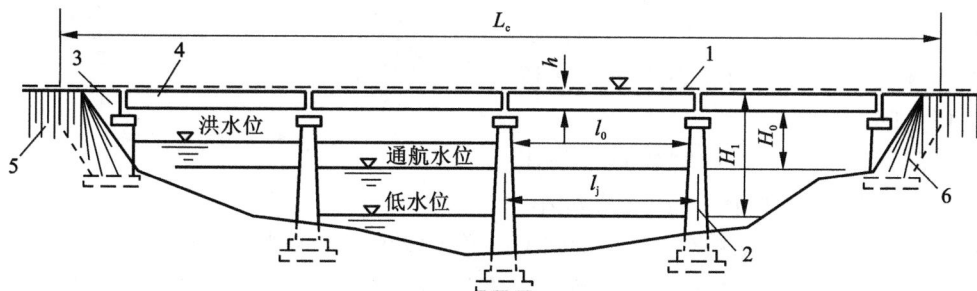

1—桥面;2—桥域;3—桥台;4—主梁;5—路堤;6—锥形护坡。

图 4-22 梁式桥

目前应用最广的是简支梁结构形式的梁式桥，这种结构形式简单，施工方便，对地基承载力的要求也不高，常用于跨径在 25 m 以下的桥梁使用。当跨径小于 6 m 时，通常采用简支式板桥，如图 4-23(a)所示，为现浇整体式和装配式；当跨径在 6~12 m 时，可采用空心板桥，如图 4-23(b)所示；当桥的长度较大，且跨径在 8 m 以上时，可采用预制 T 形梁，如图 4-23(c)所示；当跨径在 20 m 左右时，可采用工字形梁，如图 4-23(d)所示。

当跨度大于 25 m，并小于 50 m 时，一般采用预应力混凝土简支梁式桥的形式。

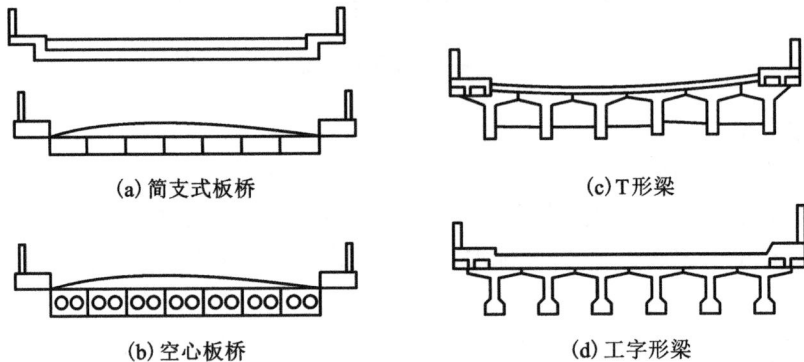

(a) 简支式板桥

(c) T 形梁

(b) 空心板桥

(d) 工字形梁

图 4-23　简支梁桥上部结构

(2)拱式桥。

拱式桥与梁式桥相比较，主要特点在于其上部荷载由拱承担，拱圈的受力以压力为主。因此，拱式桥选材范围较大，可利用抗压能力较强的圬工材料建桥，以节约钢筋和水泥，降低工程造价。

拱的跨越能力强，外形也较美观，因此修建拱式桥是经济合理的。但是由于其在桥墩或桥台外承受很大的水平推力，所以对桥的下部结构和基础的要求比较高。另外，拱式桥的施工比梁式桥困难些。

(3)刚架桥。

刚架桥(图 4-24)的主要承重结构是梁或板和立柱或竖墙构筑成整体刚架结构，梁与柱的连接处具有很大的刚性。因此在竖向荷载作用下，梁主要承受弯矩，而柱脚处也有水平反力，其受力状态介于梁式桥和拱式桥之间。

对于同样的跨径，在相同的外力作用下，刚架桥的跨中弯矩比一般梁式桥小。

图 4-24　刚架桥简图

根据这一特点，刚架桥跨中的构件高度就可以做得较小。在城市中，当遇到线路立体交叉或需要跨越通航江河时，采用这种桥型能尽量降低线路标高，改善桥的纵坡；当桥面标高已确定时，它能增加桥下净空。刚架桥，通常采用预应力混凝土结构。

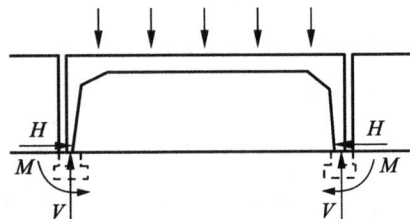

（4）吊桥。

吊桥也称为悬索桥，如图 4-25 所示，采用悬挂在两边塔柱上的吊索作为主要承重结构。在竖向荷载作用下，通过吊杆的荷载传递使吊索缆绳承受很大的拉力，因此，通常需要在两岸桥台的后方修筑非常大的锚碇结构。悬索桥也是具有水平反力的结构。在现代悬索桥结构中，广泛采用高强度钢缆绳，以发挥其优异的抗拉性能。

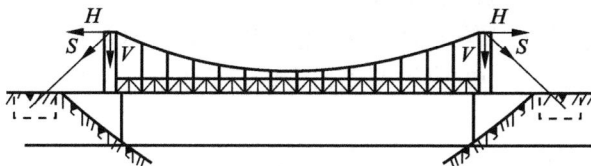

图 4-25　吊桥简图

当前，大跨度公路悬索桥的主梁常采用钢制扁箱梁结构形式，也有顶层行驶汽车、下层铺设铁路的公路铁路两用桥。然而相对于其他桥梁，悬索桥自重轻，结构刚度差，在车辆动荷载和风荷载作用下，易发生较大的变形和振动。悬索桥的历史，是其克服变形和振动的历史，也就是提高悬索桥刚度的历史。

（5）斜拉桥。

斜拉桥由斜拉索、塔柱和主梁组成，是一种高次超静定的组合结构体系（图 4-26）。系在塔柱上的张紧的斜拉索将主梁吊住，使主梁就像跨度显著缩小的多跨弹性支承连续梁一样工作。这样，斜拉索可以充分利用高强度钢材的抗拉性能，又可以显著减小主梁的截面积，使得结构自重大大减轻，从而能建造大跨度的桥梁。斜拉桥的主梁和塔柱可以采用钢筋混凝土或型钢建造，在我国，主要采用钢筋混凝土结

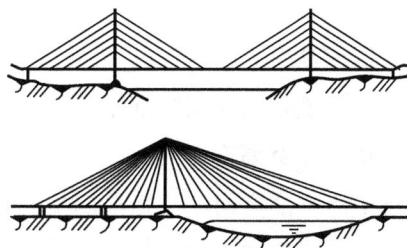

图 4-26　斜拉桥简图

构。为了减小梁的截面与自重，常用预应力混凝土代替普通钢筋混凝土，这就是预应力混凝土斜拉桥。

斜拉桥根据跨度大小的要求以及经济上的考虑，可以建成塔式、双塔式或多塔式等不同类型。通常，当采用对称断面且对桥下净空要求较高时，多采用双塔式斜拉桥。

斜拉桥是半个多世纪来最富有想象力、构思内涵丰富、而又引人注目的桥型，它具有广泛的适应性。一般情况下，对于跨度为 200~700 m 的桥梁，斜拉桥在技术上和经济上都具有相当优越的竞争力。

需要注意的是，斜拉桥的斜拉索是桥的生命线，至今国内外已发生过几起通车仅几年就因斜拉索腐蚀严重而导致全部换索的失败工程实例。因此，如何保护斜拉索，确保其使用寿命，仍是当今斜拉桥工程建设中必须引起足够重视的问题。

（6）组合体系桥。

除以上几种桥的基本形式外，在工程实践中，还可采用几种桥型的组合结构，如梁和

拱的组合体系、斜拉索与悬索的组合体系等。所有这些组合，目的在于充分利用各种型式桥的受力特点，发挥其优势，建造出符合要求、外观美丽的桥梁。

4.3.3　桥梁的几个重要参数

1. 净跨径 l_0

对于梁式桥，设计洪水位线上相邻两桥墩或桥台间的净距称为净跨径（图 4-22）。各孔净跨径的总和（$\sum l_0$）称为桥梁的总跨径，它反映桥梁过水的能力。对于拱式桥，净跨径指每孔两拱脚截面最低点之间的水平距离（图 4-27）。

2. 计算跨径 l_j

梁式桥的计算跨径是指相邻两个支座中心之间的距离（图 4-22）。拱式桥的计算跨径为相邻两个拱脚截面形心之间的水平距离，也就是拱轴线两端点之间的水平距离（图 4-27）。

3. 标准跨径 L_b

对于梁式桥，标准跨径是指相邻两桥墩中心线之间的间距，或桥墩中心线至桥台台背前缘之间的距离；对于拱式桥，标准跨径则指净跨径。

4. 桥梁全长 L_c

有桥台的桥梁全长为两岸桥台侧墙或八字墙墙尾之间的距离；无桥台的桥梁全长为桥面系行车道长度（图 4-22）。

5. 桥梁高度 H_1

桥梁高度是指桥面与低水位之间的距离，或桥面与桥下线路路面之间的距离。

6. 桥下净空高度 H_0

桥下净空高度对于不通航河流是指设计洪水位至上部结构最下缘的距离；对于通航河流则是通航水位至上部结构最下缘的距离。对于跨越公路或铁路的立交桥，桥下净空高度即为上部结构的下缘至桥下路面（或轨顶面）的高度。

7. 桥梁建筑高度 h

桥梁建筑高度是指桥面与桥跨结构最下缘之间的距离。

8. 净矢高 f_0

拱桥的拱顶截面下缘至相邻两拱脚截面下缘最低点的连线间的垂直距离称为净矢高（图 4-27）。

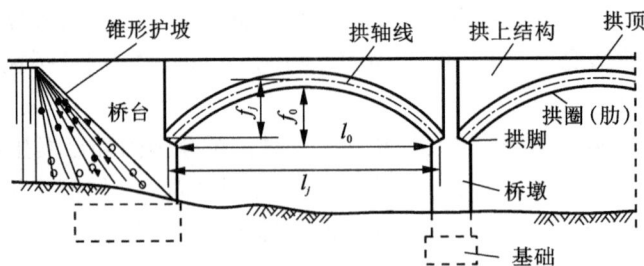

图 4-27　拱式桥构造

9. 计算矢高 f_j

矢高为从拱顶截面形心至相邻两拱脚截面形心连线的垂直距离(图 4-27)。

10. 矢跨比 (f_j/l_j)

矢跨比为拱桥中拱圈的计算矢高 f_j 与计算跨径 l_j 之比,也称拱矢度。

4.3.4　桥梁的支承结构

桥梁的支承结构主要由墩(台)帽、墩(台)身等组成。它的作用是承受上部结构传来的荷载,并通过基础再将荷载及其自重传递到地基上。桥墩是指多跨桥梁的中间支承结构,它除承受上部结构的荷载外,还要承受流水压力,水面以上的风力以及可能出现的冰荷载及船只、排筏或漂浮物的撞击力。桥台除了支承上部结构物的荷载外,还是衔接两岸路堤的构筑物,既要能挡土护岸,又要能承受台背填土及填土上车辆荷载所产生的附加侧压力。

桥梁的支承结构的形式大体上可分为重力式及轻型式。在具体桥梁建设时采用什么类型的支承结构,应依据地质、地形及水文条件,墩高、桥跨结构要求及荷载性质和大小、通航和水面漂浮物以及施工条件等因素综合考虑。但是在同一座桥梁内,应尽量减少支承结构的类型。

1. 桥墩的类型

(1)重力式桥墩。

重力式桥墩如图 4-28(a)所示,这类墩、台的主要特点是靠自身重量来平衡外力而保持稳定。因此,墩、台比较厚重,可以不用钢筋,仅用天然石材或片石混凝土砌筑。它适用于地基良好的大、中型桥梁,或流冰、漂浮物较多的河流中。其缺点是圬工体积较大,因而自重和阻水面积也较大。

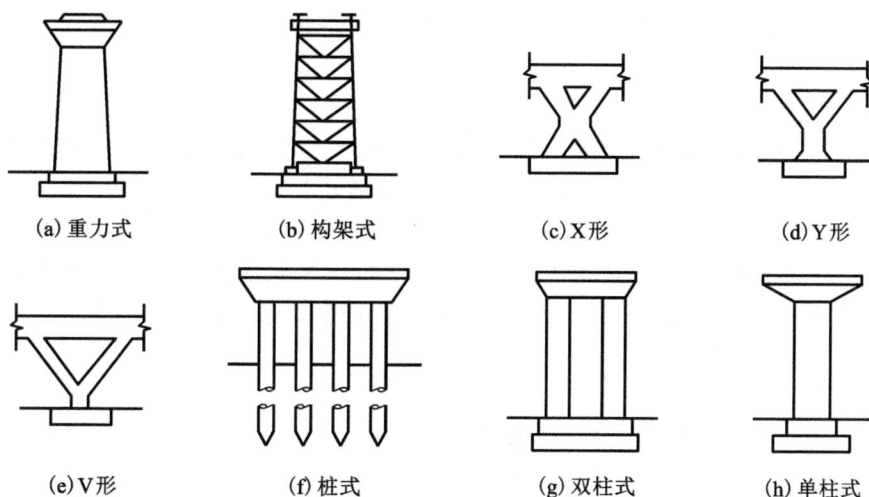

| (a)重力式 | (b)构架式 | (c)X形 | (d)Y形 |
| (e)V形 | (f)桩式 | (g)双柱式 | (h)单柱式 |

图 4-28　桥墩示例

①实体式桥墩。整个支承结构是实体的，适宜荷载较大的大、中型桥梁，或流冰、漂浮物较多的江河。此类桥墩的最大缺点是圬工体积大、自重大、材料用量多及阻水面积大。有时为了减轻墩身重量，将墩顶做成悬臂式。

②空心式桥墩。其外形轮廓与实体式墩相同，不同之处在于内部为空心，它克服了实体式桥墩在许多情况下材料强度得不到充分发挥的缺点。将混凝土或钢筋混凝土桥墩做成空心薄壁结构，可以节省圬工材料，还减轻了重量；缺点是抗击漂浮物撞击的能力差。

(2)轻型式桥墩。

这类墩(台)形式很多，而且都有各自的特点和使用条件。一般来说，这类支承结构的刚度小，受力后允许在一定的范围内发生弹性变形，所用材料以钢筋混凝土和少量配筋的混凝土为主。

①桩式桥墩。如图4-28(f)所示，由于大孔径钻孔灌注桩基础的广泛使用，桩式桥墩在桥梁工程中得到普遍采用。这种结构是将桩基一直向上延伸到桥跨结构下面，桩顶浇筑墩帽，桩作为墩身的一部分，桩和墩帽均由钢筋混凝土制成。这种结构一般用于桥跨不大于30 m、墩身不高于10 m的情况。

②柱式桥墩。如图4-28(g)、图4-28(h)所示，柱式桥墩就是在基础桩顶上修筑承台，在承台上修筑立柱作墩身的支承形式。柱式桥墩可以是单柱，也可以是双柱或多柱式，视结构需要而定。

③X形、Y形或V形桥墩。如图4-28(c)~图4-28(e)所示，这种桥墩将支承结构的轻巧合理和艺术造型上的美观统一起来，是国内外流行采用的一种形式。它适用于大跨径的桥梁，节约材料，整体工程造价较低。

2. 桥台的类型

桥台是桥头两端的支承结构物。其组成有台帽、台身和基础三部分。它既要承受支座传递来的竖向力和水平力，还要挡土护岸，承受台后填土及填土上荷载产生的侧向土压力。因此桥台必须有足够的强度，并能避免在荷载作用下发生过大的水平位移、转动和沉降，这在超静定结构桥梁中尤为重要。当前，我国公路桥梁的桥台有实体式、轻型式和埋置式等。

(1)实体式桥台。

梁式桥和拱式桥上常用的实体式桥台为U形桥台，它由支承桥跨结构的台身与两侧挡土的翼墙在平面上构成U字形而得名，如图4-29所示。U形桥台的优点是构造简单，可用混凝土或片、块石砌筑，适合于填土高度在10 m以下或跨度稍小的桥梁；缺点是桥台体积和自重较大，因此对地基的要求也较高。此外，U形桥台的两堵侧墙之间填土处容易积水，结冰后冻胀，易使侧墙产生裂缝，所以宜用透水性较好的砂性土夯填，要求做好台后排水设施。

(2)轻型式桥台。

轻型式桥台为直立的薄壁墙，桥台顶部与上部结构锚固，下部设置钢筋混凝土支撑梁，使上部结构、桥台和支撑梁共同组成四铰刚构系统(图4-30)，并借助两端台后的坡土压力来保持稳定。轻型式桥台体积轻巧、自重较小，它借助结构整体刚度和材料强度承受外力，从而节省材料，也降低了对地基强度的要求，扩大了应用范围。其适用于13 m以下的小跨径桥梁，桥跨结构一般不超过在孔，总桥长不宜超过20 m，常用的翼墙有八字式和

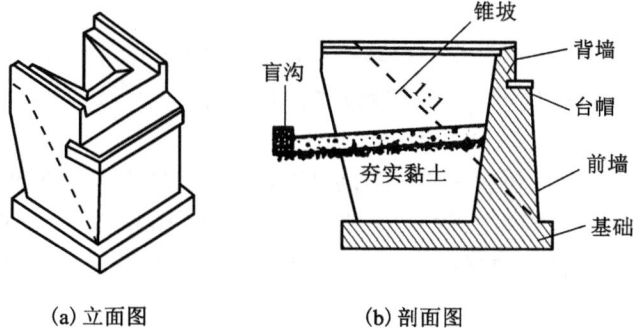

(a) 立面图   (b) 剖面图

图 4-29 实体式桥台

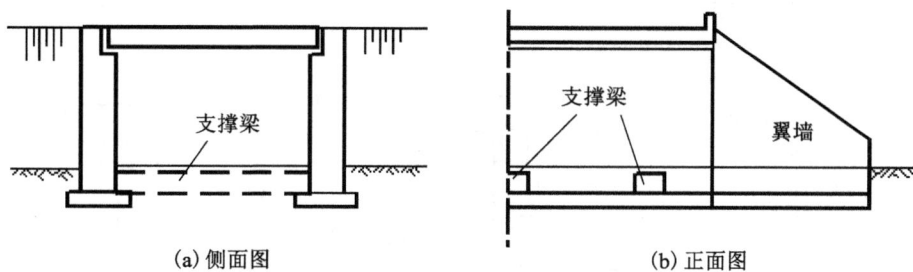

(a) 侧面图   (b) 正面图

图 4-30 轻型式桥台

一字式两种，如地形许可也可把翼墙做成耳墙。

（3）埋置式桥台。

埋置式桥台是将台身大部分埋入锥形护坡中，只露出台帽，以安置支座及上部结构，这样，桥台体积可以大为减少，如图 4-31 所示。埋置式桥台不需侧墙，仅附有短小的钢筋混凝土耳墙，耳墙与路堤衔接，伸入路堤的长度一般不小于 50 cm。由于台前锥坡用作永久性表面防护设施，其伸入桥孔中，压缩了河道，因此有时需增加桥长，而且还存在被洪

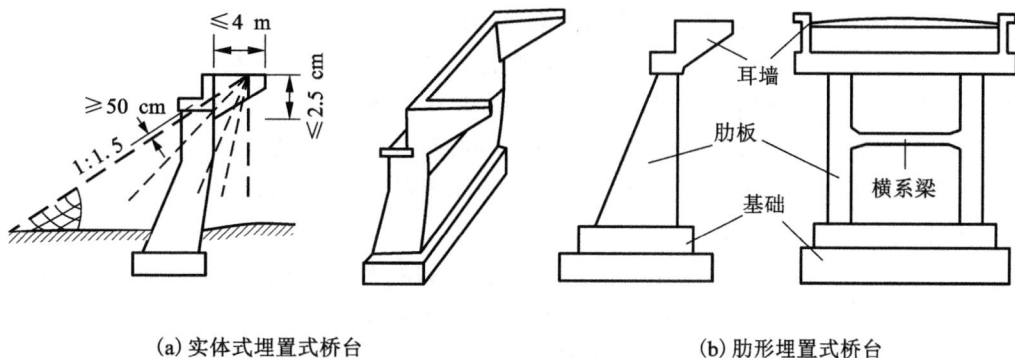

(a) 实体式埋置式桥台   (b) 肋形埋置式桥台

图 4-31 埋置式桥台

水冲毁而使台身裸露的可能，故一般用于桥头为浅滩、护坡受冲刷较小的场合。

常见的埋置式桥台有以下四种形式：

①实体式埋置桥台。其工作原理是靠台身后倾，使重心落在基底截面的形心之后，以平衡台后填土压力[图 4-31(a)]。其优点是结构稳定性好，可以用于 10 m 及 10 m 以上的高桥台。

②肋形埋置桥台。这种桥台的台身为后倾式的肋板加横梁连成整体的结构形式[图 4-31(b)]。这种形式可节省圬工材料，一般适用台高在 10 m 及 10 m 以上情况。

③钻孔桩柱式埋置桥台。如图 4-32(c)所示，这种桥台对于各种土质地基都适宜。根据桥的宽度和土基承载能力可以采用双柱、三柱或多柱的形式。

④框架式埋置桥台。这种桥台比肋形埋置桥台挖空率高，更省圬工材料用量。由于这种桥台结构本身存在着斜杆，能够产生水平分力以平衡压力，加之基础较宽，所以稳定性好，可用于填土高度在 5 m 以上的桥台。其不足之处是必须用双排桩基，钢筋、水泥用量均比钻孔桩柱式桥台多。

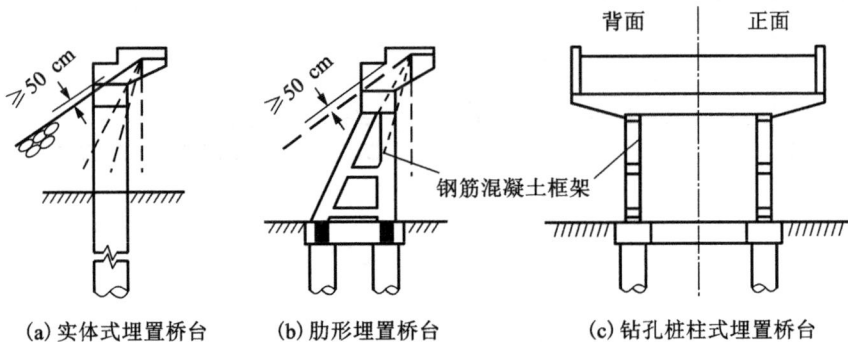

(a) 实体式埋置桥台　　(b) 肋形埋置桥台　　(c) 钻孔桩柱式埋置桥台

图 4-32　埋置式桥台

3. 桥的支座

梁式桥的支座，是将上部结构的各种荷载传递到墩台上的重要部件。支座的设置要求为能适应活载、温度变化、混凝土收缩与徐变等因素引起的位移。

简支梁桥的支座形式通常是每跨的一端设固定支座，另一端设活动支座。多跨简支梁桥，一般把固定支座设在桥台上，每一个桥墩上布置一个活动支座和一个固定支座，以使各墩台能均匀承受纵向水平力。在实际工程中，常用的支座有以下两种。

(1)垫层支座。其一般用于跨径小于 10 m 的简支梁桥。垫层是用油毛毡或水泥砂浆做成的，其厚度要求在压实后不小于 10.0 mm。固定的一端，加设套在铁管中的锚钉，锚钉埋在墩帽内，如图 4-33(a)所示。

(2)平面钢板支座。其多用在跨径为 12~15 m 的简支梁桥中。活动支座由两块钢板做成，钢板分别固定在墩台和桥跨结构中，为了减小摩擦力和防止生锈，要求两块钢板接触面应平整光滑，并涂石墨润滑剂。固定支座一般用一块钢板做成，其顶面和底面各应焊接锚钉，以固定梁的位置，如图 4-33(b)所示。

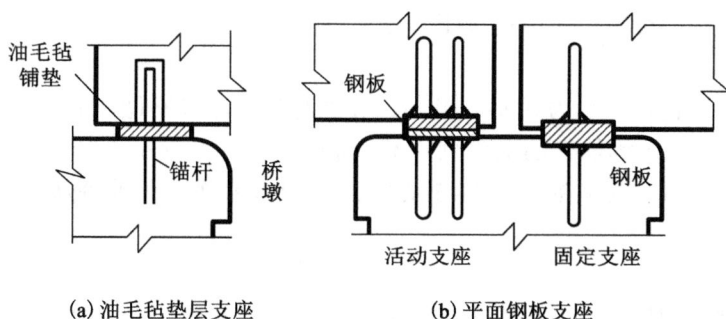

(a) 油毛毡垫层支座　　　　(b) 平面钢板支座

图 4-33　支座形式

4.3.5　桥梁基础

桥梁的基础承担着桥墩、桥跨结构的全部重量以及桥上的可变荷载作用。桥梁基础往往修建于江河之中，遭受水流的冲刷。所以桥梁基础一般比房屋基础的规模更大，需要考虑的问题更多，施工条件也更困难。

桥梁基础的类型有刚性扩大基础、桩基础和沉井基础等。在特殊情况下，也用沉箱基础。

1. 刚性扩大基础

刚性扩大基础是桥梁实体式墩台浅基础的基本形式。它的主要特点是基础外伸长度与基础高度的比值必须限制在材料刚性角的正切值范围内。若满足此条件，则认为基础的刚性很大，基础材料只承受压力，不会发生弯曲和剪切破坏。刚性扩大基础即由此得名。此种基础施工简单，可就地取材，稳定性好，也能承受较大的荷载，如图 4-34 所示。

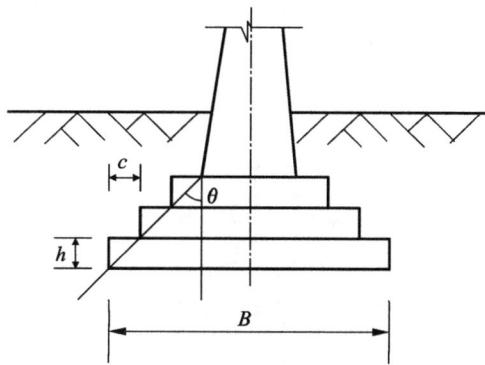

图 4-34　刚性扩大基础

2. 桩基础

桥梁的桩基础是桥梁基础中常用的形式。当地基上部土层较软且较厚时，如果仍采用刚性扩大基础，地基的强度和稳定性往往不能满足要求，这时采用桩基础是比较好的方案。水流稍深的江河上的桥梁也多采用桩基础。

桩基础由若干根桩与承台两部分组成。每根桩的全部或部分沉入地基中，桩在平面排列上可为一排或几排，所有桩的顶部由承台连成一个整体，在承台上再修筑墩台，如图 4-35 所示。

桩基础的作用是将墩台传来的外力经上部软土层传到较深的地层中。承台将外力传递给各桩，起到使各桩共同工作的作用。桩所承受的荷载由桩身与周围土之间的摩擦力来支承的，称为摩擦桩；桩所承受的荷载由桩底的硬土层或岩层的抵抗力来支承的，称为端承桩。桩基础一般具有承载力大、稳定性好、沉降小及沉降均匀等特点。在深水河道中，桩基础可以减少水下工程、简化施工工艺、加快施工进度等优点。

钢筋混凝土桩的类型还可以按施工方法来划分。

(1)钻孔灌注桩。

钻孔灌注桩的直径一般为0.8~1.0 m。桩身混凝土标号不低于C15,水下部分混凝土标号不低于C20。桩内钢筋笼的主筋直径不小于14 mm,其数量不少于8根。即使按照内力计算不需要配筋时,也应在桩顶3~5 m内设置构造钢筋。这种桩从承载特点上分析多为摩擦桩。

(2)打入桩。

打入桩是将预制好的钢筋混凝土桩,通过打桩机打入地基内。预制好的钢筋混凝土桩一般为边长30~40 cm的方形断面桩,桩身混凝土标号不低于C25。桩内纵向钢筋要求通长布置,且要加密桩两端的箍筋或螺旋筋。从承力特点上分析,打入桩有的属于摩擦桩,有的属于端承桩。这种桩适合于各种土层条件,且不受地下水位的影响,可以标准化生产。

(3)管柱基础。

管柱基础是大型桥梁深水基础的有效形式,特别是水下岩面不平、无覆盖层或覆盖层较厚的地域。管柱基础(图4-36)是一群下端插入基岩的巨型管柱,管柱的直径一般为1 m以上,每节长6~10 m,法兰连接,施工时用大型振动沉锤沿导向结构振动下沉到基岩,然后在管柱内钻岩成孔,下钢筋笼,灌注混凝土后将管柱与岩层牢固连接。多数情况下,还在承台下加做管柱间的封底水下混凝土,形成一个整体。我国南京长江大桥就采用此类桩基础。

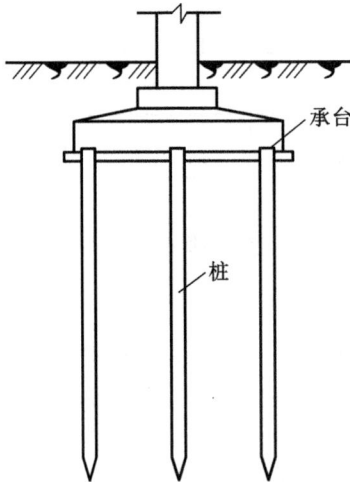
图4-35 桩基础

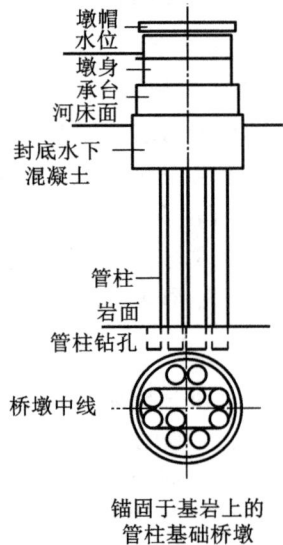
图4-36 管柱基础

3. 沉井基础

沉井是一种四周有壁、下部无底(沉井阶段)、上部无盖、侧壁下端有刃脚的筒形结构物,通常用钢筋混凝土制成。它通过从井孔内挖土,借助自身重量克服井壁摩擦力下沉至设计标高,再用混凝土封底并填塞井孔,便可成为桥梁墩台的整体式深基础(图 4-37)。

沉井基础的特点是埋深大、整体性强、稳定性好,能承受较大的竖向作用和水平作用,沉井井壁既是基础的一部分,又是施工时的挡土和挡水结构,施工工艺也不复杂。因此,这种结构形式在桥梁基础中得到广泛应用。

4. 沉箱基础

沉箱形似有顶盖的沉井。在水下修筑大桥时,若用沉井基础施工有困难,则改用气压沉箱施工,并用沉箱作基础。它是一种较好的施工方法和基础形式。它的工作原理为:当沉箱在水下就位后,将压缩空气压入沉箱室内部,排出沉箱内的水,这样施工人员就能在箱内进行挖土施工,并通过升降筒和气闸运出挖土,从而使沉箱在自重和顶面压重作用下逐步下沉至设计标高,最后用混凝土填实工作室,即成为沉箱基础(图 4-38)。由于在施工过程中通入压缩空气,其气压保持或接近刃脚处的静水压力,故称为气压沉箱。

沉箱和沉井一样,可以就地下沉,也可以在岸边建造,然后浮运至桥基位置穿过深水定位。当下沉处是很深的软弱层或者受冲刷的河底时,应采用浮运式。

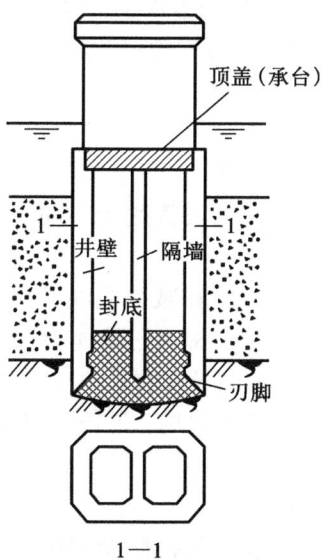

图 4-37 桥的沉井基础

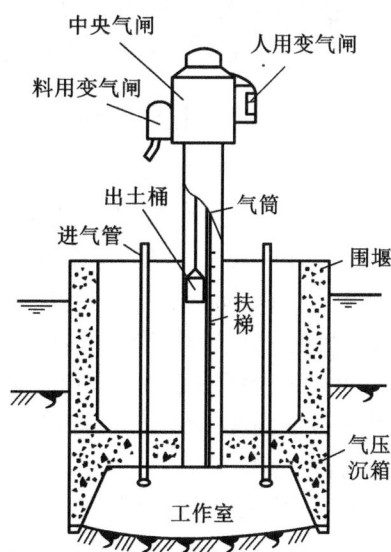

图 4-38 桥的沉箱基础

4.4 隧道工程

隧道工程是指在地层内部或山体内部修建的通道,可用于交通、水利、市政、军事等领域的建设。它是一种重要的地下工程形式,具有穿越障碍、改善交通、提高运输效率等作用。隧道工程包括铁路隧道、公路隧道、地铁隧道、水工隧道等类型,其建设过程需要综合考虑地质、水文、环境、安全等因素,技术难度较大。

隧道工程一般可分为两大类:一类是修建在岩层中的,称为岩石隧道;另一类是修建在土层中的，称为软土隧道。修建在山体中的隧道又称山岭隧道；修建在水底的隧道又称水底隧道；修建在城市用于城市立交的隧道又称城市道路隧道。

隧道在山岭地区可以用作克服地形或高程障碍，改善线形，提高车速，缩短里程，减少对植被的破坏，保护生态环境，还可克服落石、塌方、雪崩、雪堆等危害。其用在城市可减少用地，构成立体交叉，解决交叉口的拥挤阻塞，疏导交通等。

隧道是地下工程，其构造由主体构造物和附属构造物两大类组成。主体构造物是为了保持岩体稳定和行车安全而修建的人工永久建筑物，通常指洞身衬砌和洞门等构造物；附属构造物是主体构造物以外的其他建筑物，是为了运营管理、维修养护、给水排水、通风、照明、通信、安全等而修建的构造物，其主要作用是确保行车安全舒适。

当前隧道的概念除指应用于铁路、公路交通及水利工程的水工隧洞外，也指用于上下水道、输电线路等大型管路的通道，另外还将此概念扩大到地下空间的利用方面，包括诸如地下发电变电站、地下汽车停车场、大型地下车站、地下街道等适用隧道工程技术的建筑物。

隧道技术与地质学和水文学、岩土学和土力学、应用力学和材料力学等学科有着密切的联系。它同时涉及测量、施工机械、爆破、照明、通风、通信等方面，且由于对金属、水泥、混凝土、灌浆化学制品等材料的有效利用，与许多领域有着广泛的联系。

4.4.1 隧道工程的特点

我国土地辽阔，山脉纵横，对于交通建设来说，隧道常是线路穿山越岭、克服高程障碍的一种重要手段。例如，成昆铁路全长 1125 km，其中隧道总长就达 352 km，占全长的31.29%。在山岭地区采用隧道通过，优点如下：

(1)可大大减少展线，缩短线路长度，降低线路的最大坡度和减少曲线数目。这些都有利于维持线路规定的标准，可以节省行车时间和费用，并大大提高运输能力。

(2)可以减少深挖路堑，避免高架桥和挡土墙，因而可减少繁重的养护工作和费用。

(3)减少线路受自然因素(如风、沙、雨雪、塌方及冻害等)影响，延长线路使用寿命，减少阻碍行车的事故。

但是，采用隧道通过也存在一些缺点：

(1)隧道工程艰巨，施工困难，需要较长的施工期限，常成为控制全线能否通车的关键工程。

(2)隧道在修建过程中及通车后，需要设置通风、排水和照明设备。

(3)地质情况的好坏常严重地影响工程的进展速度，因此，隧道的施工方法必须因地制宜。

4.4.2 隧道的平面、纵断面及横断面

1.隧道平面

从运营和施工条件来说，隧道平面最好是直线，因为曲线隧道有以下缺点：为保证交通安全和通畅，曲线处的隧道净空需要加宽，因此增加了开挖和衬砌的工程量；曲线处隧道断面与直线处断面不同，坑道支撑和衬砌拱架不能标准化，增加了施工难度；增加了测量难度，使隧道测量精度下降；弯曲的隧道会使天然及人工通风的效率降低，增加了隧道

的养护难度；曲线隧道内车辆空气阻力比较大，因而降低了隧道允许坡度数值。所以，一般用来穿越山体的隧道常为直线，当隧道必须设在曲线上时，应尽量采用大半径曲线，以减弱曲线的不利影响，曲线半径一般不小于 600 m。

2. 隧道纵断面

隧道纵断面形状可设置为单向坡或人字坡(图 4-39)。无论是单向坡还是人字坡，都可能由多种坡度的坡段组成。

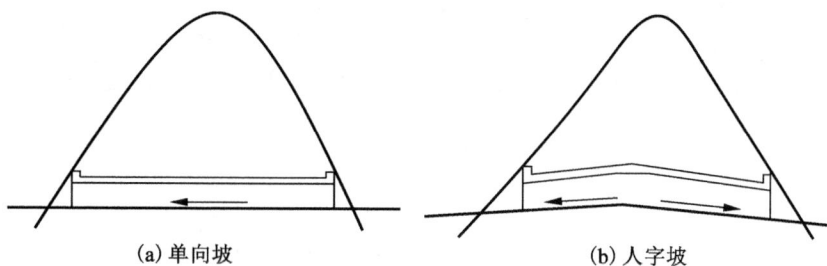

(a) 单向坡　　　　　　　　(b) 人字坡

图 4-39　隧道纵坡示意图

单向坡隧道的优点是两端洞口间高程差很大，由此产生的热位差增强了隧道施工时及运营时的自然通风能力，但其缺点主要是从洞口向下开挖时，地下水都积聚在开挖面处，施工时即使有足够的排水设备，也会使施工进度受到影响，同时，向洞外出渣运输是上坡方向，也需要较大的运输能力。

人字坡隧道施工排水条件要好些，因其两端向洞口方向均为下坡，但人字坡中间高、两端低，自然通风较差。其适用条件为：地下水量特大或受地形控制，两端洞口高差很小。

为了便于内部排水，完全位于平道上的隧道是不允许的，洞内坡度一般不宜小于 3‰，在特殊情况下也不应小于 2‰，严寒地区地下水发达的隧道，为了防止水沟冻害，应适当加大纵坡。

3. 隧道横断面

隧道横断面应满足隧道建筑限界的要求。所谓限界，就是交通建筑物及设备不得侵入的轮廓尺寸线，也就是隧道衬砌及通信、信号、照明等洞内设备不得侵入的轮廓尺寸线。

铁路隧道建筑限界主要是根据铁路建筑接近限界确定的。根据规定，新建和改建的内燃机牵引的单线和双线隧道，采用"隧限—1 甲"及"隧限—1 乙"断面；新建和改建的电气牵引的单线和双线隧道，采用"隧限—2 甲"及"隧限—2 乙"断面(图 4-40)。图 4-40 中虚线为铁路建筑接近限界，是一个和线路中心线垂直的横断面。它的确定，应考虑机车车辆限界、车辆装载货物的限界以及运行中的振动偏移等因素。在确定铁路建筑接近限界的同时，还应考虑超限货物的运输要求，并对超限货物的尺寸加以限制。

为了便于行车，确保列车运行的安全，隧道建筑限界的轮廓要比铁路建筑限界大些，并应保持一定的净空。净空的大小应考虑洞内设备的安装、车辆运行中横向振动与摇摆、线路中线测量的误差，轨距的误差以及衬砌厚度的误差和衬砌变形等因素。

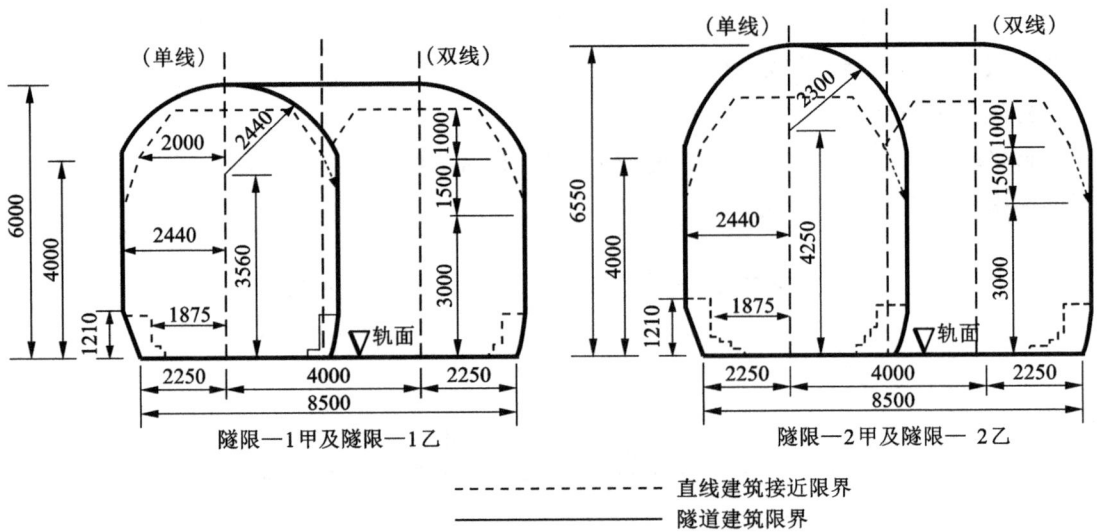

图 4-40　直线隧道限界图(单位：mm)

由于铁路建筑接近限界是位于直线地段的接近限界，如果隧道位于曲线上，其建筑限界应比直线地段宽，即所谓限界加宽。

当隧道位于缓和曲线上时，由于直线段不需要加宽，曲线段需要加宽，所以以缓和曲线段加宽值在理论上应随半径变化而变化，这会给施工带来不便。为了便于施工，又不致使机车车辆侵入隧道建筑限界，通常规定将缓和曲线段分为两段进行加宽：从圆曲线到缓和曲线中点向直线方向延长 13 m 的范围内按圆曲线计算的加宽值加宽衬砌断面，其余部分采用缓和曲线的加宽值(圆曲线加宽值的一半)，并向直线方向延长 22 m 加宽衬砌断面。对于无缓和曲线的曲线隧道，在直线超高地段内，全部采用圆曲线的加宽值衬砌断面，并向直线段延长 22 m(图 4-41)。

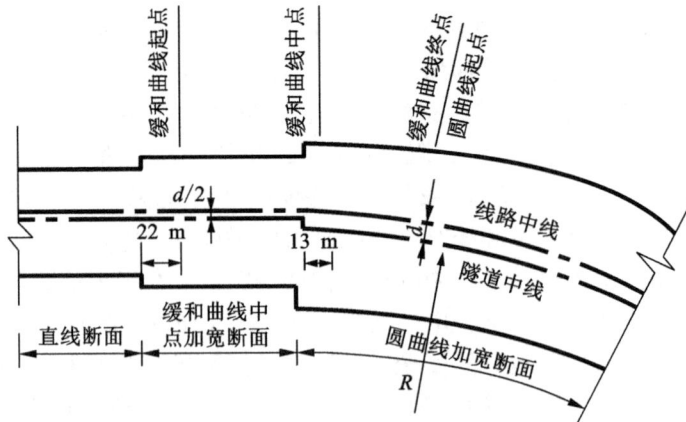

图 4-41　隧道直线和曲线断面衔接图

4.4.3 隧道建筑物

隧道建筑物有衬砌、洞门、洞内大小避险洞等。

1. 衬砌

坑道开挖以后，其周围地层的稳定性遭到很大的破坏，除了那些整体坚硬而又不易风化的稳定岩层以外，在其他地层中都要修筑衬砌来承受围岩压力，以防坑道周围地层的变化和风化，保证交通运行安全。

按照施工方法不同，隧道衬砌可分为现场浇筑式和预制装配式两大类。衬砌必须有足够的强度，其形式及尺寸与围岩的地质条件和水文地质条件有直接关系。衬砌断面内表面轮廓应尽量接近隧道建筑限界，以便在满足交通安全的前提下，减少开挖和衬砌的工程量，降低工程造价。

交通隧道内表面衬砌多采用以下几种形式。

（1）无衬砌型。

如果围岩是坚硬、完整、不易风化且比较干燥的，可以不进行衬砌；如果岩石开挖后可能风化，可采用喷细粒混凝土或水泥砂浆防护层的方式，但须在洞口处修筑一段不短于6 m 的衬砌来承受可能的围岩压力。

（2）半衬砌型。

如图 4-42(a)所示，半衬砌型适用于整体性强，岩石坚硬，拱顶可能发生岩石脱落的隧道，边墙可不进行衬砌，或进行简单的喷混凝土衬砌。

（3）圆拱直墙式衬砌。

如图 4-42(b)所示，圆拱直墙式衬砌适用于隧道竖向山岩压力较大，侧向山岩压力较小的情况。

（4）曲墙式衬砌。

如图 4-42(c)所示，曲墙式衬砌适用于竖向和侧向岩石(或土层)压力均较大的隧道。当衬砌没有沉陷和底鼓现象时，亦可不设仰拱，衬砌内轮廓由五心圆弧曲线组成。

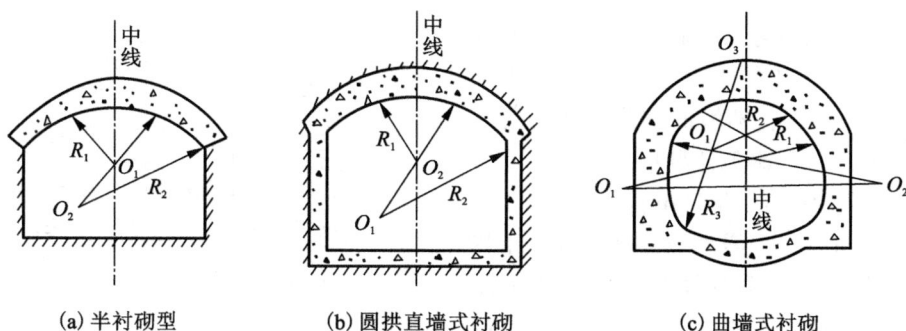

(a) 半衬砌型　　　　　　(b) 圆拱直墙式衬砌　　　　　　(c) 曲墙式衬砌

图 4-42　隧道内表面衬砌形式

2. 洞门

洞门是隧道两端与路堑相连接的建筑物，它的作用主要是支挡山体、稳定仰坡和边坡，并将由坡面流下的地表水排离隧道，防止洞口塌方，保证洞内施工安全和隧道的正常使用。

根据不同的地形地质情况，结合洞门结构稳定条件和经济效果，通常采用以下两种洞门形式。

（1）正洞门。

当地形等高线与线路中线基本正交、横坡较平缓、路堑断面接近对称时，多采用正洞门。而正洞门又分为端墙式（图4-43）和翼墙式（图4-44）两种。端墙式洞门用于仰坡比较稳定，不会产生很大水平地层压力的情况。端墙式洞门由正面挡土墙、洞顶排水系统及衬砌的连接部分组成。翼墙式洞门则用于仰坡不稳定且会产生很大水平地层压力的情况。翼墙的作用除了保证洞门处坡体的稳定外，还可减少路堑的挖方量。

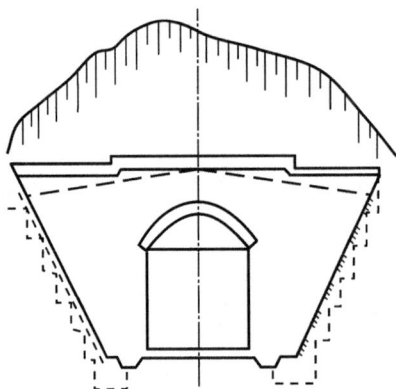

图 4-43　端墙式正洞门　　　　　图 4-44　翼墙式正洞门

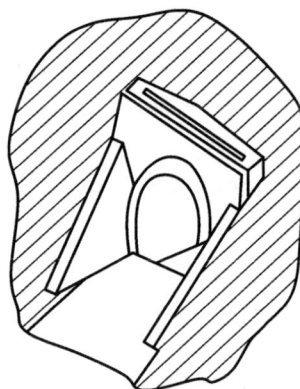

（2）斜洞门。

当线路与地形等高线斜交时，如果仍采用正洞门，可能出现低山一侧洞门上部露空，而高山一侧因自然坡面陡造成开挖高度较大的情况。为了避免这种情况出现，可将洞门近于平行等高线方向布置（图4-45）。由于斜洞门与线路中线斜交，因而洞口环节的衬砌跨度加大，受力复杂，为了简化设计，这类洞门只用于稳定岩层，山体压力较小的地段，并要求洞门端墙与线路交角不宜小于45°。

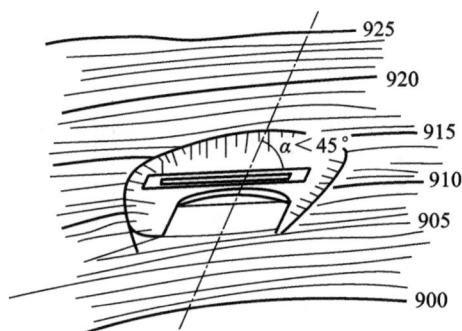

图 4-45　斜洞门

4.4.4　公路隧道的通风

汽车排出的废气含有多种有害物质,当其中的一氧化碳浓度很高时,人体会产生中毒症状,危及生命。同时,烟雾会恶化视线,降低车辆安全行驶的视距,因此必须用通风的方法从洞外引进新鲜空气并排出洞内有害气体。

1. 自然通风

这种通风方式不设置专门的通风设备,而是利用存在于洞口间的自然压力差或汽车行驶时活塞作用产生的交通风力,达到通风目的。

2. 机械通风

(1)射流式纵向通风。

它是将射流式风机设置于车道的顶部,吸入隧道内的部分空气,并以 30 m/s 左右的速度喷射吹出,用机械风产生的压力加速空气流通,如图 4-46 所示。射流式纵向通风比较经济,设备费用少,但噪声较大。

(2)竖井式纵向通风。

机械通风所需动力与隧道长度的立方成正比,因此在长隧道中,常设置竖井进行分段通风,如图 4-47 所示。竖井用于排气,可充分利用不同高程的气压差,效果良好。

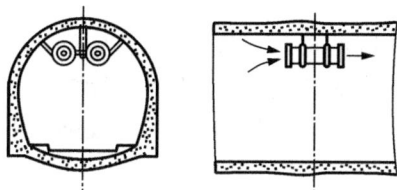

图 4-46　射流式纵向通风

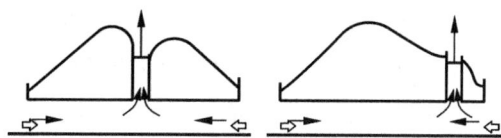

图 4-47　竖井式纵向通风

(3)横向式通风。

如图 4-48 所示,该通风方式有利于防止火灾蔓延和处理烟雾,但须设置送风道和排风道,从而增加了建设费用和运营费用。

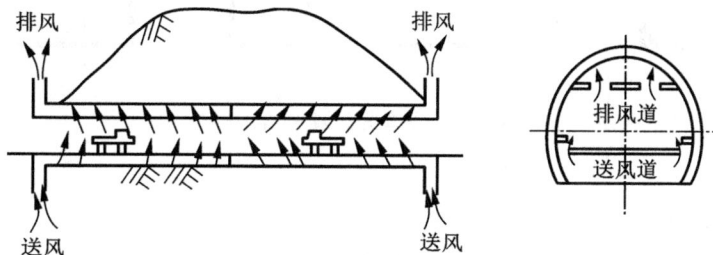

图 4-48　横向式通风

（4）半横向式通风。

如图 4-49 所示，新鲜空气经送风道直接吹向汽车的排气孔高度附近，直接稀释汽车尾气，被污染的空气经过隧道两端洞门排出洞外。半横向式通风，因仅设置送风道，所以较为经济。

图 4-49　半横向式通风

（5）混合式通风。

根据隧道的具体条件和特殊需要，由竖井与上述各种通风方式组合成最合理的通风系统。例如，有纵向式和半横向式的组合，或横向式与半横向式的组合等各种方式。

4.4.5　地铁隧道的结构形式

地下铁道是地下工程的一种综合体。其组成包括区间隧道、地铁车站和区间设备段等。区间隧道是连接相邻车站的建筑物。它在地铁线路的长度与工程量方面均占有较大比重。区间隧道内应具有足够大的空间，以满足车辆通行和铺设轨道、供电线路、通信和信号、电缆和消防、排水及照明等装置的要求。

1. 浅埋区间隧道

浅埋区间隧道多采用明挖法施工，常用钢筋混凝土矩形框架结构，如图 4-50 所示。

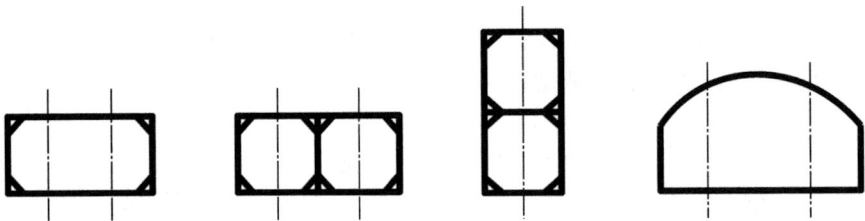

图 4-50　浅埋区间隧道结构形式

2. 深埋区间隧道

深埋区间隧道多采用暗挖法施工，一般要求永久性支护结构之上覆盖层厚度不小于隧道直径。从技术和经济观点分析，采用暗挖法施工时，建造两个单线隧道比将双线放在一个大断面隧道里的做法更合理，因为单线隧道断面利用率高，更便于施工。

3. 站台形式

站台是地铁车站的最主要部分,是分散上下车人流、供乘客出入的场地。世界各地车站站台断面形式各异,但按其与正线之间的位置关系可分为岛式站台(图 4-51)、侧式站台(图 4-52)和岛侧混合式站台。

图 4-51　岛式站台剖面图

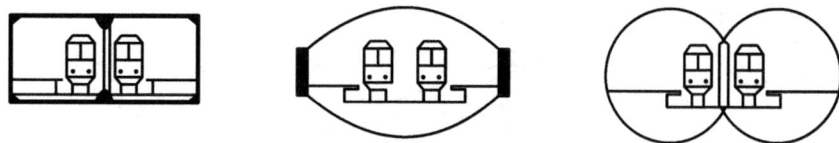

图 4-52　侧式站台剖面图

4.4.6　水底隧道

水底隧道与桥梁工程相比,具有隐蔽性好、可保证平时与战时的畅通、抗自然灾害能力强,并对水面航行无任何妨碍的优点,但其造价较高。水底隧道可用作铁路、公路、地铁、航运及行人隧道。

目前,世界上最长的水底隧道为日本青函海底铁路隧道,它穿越津轻海峡,将日本的本州和北海道连接起来,全长 53.85 km,采用矿山法施工技术。

1. 水底隧道的埋置深度

水底隧道埋置深度的大小,关系到隧道的长短、工程造价和工期的确定,尤其重要的是覆盖层厚度关系到水下施工的安全。一般水底隧道的埋置深度需要考虑以下几个主要因素。

(1)地质与水文地质。

隧道穿越河床的地质特征、河床的冲刷和疏浚状况。

(2)施工方法。

不同的隧道施工方法,对其顶部的覆盖层厚度有不同的要求,如沉管法施工,只要满足船舶的抛锚要求。

(3)抗浮稳定的要求。

埋在流沙、淤泥中的隧道,受到地下水的浮力作用。此浮力应由隧道自重和隧道上部覆盖土体的重量来平衡。计算时,该平衡力应是浮力的 1.10~1.15 倍,检验抗浮稳定时,为偏于安全,不计摩擦力。

（4）防护要求。

水底隧道应具备一定的抵御常规武器和核武器破坏的能力，以在常规武器攻击非直接命中情况下，减少损失和在核武器攻击下防止早期核辐射的要求来确定覆盖层的厚度。

2. 水底隧道的断面形式

（1）圆形断面。

采用沉管法和盾构法施工时一般选用圆形断面，另外一个原因就是圆形内衬承受外力性能好。图4-53所示为上海延安东路越江隧道断面图。

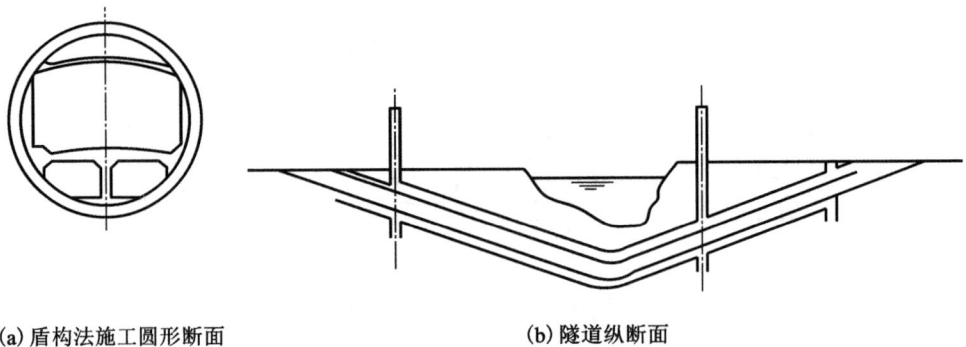

(a) 盾构法施工圆形断面   (b) 隧道纵断面

图4-53　上海延安东路越江隧道断面图

（2）拱形断面。

采用矿山法施工时一般选用拱形断面。该断面形式的受力状态和断面利用率均较好。

（3）矩形断面。

圣彼得堡卡诺尼尔水下隧道(图4-54)为双车道公路隧道，具有旁侧的人行道1和通风道2，采用沉管法施工。

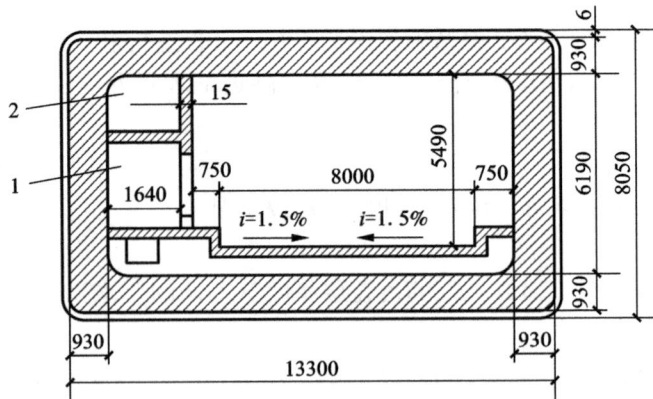

1—人行道；2—通风道。

图4-54　圣彼得堡卡诺尼尔水下隧道

3. 隧道防水

水底隧道的主要部分处于河、海床下的岩土层中,常年承受着来自地下水的较大水压力。因此,水底隧道的防水问题显得尤为重要。一般情况下采取的防水措施有以下几种。

(1)防水混凝土。

选取抗渗标号高的混凝土或抗渗能力强的特种混凝土作为隧道衬砌。

(2)壁后回填灌浆。

壁后回填灌浆是对隧道衬砌与围岩之间的空隙进行充填灌浆,以使衬砌与围岩紧密结合,减少围岩变形,使衬砌均匀受压,提高衬砌的防水能力。

(3)围岩固结灌浆。

通过灌浆可以使隧道周围有节理或裂隙的岩石被胶黏材料充填及固结而变得完整和坚硬,形成一定厚度的止水带,进而消除和减少水压力对衬砌的作用。

(4)双层衬砌。

双层衬砌因其强度高及防水、排水性能强而体现出较大的优势,当然,其结构复杂、施工难度大也是不可回避的事实。

4.5 通航工程

河道上修建闸、坝以后,拦断了河流并形成了较大的上、下游水位差,阻碍了船只的通行,因此为通航的需要,应修建专门的过坝建筑物,它包括船闸和升船机,其中船闸应用最广。在水利工程中,它是一类专门的水工建筑物,即专门用于通航的建筑物。当然它也可归属于水运工程中的特殊建筑物。限于篇幅,本课题重点讲述通航工程中的船闸与升船机,对其他类通航建筑物不再介绍。

4.5.1 船闸

船闸是指通过闸室的水位上升或下降,分别与上游或下游水位齐平,从而使船舶克服航道上的集中水位落差,从上游(下游)水面驶向下游(上游)水面的专门建筑物。船闸利用水力使船只过坝,通航能力较大,应用较为广泛。

1. 船闸的工作原理

当船舶从下游驶向上游时,其过闸程序如图 4-55 所示。①关闭上、下游闸门及上、下游输水阀门;②开启下游输水阀门,将闸室内的水位泄至与下游水位齐平;③开启下游闸门,船舶从下游引航道驶入闸室内;④关闭下游闸门及下游输水闸门;⑤打开上游输水阀门向闸室充水,直到闸室内水位与上游水位平齐;⑥最后将上游闸门打开,船舶驶出闸室,进入上游引航道。

船舶从上游驶向下游时,其过闸程序与此相反。

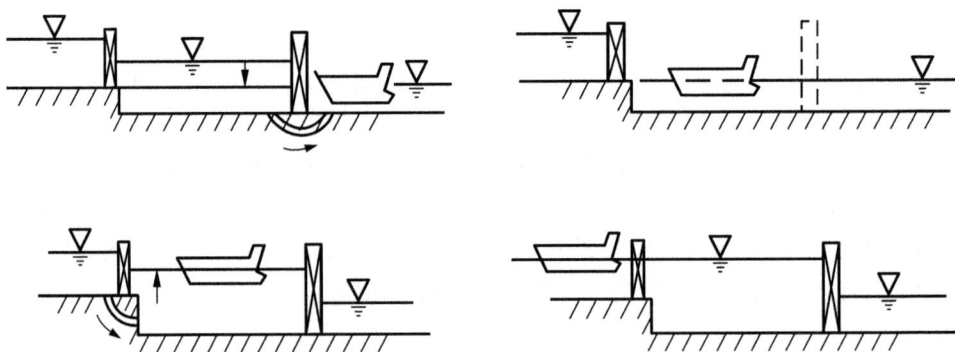

图 4-55 船闸工作原理示意图

2. 船闸的组成及作用

船闸主要由闸室、上下游闸首、上下游引航道等组成，如图 4-56 所示。

（1）闸室。闸室是指由上下游闸首和两侧边墙所围成的空间，通过船闸的船舶可在此暂时停泊。闸室一般由闸底板及闸墙构成，并由闸首内的闸门与上下游引航道隔开。闸底板及闸墙的建筑材料，可以用浆砌石、混凝土或钢筋混凝土。

当船闸充水或放水时，闸室水位就自动升降，船舶在闸室中随闸室水位而升降，由于水位升降较快，要求在闸室中的船舶能稳定和安全地停泊，两侧闸墙上还设有系船柱和系船环等辅助设备。

（2）上下游闸首。上下游闸首位于闸室的两端，是将闸室与上下游引航道隔开的挡水建筑物，一般由侧墙和底板组成。闸首内设有工作闸门（人字形闸门）、检修闸门、输水系统（输水廊道和输水阀门等）、阀门及启闭机械等。输水设备由阀门控制，向闸室灌水或由闸室向外泄水。

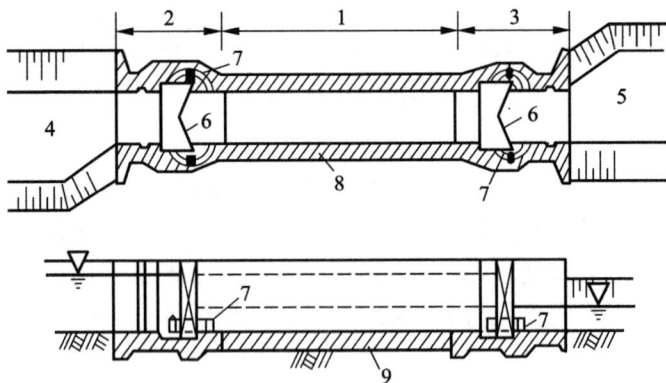

1—闸室；2—上游闸首；3—下游闸首；4—上游引航道；5—下游引航道；
6—闸门；7—输水短廊道；8—闸室侧墙；9—闸室底板。

图 4-56 船闸组成示意图

（3）上下游引航道。上下游引航道是引导船舶安全过闸的一段航道，与上游闸首连接的叫上游引航道，与下游闸首连接的叫下游引航道。

引航道内一般设有导航和靠船建筑物，导航建筑物与闸首相连，作用是引导船只顺利地进出闸室；靠船建筑物与导航建筑物相连接，布置在船舶过闸方向的一岸，其作用是供等待过闸船舶停靠。

3. 船闸的类型

（1）按船闸的闸室级数分类。

①单级船闸是沿船闸纵向只设有一级闸室的船闸。

②多级船闸是沿船闸纵向连续建有两级及以上闸室的船闸，如图 4-57 所示。我国著名的三峡水利枢纽上修建的船闸即为五级船闸。

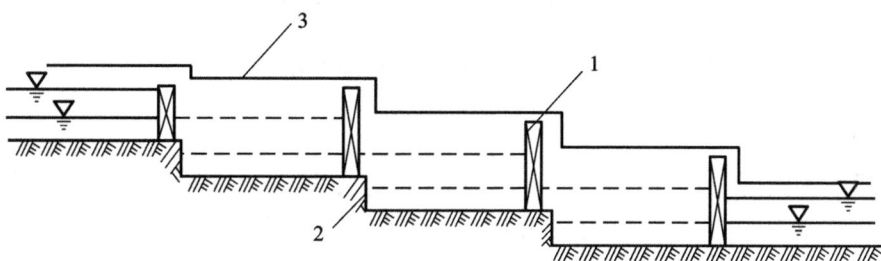

1—闸门；2—闸室底板；3—闸墙顶。

图 4-57 多级船闸示意图

（2）按船闸的线路分类。

①单线船闸是在一个枢纽内，只建有一条通航线路的船闸，一般情况下都采用这种形式。

②多线船闸是在一个枢纽内建有两条或两条以上通航线路的船闸，图 4-58 为长江葛洲坝水利枢纽所采用的三线船闸布置形式。

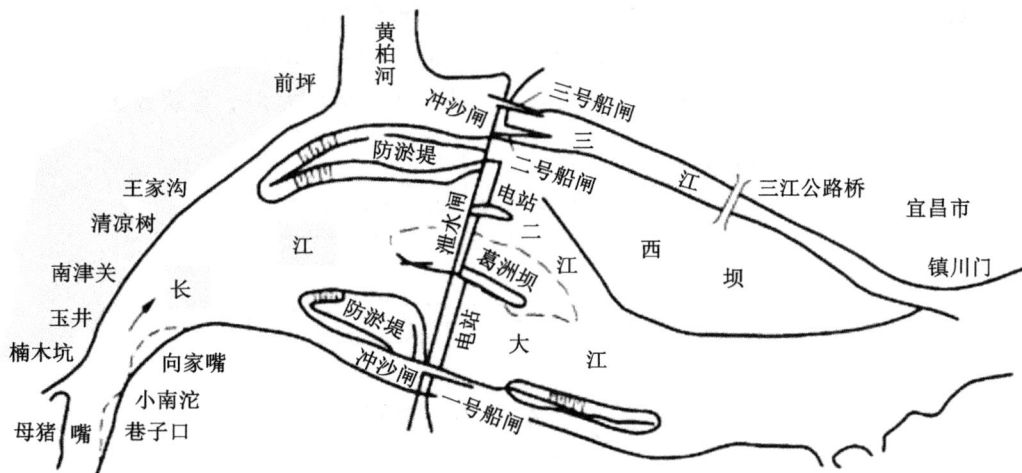

图 4-58 葛洲坝水利枢纽三线船闸示意图

船闸线数的确定主要取决于货运量与船闸的通过能力：当通过枢纽的货运量巨大，采用单线船闸不能满足通过能力要求时，或船闸所处河段的航道对国民经济具有特殊重要意义，不允许因船闸检修而停航时，才修建多线船闸。

在双线船闸中，可将两个船闸的闸室并列，并在两个闸室之间采用一个公共的隔墙，如图4-59所示。这时可利用隔墙设置输水廊道，使两个闸室相互连通，一个闸室的泄水可以部分地用于另一个闸室的充水，因此，可以减少工程量和船闸用水量。

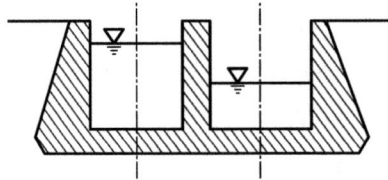

图4-59 并列互通的双线船闸

4. 船闸的引航道

引航道的作用是保证船舶安全、平顺地进出船闸，供等待过闸船舶安全停泊，使进出闸船舶能交错避让。在通航过程中，引航道应有足够的水深和一定的平面形状与尺寸。

引航道的平面形状与尺寸主要取决于船舶过闸的繁忙程度、船队进出船闸的行驶方式以及靠船和导航建筑物的形式与位置等。引航道平面形状与布置是否合理，直接影响船舶进出闸的时间，从而影响船闸的通过能力。

单线船闸引航道的平面形状可分为对称式和非对称式两类。

(1) 对称式引航道。

对称式引航道的轴线与闸室轴线相重合，如图4-60(a)所示。当双向过闸时，为了进出闸船舶相互交错避让，船舶进出闸都必须曲线行驶。因此，对称式引航道进出闸速度较慢，过闸时间较长，对提高船闸通过能力不利。

(2) 非对称式引航道。

非对称式引航道的轴线与闸室轴线不相重合，其布置方式通常有两种。

如图4-60(b)所示的非对称式引航道，引航道向不同的岸侧扩宽，双向过闸时船舶沿直线进闸，曲线出闸。因为船舶从较宽的引航道驶入较窄的闸室时，驾驶较困难，所以让

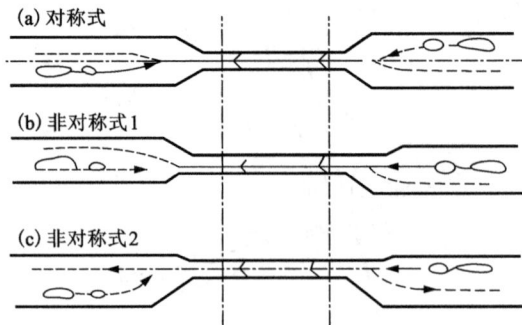

图4-60 引航道平面形状

船舶直线进闸能提高船舶进闸速度,从而提高船闸的通过能力。这种形式适用于岸上牵引过闸及有强大制动设备的船闸,否则为防船舶碰撞闸门,必须限制船舶进闸速度。

如图 4-60(c)所示的非对称式引航道,引航道向同一岸侧扩宽,主要货流方向的船舶进出闸都走直线,而次要货流方向的船舶进出闸可走曲线。这种方式适用于岸上牵引过闸,货流方向有很大差别,以及有大量木排过闸的情况,对于受地形或枢纽布置限制的情况,也可采用这种布置形式。

5. 船闸的结构

(1)闸室结构。

闸室是船闸的重要组成部分,由两侧的闸室墙和闸底组成。闸室的结构与当地的自然、经济和技术条件有关。按闸室断面形状,可将闸室分为斜坡式和直立式两大类。

斜坡式闸室结构,是在河流的天然岸坡和底部砌石保护而成,为防止浅水时船舶搁浅在两岸边坡上,在两侧岸坡脚处一般都建有垂直的栈桥,如图 4-61 所示。斜坡式闸室结构简单,施工容易,造价较低。但是,其灌水体积大,灌水时间长,过闸耗水量大,由于闸室内水位经常变化,两侧岸坡在动水压力作用下容易坍塌,故须修筑坚固的护坡工程。这种形式主要适用于水头较小和闸室平面尺寸较小、河流水量较为充沛的小型船闸。

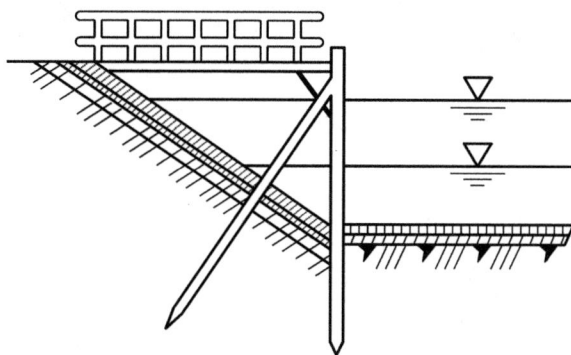

图 4-61　斜坡式闸室结构

直立式闸室结构,如图 4-62 所示,一般适用于大、中型船闸,根据地基的性质,这种结构又分为非岩石地基上的闸室和岩石地基上的闸室两大类。

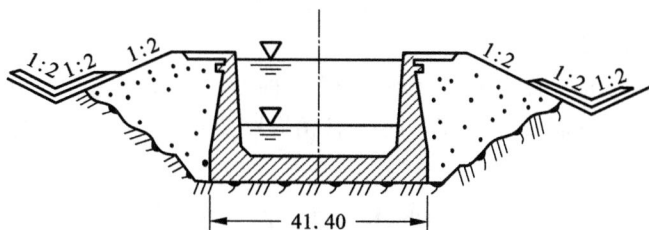

图 4-62　直立式闸室结构

（2）闸首结构。

和闸室结构形式一样，闸首结构形式主要取决于地基条件。对于非岩石地基，一般采用两侧边墩与底板为一体的整体式结构，以使闸首有足够的刚度，从而保证闸门的正常工作，同时也满足闸首整体稳定及地基承载力要求。非岩石地基上的闸首边墩，常用重力式及空箱式结构。对于岩石地基，一般可采用重力式结构。

（3）导船及靠船建筑物结构。

导船及靠船建筑物，其结构形式与地基土壤性质、水位变幅及地形条件有关，常用的形式有固定式与浮式两种。

①固定式。这种建筑物的形式多采用重力式或墩式。重力式结构，一般用于地基不能打桩或水深不大等情况，多采用砌石或混凝土建造。这种结构可以就地取材、节省材料、施工管理方便，但对地基条件要求较高，如图 4-63 所示。在我国许多大、中型船闸中，常将靠船建筑物做成一个单独的墩台，即所谓靠船墩，如图 4-64 所示。靠船墩与实体重力式靠船建筑物相比，其工程量较少、投资较省，因此应用较为广泛。

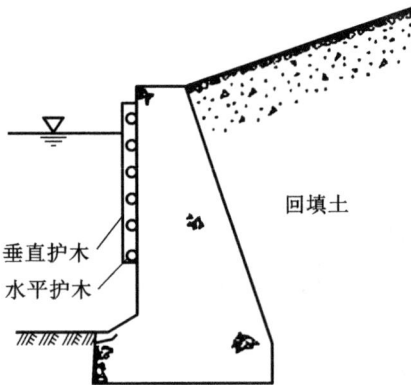

图 4-63　重力式导船及靠航建筑物

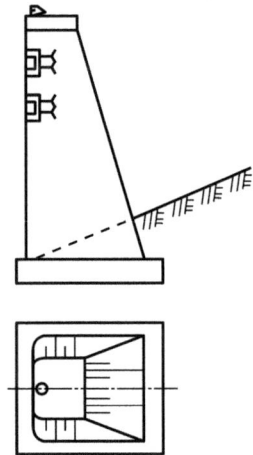

图 4-64　墩式靠船墩示意

②浮式。这种导船及靠船建筑物，主要用在水深及水位变幅均较大的情况，如船闸的上游引航道内，一般可以做成钢筋混凝土、钢丝网水泥或金属的浮码头形式，将它们限制在专设的墩柱之间漂浮，并将其所受的荷载传给墩柱。

（4）输水系统的形式。

船闸的输水系统，是供闸室灌水和泄水的一种专门设备，主要作用是调节闸室水位，使其分别与相应的上、下游水位齐平，协助船舶克服集中水位落差，以使船舶从一个水面驶向另一个水面。

船闸输水系统的类形较多，概括起来可分为两大类，即集中输水系统和分散输水系统。集中输水系统也称头部输水系统，是将输水系统的设备集中布置在闸首范围内，灌水时，水经上闸首由闸室的上游端集中流入闸室，泄水时，水从闸室的下游端经下闸首泄入引航道。分散输水系统也称长廊道输水系统，是将输水系统的设备分散布置在闸首及闸室内,通过纵向输水廊道上的出水孔灌泄水。

4.5.2 升船机

1.升船机的组成及作用

升船机的组成,一般有承船厢、垂直支架或斜坡道、闸首、机械传动机构、事故装置和电气控制系统等。

(1)承船厢。其用于装载船舶,其上、下游端部均设有厢门,以使船舶进出承船厢体。

(2)垂直支架或斜坡道。垂直支架一般用于垂直升船机的支承,并起导向作用,而斜坡道则用于斜面升船机的运行轨道。

(3)闸首。其用于衔接承船厢与上游、下游引航道,闸首内一般设有工作闸门和拉紧(将承船厢与闸首锁紧)、密封等装置。

(4)机械传动机构。其用于驱动承船厢升降和启闭承船厢的厢门。

(5)事故装置。当发生事故时,其可用于制动并固定承船厢。

(6)电气控制系统。其主要是用于操纵升船机的运行。

2.升船机的工作原理

船舶通过升船机的主要工作程序为:①当船舶由大坝的下游驶向上游时,先将承船厢停靠在厢内水位与下游水位齐平的位置上;②操纵承船厢与闸首之间的拉紧、密封装置,并充灌缝隙水;③打开下闸首的工作闸门和承船厢的下游厢门,使船舶驶入承船厢内;④关闭下闸首的工作闸门和承船厢的上游厢门;⑤将缝隙水泄除,松开拉紧、密封装置,提升承船厢使厢内水位;⑥开启上闸首的工作闸门和承船厢的上游厢门,船舶即可由厢体驶入上游。

当船舶由大坝上游向下游驶入时,则按上述程序进行反向操纵。

3.升船机的类型

按照承船厢的工作条件,可将升船机分为干式和湿式两类。干式也称干运,是指将船舶置于无水的承船厢内的承台上运送;湿式又称湿运,是指船舶浮于有水的承船厢内运送。由于干运时船舶易碰损,故目前已较少采用。

按承船厢的运行线路,一般将其分为垂直升船机和斜面升船机两大类。垂直升船机是利用水力或机械力沿垂直方向升降,使船舶过坝;而斜面升船机,船舶过坝时的升降方向(运行线路)则是沿斜面进行的。下面仅对这两类升船机的特点作简介。

(1)垂直升船机。垂直升船机按其升降设备特点,可以分为提升式、平衡重式和浮筒式等。

提升式升船机类似于桥式升降机,船舶驶进船厢后,由起重机进行提升,经过平移,然后下降过坝。提升式升船机的主要特点是动力较大,一般只用于提升中小型船只。如我国丹江口水利枢纽中就应用了这种垂直升船机,如图 4-65 所示,其最大提升高度为 83.5 m,最大提升力为 4500 kN,提升速度为 11.2 m/min,承船厢可湿运 150 t 级驳船或干运 300 t 级驳船。

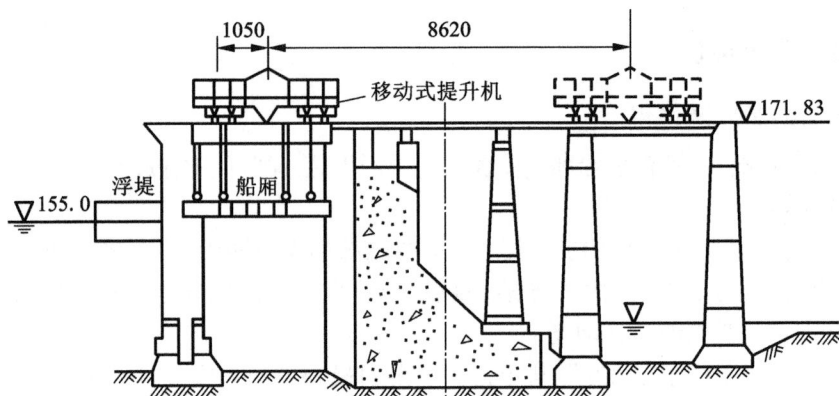

图 4-65 丹江口水利枢纽的垂直升船机

（2）平衡重式升船机是利用平衡重来平衡承船厢的重量，如图 4-66 所示。提升动力仅用来克服不平衡重及运动系统的阻力和惯性力，运动原理与电梯相似。其主要优点为：可节省动力，过坝历时短，通航能力大，耗费电量小，运行安全可靠，进出口条件较好。但是，其工程技术较复杂，耗用钢材也较多。

（3）浮筒式升船机的特点是将金属浮筒浸在充满水的竖井中，如图 4-67 所示。利用浮筒的浮力来平衡船箱的总重量，提升动力仅用来克服运动系统的阻力和惯性力。这种升船机的支承平衡系统简单，工作可靠。但是，因受到浮筒所需竖井深度的限制，其提升高度不宜太大，并且，一部分设备长期处于竖井的水下，检修较为困难。

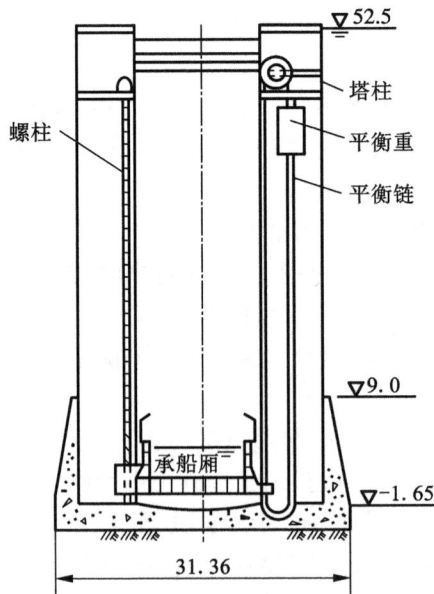

图 4-66 平衡重式升船机

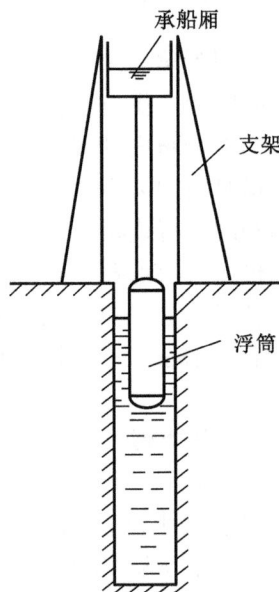

图 4-67 浮筒式升船机

(4)斜面升船机是在斜坡上铺设升降轨道,将船舶置于特制的承船车中干运或在承船车中湿运过坝,如图 4-68 所示。这种升船机按照运行方式不同,可以分为牵引式、自行式(或称自爬式);按照运送方向与船只行驶方向的关系,又可分为纵向行驶和横向行驶两种。其中,牵引式纵向行驶的升船机应用最为广泛。

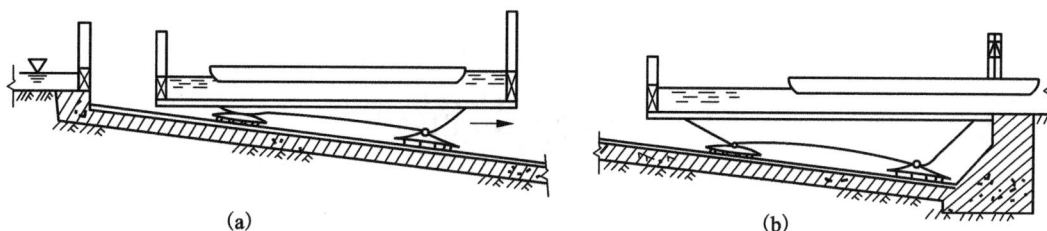

图 4-68　斜面升船机示意

斜面升船机一般由承船厢、斜坡轨道和卷扬设备等组成。为了减小牵引动力,斜面升船机通常设置平衡重块。在我国丹江口水利枢纽中,由于落差大,若采用单一的垂直升船机、斜面升船机或船闸方案,工程量都较大,同时考虑到近期货运量较小,经过比较,选用了垂直升船机与斜面升船机相结合的方式,船厢干湿两用,曾经干运过 300 t 的驳船和湿运过 150 t 的驳船。

练习题

(1)何为道路?道路与公路的关系是什么?

(2)道路的构造或组成有哪些?

(3)道路的平面线形有哪几种?

(4)道路纵坡控制有哪几个重要参数?

(5)什么是道路的建筑限界?

(6)路基横断面有哪几种类型?

(7)路面应满足哪些要求?路面的结构形式是怎样的?

(8)铁路等级是如何划分的?主要技术指标是什么?

(9)铁路限制坡度设定的大与小会有哪些影响?

(10)隧道纵断面形状常见有哪两种?各自的特点是什么?

(11)隧道衬砌的作用是什么?类型有哪些?

(12)桥梁是如何分类的?

(13)桥面各组成部分的功能是什么?

(14)桥跨的结构形式有哪些类型?

(15)桥墩及桥台的类型有哪些?

第5章

水利工程

水是地球生物生存和人类社会发展不可缺少的宝贵资源。地球上水资源总量的90%以上为海水，其余为内陆水。内陆水中的河流及其径流，对于人类活动起着特别重要的作用。据统计，全球年径流总量为 47×10^4 亿 m^3，人均占有值为 $9000 \ m^3$，我国多年平均年径流总量为 2.78×10^4 亿 m^3，居世界第六位。全国河流的水能理论蕴藏量总计出力为 6.76 亿 kW，居世界第一位，其中便于开发的为 3.78 亿 kW，年发电量可达 1.9×10^{12} kW·h。

我国地缘辽阔、人口众多，人均水资源占有量仅相当于世界人均占有水量的 1/4，且水资源在地区上和时间上分布很不均匀，南北方储藏水量差异较大，总体上是一个缺水的国家。为了控制和利用天然水资源，达到兴利除害的目的，就必须采取各种措施，包括工程措施和非工程措施。其中所采取的工程措施通常称为水利工程，按其目的和作用来分有以下几项：

（1）河道整治与防洪工程。通过整治建筑物和其他措施，防止河道冲蚀、改道和淤积，使河流能满足防洪、航运、工农业用水等方面的要求。

（2）农田灌溉与排水工程。通过建闸修渠，形成良好的灌排系统，使农田旱能灌、涝能排，实现农田水利化。

（3）水力发电工程。利用河流及潮汐的能量发电。

（4）城镇供水与排水工程。居民区和工矿企业的给水和废水的排放。

（5）航运与港口工程。利用河道、湖泊和海洋行船。

水利工程具有以下特点：

（1）水工建筑物受水的影响，工作条件复杂。

（2）施工难度大。

（3）各地的水文、气象、地形、地质等自然条件有差异，水文、气象状况存在或然性，因此大型水利工程的设计总是各有特点，难以划一。

（4）大型水利工程投资大、工期长，对社会、经济和环境有很大影响，可以产生显著经济效益，但若处理不当，造成失误或失事，又会造成巨大损害。

5.1　水库

水库是一种蓄水工程，是在河流或谷地的适当地点修建拦河坝截断河流，以形成一定的蓄水容积。水库形成后，在汛期可以拦蓄洪水，削轻洪峰，减除下游洪水灾害。水库中的蓄水可以满足灌溉、发电、航运、城市供水等需要。因此，修建水库是解决来水和用水在时间上的矛盾并综合利用水资源的有效措施。

5.1.1　水库的组成

水库通常包括以下三种建筑物：

(1)挡水建筑物：一般为拦河坝，用以拦截河水、壅高水位、形成水库，是组成水库的最基本的建筑物。

(2)泄水建筑物：用以宣泄水库中的多余水量，以保证大坝安全。其形式有溢洪道、泄洪隧洞等。

(3)取水和输水建筑物：用以从水库中取水并将水输送到用水地点，一般为深式取水口和输水隧洞、渠道、管道等。

5.1.2　水库形成后对周围环境的影响

水库改变了河道的径流，使水库下游河道的流量产生了变化。在枯水期，如果放水，下游流量增加，对航运、河道水质改善、维持生态平衡等方面均有利；如果不放水，将使河道干涸，两岸地下水位降低，生态平衡将受到影响。另外，下泄的水流易冲刷河床，将影响下游桥梁、护岸等工程的安全。

水库形成后，在库区内造成淹没，村镇、工厂及交通等设施需要迁移重建；水库水位的变化可能引起岸坡大范围滑坡，影响拦河大坝的安全；在地震多发区，有可能诱发地震；水库水质、水温的变化会使库区附近的生态平衡发生变化。

一些水库上游河道的入库处，容易发生淤积，使河水下泄不畅，水库上游河道容易发生泛滥。

因此在进行水利规划和水库设计时，应认真研究和解决这些问题，充分利用有利条件，避免或减轻不利影响。

5.1.3　水库的特征水位及库容

反映水库工作状况的水位称为特征水位，特征水位决定着水工建筑物的尺寸，如坝高、溢洪道宽度等。特征水位相应的库容称为特征库容(图 5-1)。为了保证水库正常运行，在设计水库库容时，必须根据河流的水文情况(即来水量)和国民经济各需水部门之间的平衡关系，确定各种特征水位及库容。

1. 死水位和死库容

在正常运行情况下，允许水库消落的最低水位称为死水位，该水位以下的库容称为死库容。死库容的蓄水量一般情况下是不动用的。

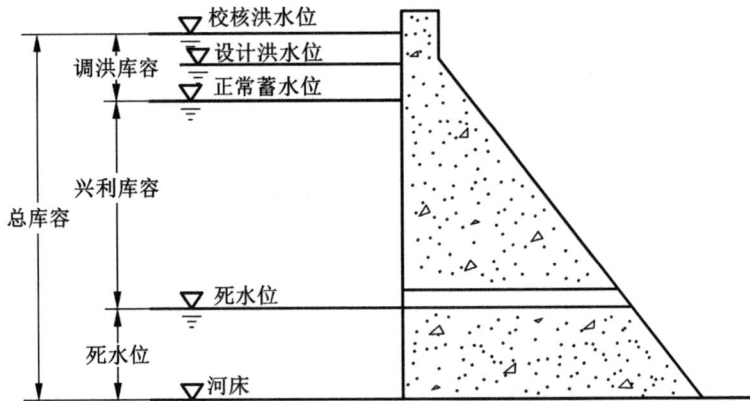

图 5-1　水库特征水位及库容示意图

2. 正常蓄水位和兴利库容

在正常运行情况下，为满足设计的兴利要求，水库在供水期开始时应蓄到的水位称为正常蓄水位。正常蓄水位与死水位之间的库容称为兴利库容。如水库采用自由式溢洪的无闸门溢洪道，溢洪道的堰顶高程就是正常蓄水位。如果水库溢洪道上装有闸门，水库的正常蓄水位一般就是闸门关闭时的门顶理论高程。当然，在确定实际的门顶高程时还要考虑波浪高度及安全加高。

3. 设计洪水位和拦洪库容

当遇到设计洪水时，水库经调洪后在坝前达到的最高水位，称为设计洪水位。一般情况下，设计洪水位与正常蓄水位之间的库容称为拦洪库容。

4. 校核洪水位和调洪库容

当遇到大坝校核洪水时，水库经调洪后在坝前达到的最高水位，称为校核洪水位。一般情况下，校核洪水位与正常蓄水位之间的库容称为调洪库容。

校核洪水位以下的库容称为总库容，死水位至校核洪水位之间的库容，称为有效库容。

在设计洪水位或校核洪水位以上，考虑风浪高和相应的安全超高，即可确定大坝的坝顶高程，作为大坝设计的依据。

5.2　水工建筑物与水利枢纽

5.2.1　水工建筑物及其分类

在水利工程中所修建的建筑物称为水利工程建筑物，简称"水工建筑物"。

1. 按照建筑物的用途分类

（1）一般水工建筑物。

挡水建筑物：用以拦截河水，壅高水位或形成水库，如各种闸、坝等。

泄水建筑物：用以从水库或渠道中泄出多余水量，保证工程安全的建筑物，如溢洪道、泄洪隧洞和泄水闸等。

输水建筑物：从水源向用水地点输送水流的建筑物，如输水隧洞、渠道、管道等。

取水建筑物：它是输水建筑物的首部，如各种进水闸、取水口等。

河道整治建筑物：为改善河道水流状态，防止水流对河床产生破坏而修建的建筑物，如护岸工程、导流堤、丁坝、顺坝等。

（2）专门水工建筑物。

水力发电建筑物：如水电站厂房、压力前池、调压井等。

水运建筑物：如船闸、升船机、过木道等。

农田水利建筑物：如专为农田灌溉用的沉沙池、量水设备、渠系等。

给水、排水建筑物：如专门的进水闸、抽水站、滤水池等。

渔业建筑物：如鱼道、升鱼机、鱼闸、鱼池等。

2. 按照建筑物使用时间分类

（1）永久性建筑物。

这种建筑物在运营期长期使用，根据其在整体工程中的重要性又分为：

主要建筑物：指该建筑物在失事以后将造成下游灾害或严重影响工程效益的建筑物，如闸、坝、泄水及输水建筑物及水电站厂房等。

次要建筑物：指失事后不致造成下游灾害和对工程效益影响不大且易于修复的建筑物，如挡土墙、导流墙、工作桥及护岸等。

（2）临时建筑物。

这种建筑物仅在工程施工期间使用，如围堰、导流建筑物等。

5.2.2　水利枢纽

水利工程往往是由几种不同类型的水工建筑物集合在一起，构成一个完整的综合体，用来控制和支配水流，这些建筑物的综合体称为水利枢纽。图 5-2 为当今世界最大的水利枢纽——三峡水利枢纽示意图。

三峡水利枢纽的主要建筑物由大坝、水电站和通航建筑物三大部分组成。其大坝为重力坝，最大坝高 181 m，水电站采用坝后式，分设左（14 台发电机组）、右（16 台发电机组）两组厂房。通航建筑物包括船闸和升船机，船闸为双线五级连续梯级船闸，升船机为单线一级垂直提升式。

水利枢纽一般具有多种作用，发挥多种效益，但有主次之分。根据枢纽的主要作用不同，水利枢纽分为水力发电枢纽、水运枢纽、引水枢纽、蓄水枢纽等。

5.2.3　水利枢纽的分等和水工建筑物的分级

为了将工程安全和工程造价合理地统一起来，首先应对水利枢纽按规模、效益及其在国民经济中的重要性进行分等，然后再将枢纽中的不同建筑物按其作用和重要性进行分级。分等、分级的目的在于对不同级别的建筑物提出不同的要求，级别高的，对抗御洪水能力、强度和稳定性的安全系数等要求高；级别低的，则可适当降低要求，这种做法是体现经济政策和技术标准统一的一个重要方面。

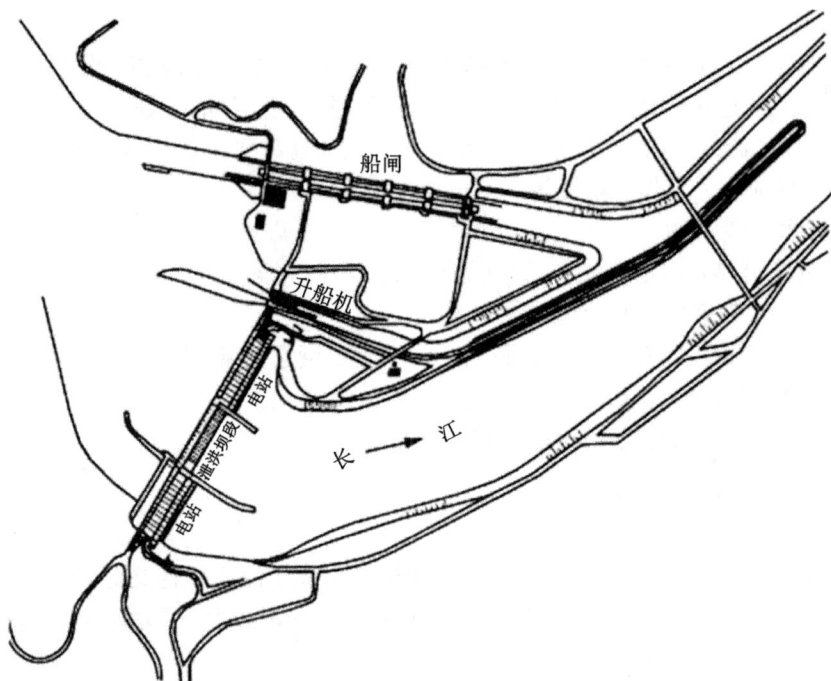

图 5-2　三峡水利枢纽示意图

按照《水利水电工程等级划分及洪水标准》（SL 252—2017），共分为五等，见表 5-1。

表 5-1　水利水电工程分等指标

工程等别	工程规模	分等指标							
		水库总库容/亿 m³	防洪		治涝	灌溉	供水	发电
			保护城镇及企业的重要性	保护农田面积/万亩	治涝面积/万亩	灌溉面积/万亩	供水对象的重要性	装机容量/万 kW
I	大（1）型	≥10	特别重要	≥500	≥200	≥150	特别重要	≥120
II	大（2）型	10~1.0	重要	100~500	60~200	50~150	重要	30~120
III	中型	1.0~0.1	中等	30~100	15~60	5~50	中等	5~30
IV	小（1）型	0.1~0.01	一般	5~30	3~15	0.5~5	一般	1~5
V	小（2）型	0.01~0.001		<5	<3	<0.5		<1

枢纽中的水工建筑物，根据其所属等级及其在工程中的作用和重要性分为五级。表 5-2 为永久性水工建筑物级别。

表 5-2　永久性水工建筑物级别

工程等别	主要建筑物	次要建筑物
I	1	3
II	2	3
III	3	4
IV	4	5
V	5	5

确定枢纽的等别及建筑物级别的主要依据是表 5-1 和表 5-2，但在某些情况下，经过论证，可适当提高或降低标准。

5.3　挡水及泄水建筑物

5.3.1　重力坝

重力坝是一种依靠自重维持稳定的坝体，一般用混凝土或浆砌石筑成。由于混凝土可以有较高的强度和较小的透水性，因此，混凝土重力坝在水利工程建设中占有较大的比重。

混凝土重力坝的坝轴线一般为直线，垂直坝轴线方向设有伸缩缝，将坝体分为若干个独立的坝段，以避免由温度变化和地基的不均匀沉陷引起的坝体裂缝，缝内设有防止漏水的止水设备(图 5-3)。坝的横剖面基本上呈三角形，且上游坝面垂直或接近垂直。混凝土重力坝结构简单、施工方便，抵抗超标准洪水、冻害等意外事故的能力较强。世界上最高的混凝土重力坝是瑞士于 1962 年建成的大迪克逊坝，坝高 285 m。

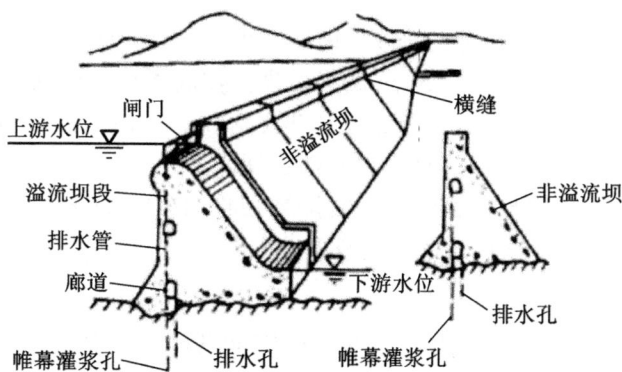

图 5-3　混凝土重力坝示意图

1. 重力坝的特点

重力坝的工作原理是主要依靠自身重量维持坝体稳定和满足强度要求,因此坝的断面较大,与其他坝比有以下主要特点:

(1)结构简单,体积大,安全可靠,有利于机械化施工。由于断面尺寸大,材料强度高,耐久性能好,抵抗洪水漫顶、渗漏、地震及战争破坏能力比较强,安全性较高,因此重力坝的失事率是较低的。

(2)泄洪和施工导流比较容易解决。重力坝的断面大,所用材料的抗冲能力强,适于在坝顶溢流和在坝身设置泄水孔,在施工期间可以利用坝体导流,一般不需要在坝体以外另设溢洪道、泄洪隧洞或导流隧洞等工程。在意外情况下,即使从非溢流坝顶溢过少量洪水,一般也不会导致坝的失事,不像土石坝那样一旦洪水漫顶很快就会溃坝成灾。这是重力坝的一个最大优点。在坝址河谷狭窄而洪水泄量大的情况下,重力坝可较好地适应这种自然条件。

(3)对地形、地质条件的适应性较好。地形条件对重力坝影响不大,几乎任何形状的河谷断面均可建造重力坝。因为重力坝在沿坝轴线方向被横缝分隔成若干独立的坝段,能较好地适应岩石物理情况的变化,一般强度的岩基均可满足要求。重力坝的这一特点,是高坝选型中的一个优越条件。

(4)材料强度一般不能充分发挥。重力坝的断面是根据抗滑稳定和无拉应力条件确定的,坝体内的压应力通常不大。对于中、低重力坝,即使为低标号混凝土,其材料强度也未能充分利用,这是重力坝的一个主要缺点。

(5)水泥用量多,需要温控散热措施。由于混凝土重力坝的体积大、水泥用量多、水化热大、散热条件差,一般均需采取温控散热措施。许多工程因温度控制不当而出现裂缝,有的甚至形成危害性裂缝。为避免裂缝影响坝的耐久性、抗渗性、内应力和外观,应采用适当的施工方法。选用低热微膨胀水泥、减少水泥用量等措施,将温度变化和温差造成的混凝土裂缝危害减轻到允许的程度是非常重要的。近年来出现的碾压混凝土重力坝,可减少水泥用量,降低水化热温度,简化温控措施。

2. 重力坝的类型

(1)重力坝按坝的高度,可分为高坝、中坝、低坝三类。坝高大于 70 m 的为高坝;坝高在 30~70 m 的为中坝;坝高小于 30 m 的为低坝。坝高指坝基最低点至坝顶路面的高度。

(2)重力坝按泄水条件,可分为溢流坝和非溢流坝。坝体内设有泄水底孔的坝段和溢流坝段的可统称为泄水坝。非溢流坝段也叫挡水坝段。

(3)重力坝按坝的结构形式,可分为实体重力坝[图 5-4(a)]、宽缝重力坝[图 5-4(b)]、空腹重力坝[图 5-4(c)]、宽缝填渣重力坝等。

3. 非溢流重力坝剖面

重力坝剖面设计的任务是在满足强度和稳定性条件下,求得一个施工简单、运用方便、体积最小的剖面。由于重力坝所承受的主要荷载是呈三角形分布的静水压力,为满足稳定和强度要求,坝的基本剖面应该是一个三角形。通过计算,满足强度条件和稳定条件的基本剖面是与上游面近于垂直的三角形。在满足施工、运用和管理要求的前提下,坝顶应有一定的高程和宽度,将基本剖面修改为如图 5-5 所示的几种常用剖面。

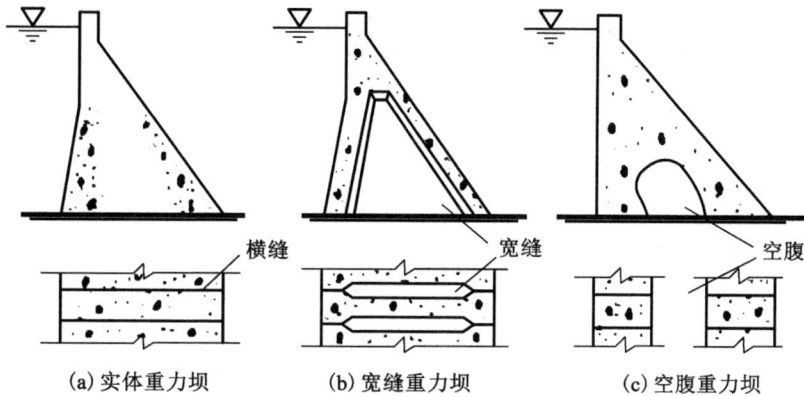

图 5-4　重力坝的类型

（a）实体重力坝　　　（b）宽缝重力坝　　　（c）空腹重力坝

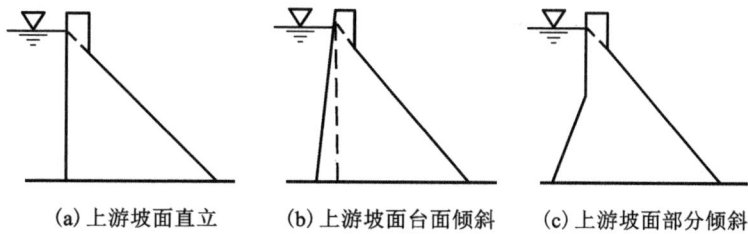

（a）上游坡面直立　　（b）上游坡面台面倾斜　　（c）上游坡面部分倾斜

图 5-5　挡水坝段常用剖面

一般情况下，上游坝坡系数 $n=0\sim0.3$，下游坝坡系数 $m=0.6\sim0.85$，坝体底宽 $T=(0.7\sim0.9)H$，H 为坝高。

4. 溢流重力坝

溢流重力坝既能挡水，又能通过坝顶泄水，其剖面形状不仅要满足稳定和强度要求，还要满足泄水要求。溢流重力坝基本剖面的确定原则与非溢流坝相同，但实用剖面是以泄水安全为设计条件的，即溢流坝应具有足够的泄水能力，泄水时水流顺畅，坝面无空蚀破坏现象。

（1）溢流坝的布置。溢流坝通常布置在河床较低处，使下泄水流平顺地流入下游河道。溢流坝应布置在坚固的岩基上，以抵抗下泄水流的冲刷。为使下泄水流不妨碍水电站和通航建筑物等的工作，一般设有横墙将其与电站尾水渠隔开。溢流坝两侧用边墙与非溢流坝隔开，以免水流横溢。为简化工程，便于管理，中小型水库的溢流坝顶常不设工作闸门，只能蓄水至溢流坝顶。大型水库需有较大库容时，则在溢流坝顶设置工作闸门，溢流坝顶低于正常蓄水位，如图 5-6 所示。设置工作闸门时，须将溢流坝用闸墩分成若干段，由闸墩支撑工作闸门，在闸墩上设工作桥以安装和操纵门式启闭机。

（2）溢流重力坝剖面。溢流坝的剖面由四部分组成，即上游直线段、堰顶曲线段、下游直线段、下游反弧段，如图 5-7 所示。一般溢流坝的上游面做成直线形，有的也做成折线形，具体由重力坝的强度和稳定条件确定。溢流坝面的顶部做成曲线形，曲线的形状对泄水能力、水流条件和坝面是否遭受空蚀破坏有很大影响,是设计溢流重力坝剖面的关键。堰顶曲线段的下游为一直线段,其坡度大小由重力坝的基本剖面确定。溢流坝面的最下游端做成圆弧形,称为下游反弧段,其作用是使水流平顺地泄入下游,减小动水压力。

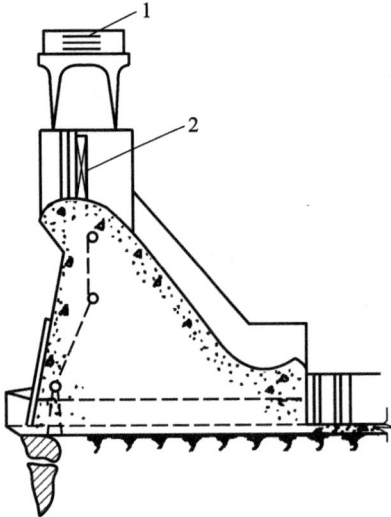

1—门式启闭机;2—工作闸门。

图5-6 溢流坝段剖面图

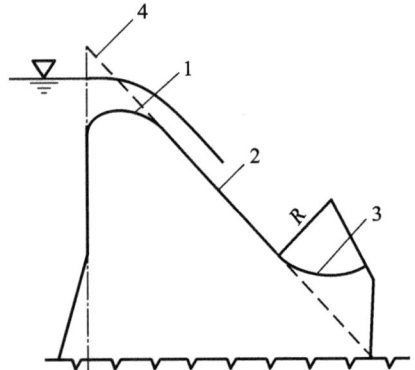

1—堰顶曲线段;2—上、下游直线段;
3—下游反弧段;4—基本剖面线。

图5-7 溢流曲面组成

(3)溢流坝下游消能措施。经过溢流坝下泄的水流,具有很大的动能,如不采取有效的措施进行消能,必将冲刷下游河床,破坏坝址下游地基,威胁建筑物的安全及正常运行等。因此,必须采取妥善的消能防冲措施,确保大坝安全运行。混凝土溢流坝下游的消能方式以挑流式消能最为常见。挑流式消能是利用挑流鼻坎,将下泄的高速水流挑射到空中,然后自由跌落到距下游坝脚较远的位置并与下游水流相衔接的消能方式,图5-6为挑流式消能。水流能量通过水舌在空中与空气摩擦、掺气、扩散并落入下游尾水中淹没、紊动、扩散等方式消耗。挑流式消能有结构简单、工程造价低、检修及施工方便等优点,但会造成下游冲刷较严重、雾化及尾水波动较大等问题。挑流式消能适用于中、高坝的坚硬岩基上。

5. 重力坝的泄水孔

(1)泄水孔的用途。重力坝的泄水孔,一般位于深水之下,故又称深孔或底孔。泄水孔的用途是多方面的,如配合溢流坝泄放洪水;预泄库水以利调洪;放空水库进行大坝检修或满足人防的要求;排泄泥沙以延长水库寿命和保证其他建筑物正常运行;向下游放水,供发电、灌溉、航运、城市供水之用;施工导流等。为了简化布置,方便施工,尽量考虑一孔多用,如灌溉、发电相结合及放空、排沙相结合,放空、导流相结合等。

(2)泄水孔的类型。泄水孔按孔内水流状态分为有压泄水孔和无压泄水孔两种类型。发电孔为有压孔,其他类型的泄水孔或放水孔,可以是有压的也可以是无压的。有压泄水孔的工作闸门一般都设在出口,孔内始终保持满水有压状态(图5-8)。为改善受力状况和防渗,常用钢板衬砌孔壁。

无压泄水孔的工作闸门和检修闸门都设在进口,工作闸门后的孔口断面顶部抬高,使水流不能接触泄水孔顶部,形成无压明流(图 5-9),除工作闸门前一段压力短管外,其他部分均为无压状态。

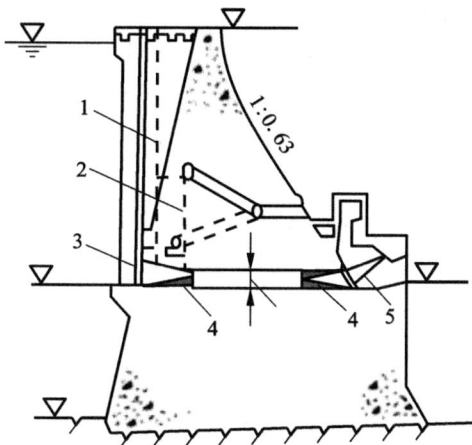

1—通气孔;2—排水管;3—检修门槽;
4—渐变段;5—工作闸门。

图 5-8　有压泄水底孔

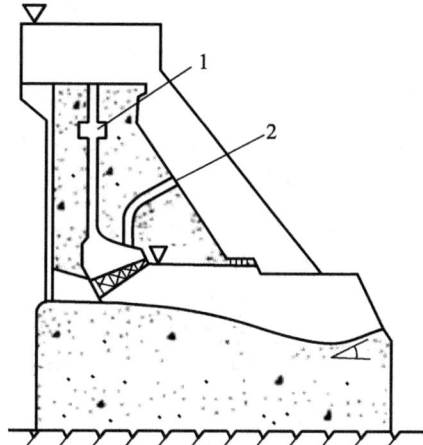

1—工作闸门启闭机室;2—通气孔。

图 5-9　无压泄水底孔

6. 重力坝的构造

(1)重力坝的分缝。

为了防止坝体因温度变形和地基不均匀沉陷而产生裂缝,并适应混凝土的浇筑能力和散热要求,在坝体内需要进行分缝。

在岩石地基上设置的混凝土重力坝上缝可分为横缝、纵缝和水平施工缝三种。

①横缝垂直于坝轴线布置,沿坝体的整个高度将坝体分成若干独立的坝段,以减少坝的纵向约束,控制裂缝的产生。横缝对坝体的安全运行并无影响,故一般是永久性的,又称为永久缝。横缝的间距由地形、地质条件、坝的高度和施工条件确定。混凝土重力坝横缝间距一般为 15~20 m,间距过大仍会产生裂缝,过小又无必要;缝宽一般为 1~2 cm。为了防止漏水,永久缝内须设置止水设备,并充填有伸缩性的沥青麻刀以保证缝的宽度。

②纵缝是为了适应混凝土的浇筑能力和施工期的混凝土散热要求而设置的临时缝。纵缝在水库蓄水前、混凝土充分冷却后进行灌浆,使坝成为整体。纵缝间距一般为 15~30 m。中小型坝浇筑面积不大,可以不设纵缝。

③混凝土是自下而上分层浇筑的,在上、下层浇筑块之间形成水平施工缝。水平层的厚度与施工能力、气候条件等因素有关,应用最多的为薄层浇筑法,层厚为 1.5~3.0 m。

(2)坝体排水。

坝体排水一般是在上游防渗层之后,沿坝轴线方向布置一排竖向排水管。坝面的渗水,大部分通过排水管汇集于设在廊道内的排水沟(管),再经横向排水沟(管)排出坝外。

排水管一般采用无砂混凝土管埋在坝内,管径为 15~25 cm。竖向排水管应布置成垂直或接近垂直方向,不宜有弯头。排水管施工时,必须防止其被混凝土和杂物等堵塞。

（3）廊道。

为了进行帷幕灌浆、排泄渗漏积水、安装观测仪器、检查维修坝体等，应在坝内设置坝体排水管、横向排水管、坝基排水孔、纵向廊道等。廊道内必须有良好的排水条件，以及适宜的通风设备和足够的照明设备。

沿坝底布置的灌浆廊道为基础灌浆排水廊道，距坝基岩石不得小于 4 m，距上游坝面不得小于作用水头的 0.05 m，其断面尺寸应能满足安置和操作钻机的要求，一般宽为1.5～3.0 m，高为 3.0～4.0 m。其断面形状，一般采用上圆下方的标准廊道断面。

为了检查和排水设置的廊道，一般沿坝高每隔 15～30 m 设置一层。纵向廊道的上游侧距上游坝面的距离，不应小于坝面作用水头的 0.07 m，且不得小于 3.0 m。各层廊道在两岸均应有进出口，并应设门。如廊道较长，应每隔 200～300 m 用竖井连通各层廊道。大型工程的高坝应设置 1～2 台电梯连通各层廊道。检查排水廊道的断面形状，一般也多采用上圆下方的标准廊道。廊道的最小宽度为 1.2 m，最小高度为 2.2 m。

5.3.2　土石坝

土石坝是利用坝址附近的土石料填筑压实而成的挡水建筑物，又称当地材料坝。土石坝具有对地基的适应性强、可就地取材、机械化程度高等特点，在国内外得到广泛应用。

1. 土石坝的类型和特点

（1）土石坝的特点。

土石坝是一种散粒体结构，具有与其他坝不同的特点。

土石坝在实践中被广泛采用并不断发展，与其自身的优越性密不可分。与混凝土坝相比，它的优点主要体现在以下几方面：

①筑坝材料来源直接、方便，能就地取材，材料运输成本低，还能节省大量的钢材、水泥等建筑材料。

②土石坝适应变形的能力较强，对地基的要求低，几乎在任何地基上都可以修建。

③构造简单，施工技术容易掌握，便于组织机械化施工。

④运用管理方便，工作可靠，寿命长，维修加固和扩建均较容易。

同其他的坝一样，土石坝自身也有其不足的一面：

①土石坝的抗冲能力弱，不允许水流漫顶，因此应具有泄洪能力强的溢洪道。

②土石坝挡水后，在坝体内形成由上游到下游的渗流，不仅使水库损失水量，还容易引起渗透变形，所以土石坝必须采取防渗措施。

③施工导流不如混凝土坝方便，因而相应地增加了工程造价。

④坝体填筑工程量大，且土料填筑质量受气候条件的影响较大。

土石坝体积较大，一般不会整体滑动。其失稳的形式是坝坡滑动或连同部分地基一起滑动。其剖面应是梯形，要有足够的坡度以保持稳定。

土石料存在较大的孔隙，在自重及水压力作用下，会有较大的沉陷，使坝的高度不足和导致土石坝裂缝，在施工时应严格控制碾压标准并按坝高的 1%～2% 预留沉陷量。

（2）土石坝的类型。

①按坝高分类。土石坝按坝高分为高坝、中坝、低坝。坝高在 70 m 以上的为高坝；坝高在 30～70 m 的为中坝；坝高低于 30 m 的为低坝。

②按施工方法分类。按施工方法可分为碾压式土石坝、水力冲填坝、水中填土筑坝和定向爆破筑坝。其中,应用最多的是碾压式土石坝。根据坝体横断面的防渗材料及其结构,碾压式土石坝分为以下三类:

a.均质坝。坝体的绝大部分基本上由均一的土料筑成,坝体的整个断面用以防渗并保持稳定[图 5-10(a)]。

b.分区坝。坝体由土质防渗体和若干透水性不同的土石料分区筑成。其中,土质防渗体设在坝体中央或稍向上游的称为心墙坝[图 5-10(b)、图 5-10(e)]或斜心墙坝[图 5-10(g)],坝体上游面或接近上游面有薄土质防渗体的称为斜墙坝[图 5-10(c)、图 5-10(d)、图 5-10(f)]。此外还有其他形式的分区坝。

c.人工材料防渗面板坝和心墙坝。坝体的防渗体由沥青混凝土、钢筋混凝土或其他人工材料制成,其余部分用土石料筑成。其中防渗体在上游面的称防渗面板坝[图 5-10(h)],防渗体在坝体中央的称心墙坝[图 5-10(i)],沥青混凝土防渗体也可做成斜心墙坝。

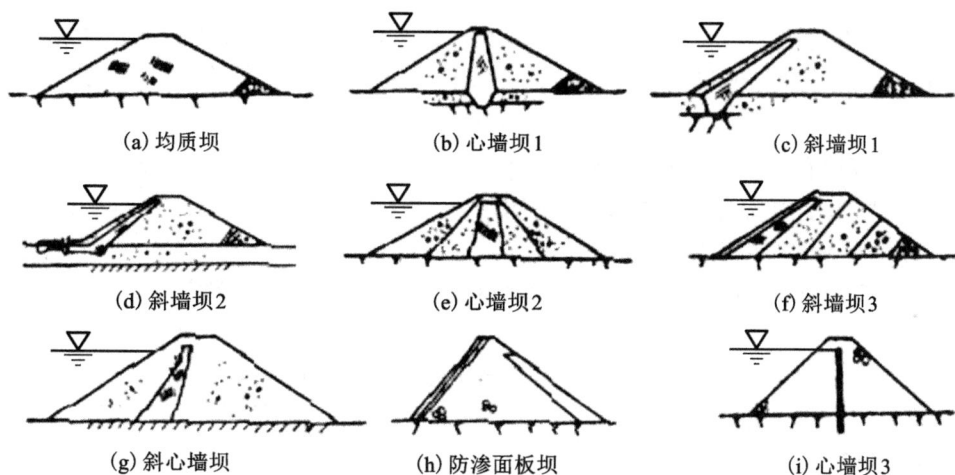

(a) 均质坝　　　　　(b) 心墙坝1　　　　　(c) 斜墙坝1

(d) 斜墙坝2　　　　　(e) 心墙坝2　　　　　(f) 斜墙坝3

(g) 斜心墙坝　　　　　(h) 防渗面板坝　　　　　(i) 心墙坝3

图 5-10　碾压式土石坝类型

2. 土石坝的剖面尺寸

土石坝的剖面尺寸是指坝坡大小、坝顶宽度和坝顶高程。

(1) 坝坡。

土石坝的坝坡与坝的类型、坝高、坝基地质条件、坝的施工条件及坝体的运用条件等因素有关。坝体较低时,上下游坝坡一般做成直线形,坝体较高时采用折线形,一般每隔10~20 m 设一个变坡点,上部坡度较陡,下部坡度较缓,相邻坡率差值为 0.25 或 0.5。在上下游变坡点处,设一条宽为 1.5~2.0 m 的平台,叫作马道,其作用为:截取雨水,防止坝坡冲刷;便于对坝坡进行检修、观测;增加坝坡稳定性和便于施工交通。

初步拟定坝坡时,可参考表5-3 中的经验数值,然后通过有关计算确定。

表 5-3 土坝经验坝坡

坝高/m	上游坝坡	下游坝坡
<10	1:2.00~1:2.50	1:1.50~1:2.00
10~20	1:2.25~1:2.75	1:2.00~1:2.50
20~30	1:2.50~1:3.00	1:2.25~1:2.75
>30	1:3.00~1:3.50	1:2.50~1:3.00

(2)坝顶宽度。

土石坝的坝顶宽度主要根据交通、防汛抢险、坝高、施工等因素确定。重大工程需要考虑战备的要求。坝顶设置公路或铁路时,应按有关交通要求确定。一般坝顶最小宽度不得小于 5 m。当坝高超过 50 m 时,最小坝顶宽度可取坝高的 1/10。当坝高超过 100 m 时,坝顶最小宽度一般约为 10 m。

(3)坝顶高程。

因为土石坝为挡水建筑物,因此坝顶高程应在水库的静水位以上,且必须有足够的超高。按土石坝设计规范规定,超高 Δh 由下式确定:

$$\Delta h = R + e + A \tag{5-1}$$

式中:R——波浪在坝坡上的爬高(m),具体计算可参考《碾压式土石坝设计规范》;

e——风壅水面高度,即风壅水面超出原库水位的高度(m),具体计算可参考《碾压式土石坝设计规范》;

A——安全加高(m),可根据坝的等级和运用条件按表 5-4 确定。

表 5-4 土石坝坝顶安全加高 A 值   单位:m

运用情况		坝的级别			
		I	II	III	IV、V
设计情况		1.50	1.00	0.70	0.50
校核	山区、丘陵区	0.70	0.50	0.40	0.50
	平原、滨海区	1.00	0.70	0.50	0.30

3. 土石坝的构造

(1)坝顶构造。

坝顶一般都做护面。护面的材料可采用单层砌石、碎石、沥青碎石等,IV级以下的坝体也可采用草皮护面。坝顶上游边缘应设坚固不透水的防浪墙或其他安全防护设备,下游侧宜设缘石。

为了排出雨水,坝顶应做成向一侧或两侧倾斜的横向坡度,坡度值为 1%~3%。有防浪墙的坝顶,宜采用单向向下游倾斜的横坡,在坝顶的下游侧设纵向排水沟,将汇集的雨水经坝面排水沟排至下游。

防浪墙可用混凝土或浆砌石修筑。墙的基础应牢固地埋入坝内,土石坝有防渗体时,防浪墙墙基要与防渗体可靠地连接起来,以防高水位时漏水。防浪墙的高度一般约为1.2 m,坝面布置与坝顶结构应力求经济、实用、美观。

(2)防渗体。

为了防渗,土石坝必须设有防渗体(均质坝不需专门的防渗设备)。土石坝的防渗体,按材料分为塑性材料防渗体与人工材料防渗体。

塑性材料防渗体以黏土心墙居多。黏土心墙位于坝体中央或稍偏上游。心墙顶部在设计洪水位上的超高不小于0.3 m,且不低于校核洪水位。心墙顶部厚度按构造和施工要求应不小于2.0 m。心墙为梯形断面,边坡常为1:0.15~1:0.3;底部厚度根据允许渗透坡降计算,具体数值与土壤性质有关,且不小于3.0 m。

为了防冻抗裂,心墙顶部应设置砂土保护层,层厚应大于冰冻深度,且不得小于1.0 m。

人工材料的防渗体常见的是沥青混凝土心墙、钢筋混凝土心墙、钢筋混凝土面板。沥青混凝土心墙厚度可以较薄,常取0.4~1.25 m,对于中低坝,其底部厚度可采用坝高的1/60~1/40,顶部可以减小,但不得小于0.3 m。钢筋混凝土心墙常与黏土心墙结合使用,钢筋混凝土面板常用于堆石坝。

(3)坝体排水设备。

土石坝虽有防渗设备,但仍有一定水渗入坝内。设置坝体排水设备可以将渗入坝内的水有计划地排出坝外,以降低浸润线及孔隙水压力,增加坝坡稳定性并保护坝坡土,防止渗透变形和冻胀破坏。

排水设备应具有充分的排水能力,不致被泥沙堵塞,确保在任何情况下都能自由地排出全部渗水,在排水设备与坝体和土基接合处,都应设置反滤层,以保证坝体和地基土不产生渗透变形,并应便于观测和检修。常用的坝体排水形式有以下几种。

①贴坡排水。贴坡排水是在下游坝坡底部用块石、卵石、砂料等分层筑成的排水设备,如图5-11所示。当坝体为黏性土时,排水设备的总厚度应大于当地冰冻厚度,以保证渗透水流不遭冻结。其顶部高程应超过浸润线溢出点1.5~2.0 m,并要求坝体浸润线在该地区冻结深度以下,当下游有水时,还应满足波浪爬高的要求。

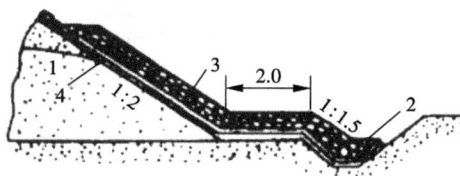

1—浸润线;2—排水沟;3—排水体;4—反滤层。

图5-11 贴坡排水

在贴坡排水层基础处,必须设置排水沟或排水体,其深度应满足水面结冰后,沟(体)的下部仍有足够的排水断面。

这种排水形式的优点为:用料较少,便于检修,能够防止渗流溢出处的渗透变形,并可以保护下游坝坡不受尾水冲刷。其缺点为不能降低浸润线。这种排水设备适用于浸润线较低的坝和下游无水的中小型土石坝。

②堆石棱体排水。堆石棱体排水是在下游坝脚处用块石堆成棱体,顶部高程应保证浸润线距下游坝面的距离大于该地区的冻结深度,其顶高程应高出下游水位0.5~1.0 m。棱体的顶宽一般为1.0~2.0 m。但棱体的内坡由施工条件确定,一般为1:1.1~1.5;外坡一般为1:1.5~1:2.0。

堆石棱体排水的优点是可以降低浸润线，防止坝坡冻胀和渗透变形，保护下游坡脚不受尾水淘刷，且有支撑坝体增加稳定性，排水效果较好，因此，其应用较多。但因其造价较高，与坝体的施工干扰较大，故仅适用于较高的坝或石料较多的地区。

③褥垫式排水。褥垫式排水是一种伸入坝体内部的平铺式排水，在坝基面上平铺一层厚0.4~0.5 m的块石，并用反滤层包裹。其构造如图5-12所示。

其优点是降低浸润线的效果显著，但当坝基产生不均匀沉陷时，排水层易断裂，且检修困难，对坝体的施工干扰较大。其适用于下游无水且对浸润线要求较高的坝段。

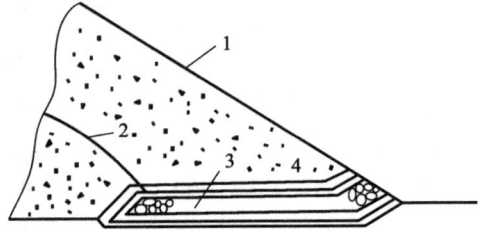

1—坝坡；2—浸润线；3—排水层；4—反滤层。

图5-12 褥垫式排水

④综合式排水。为发挥各种排水形式的优势，实际工程中常根据具体情况将几种排水形式组合在一起，形成综合式排水。例如，若下游高水位持续时间不长，为节省石料可考虑在下游正常高水位以上采用贴坡排水、以下采用堆石棱体排水的方案；还可以采用褥垫式排水与堆石棱体排水组合，贴坡排水、堆石棱体排水与褥垫式排水组合等综合式排水体(图5-13)。

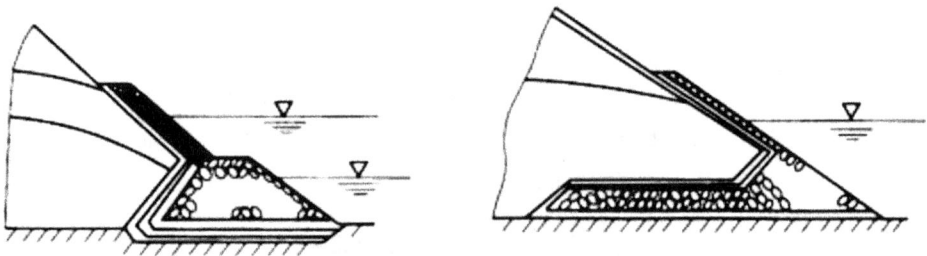

图5-13 综合式排水体

(4)土石坝的护坡。

土石坝设置护坡的目的：防止波浪淘刷，避免雨冲、风扬、冻胀、干裂以及动植物的破坏。除由堆石、卵石、碎石筑成的下游坝坡外，其他均应设置护坡。

①上游护坡。上游护坡的形式有抛石、干砌石、浆砌石、混凝土、钢筋混凝土、沥青混凝土或水泥土等。其中，采用最多的是干砌石护坡，如图5-14所示。干砌石下面要设碎石或砾石垫层，以防波浪淘刷坝坡。

护坡的范围，通常上至坝顶，下至最低库水位以下1.0~1.5倍浪高处，不高的坝常护至坝底。护坡在马道及护坡的最下端应适当加厚，嵌入坝体或坝基内，以增加护坡的稳定性。

②下游护坡。下游护坡可采用干砌石、堆石、卵石、碎石、草皮、钢筋混凝土框格填石或土工合成材料等，护坡范围从坝顶到排水棱体，无排水棱体时应护至坡脚。

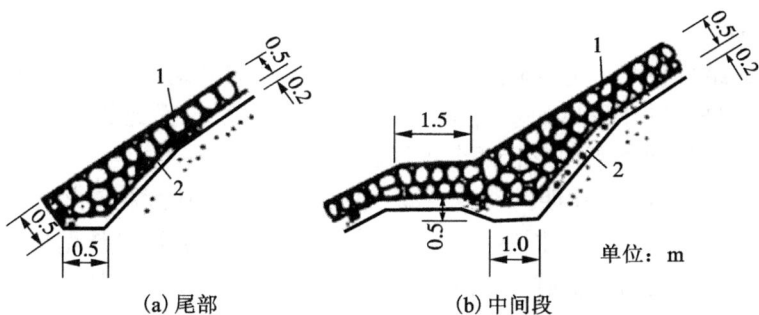

(a) 尾部　　　　　　　　　(b) 中间段

1—干砌石；2—垫层。

图 5-14　干砌石护坡

5.3.3　拱坝

拱坝是固接于基岩上的空间壳体结构，在平面上呈凸向上游的拱形，其立剖面呈竖直的或向上游凸出的曲线形，坝体结构既起拱的作用又起梁的作用，其所承受的水平水压力大部分通过拱的作用传给两岸岩体，小部分通过梁的作用传至坝底基岩，坝体的稳定主要依靠两岸拱端岩体来支承，而不是靠坝体自重来维持。拱坝是一种经济性和安全性均较优越的坝型。

1. 拱坝的特点

（1）依据拱结构的特点，充分利用材料的强度。拱坝是一种推力结构，在外荷载作用下，只要设计得当，拱圈截面上主要承受轴向压力，弯矩较小，有利于充分发挥混凝土或浆砌石材料抗压强度高的特点。拱作用发挥得越大，材料的抗压强度越能充分利用，坝体的厚度可设计得越薄。对适宜修建拱坝和重力坝的同一坝址，建拱坝比建重力坝工程量节省 1/3～2/3。

（2）利用两岸岩体维持稳定。与重力坝利用自身重量维持稳定的特点不同，拱坝将大部分外荷载通过拱作用传至两岸岩体，主要依靠两岸坝肩岩体维持稳定，坝体自重对拱坝的稳定性影响不大。但是，拱坝对坝址地形地质条件要求较高，对地基处理的要求也较为严格。

（3）超载能力强，安全度高。拱坝通常属周边嵌固的高次超静定结构，当外荷载增大或某一部位因拉应力过大而发生局部开裂时，坝体拱和梁的作用将会自行调整，使坝体应力重新分配，不致使坝整体丧失承载能力。结构模型试验成果表明，拱坝的超载能力可以达到设计荷载的 5～11 倍。

（4）抗振性能好。由于拱坝是整体性空间壳体结构，厚度薄，弹性较好，因而其抗振能力较强。

（5）坝身泄流布置复杂。拱坝坝体单薄，坝身开孔或坝顶溢流会削弱水平拱和顶拱作用，并使孔口应力复杂化；坝身下泄水流的向心集中易造成河床及岸坡冲刷。但随着修建拱坝技术水平的不断提高，通过合理的设计，坝身不仅能安全泄流，而且能开设大孔口泄洪。

2. 拱坝的地形和地质条件

（1）地形条件。

由于拱坝的结构特点，地形条件往往是决定坝体结构形式、工程布置和经济性的主要因素。地形条件是针对开挖后的基岩面而言的，常用坝顶高程处的河谷宽度和坝高之比（称为宽高比 L/H）及河谷断面形状两个指标表示。

河谷的宽高比值越小，说明河谷越窄深，拱坝水平拱圈跨度相对较短，悬臂梁高度相对较大，即拱的刚度大，拱作用容易发挥，可将荷载大部分通过拱作用传给两岸，坝体可设计得薄些。反之，宽高比值越大，河谷越宽浅，拱作用越不易发挥，大部分荷载通过梁的作用传给地基，坝断面相对较厚。根据经验，当 $L/H<1.5$ 时，可修建薄拱坝；$L/H=1.5\sim3.0$，可修建一般拱坝；$L/H=3.0\sim4.5$，可修建重力拱坝；$L/H>4.5$ 时，一般认为拱的作用已经很小，不宜修建拱坝。

河谷断面形状是影响拱坝类型及其经济性的重要因素。不同河谷即使具有同一宽高比，断面形状也可能相差很大。对两岸对称的 V 形河谷，靠近底部静水压强虽大，但拱跨较短，所以底拱厚度仍可较薄；对 U 形河谷，由于拱圈跨度自上而下几乎不变，为抵挡随深度而增加的水压力，需增加坝体厚度，故坝体需做得厚些。

（2）地质条件。

地质条件的好坏直接影响拱坝的安全，这是因为拱坝是高次超静定整体结构，地基的过大变形对坝体应力有显著影响，甚至会引起坝体破坏。因此，拱坝对地质条件的要求比其他混凝土坝更严格。较理想的地质条件是岩石均匀单一，有足够的强度，透水性小，耐久性好，两岸拱座基岩坚固完整，边坡稳定，无大的断裂构造和软弱夹层，能承受由拱端传来的巨大推力而不致产生过大的变形。

实际工程中，理想的地质条件是少见的，天然坝址或多或少会存在某些地质缺陷。建坝前须探明地基地质情况，采取相应有效的工程措施进行严格处理。随着拱坝技术水平的提高和基础处理方法的改进，目前国内外已有不少拱坝成功地修建在坝基岩石强度较低或断层、夹层较多或风化破碎带较深的不理想坝址上。如我国青海省的龙羊峡重力拱坝，坝址区的岩体经多次构造运动，节理裂隙极为发育，坝区被较大断层或软弱带切割，经过认真严格的基础处理，工程运行良好。

3. 拱坝的类型

（1）按厚高比（T/H）分类。

拱坝最大坝高处的坝底厚度 T 与坝高 H 之比，称为拱坝的厚高比。

①薄拱坝：$T/H<0.2$。

②中厚拱坝：$T/H=0.2\sim0.35$。

③厚拱坝（重力拱坝）：$T/H>0.35$。

（2）按坝体形态特征分类。

①定圆心、等半径拱坝。圆心的平面位置和外半径都不变，这种拱坝的上游面是垂直的圆弧面，下游面为倾斜的圆弧面，从坝顶向下拱厚逐渐增加，拱的内弧半径相应减小。这种拱坝设计和施工均相对简单，但坝体工程量较大，适用于 U 形河谷，如图 5-15 所示。

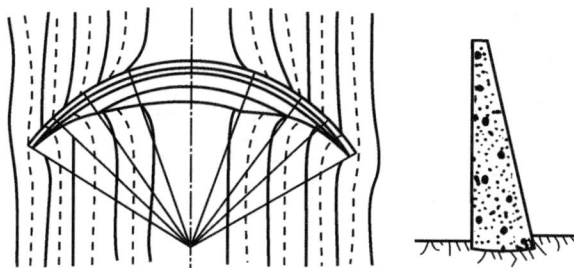

图 5-15　定圆心、等半径拱坝

②等中心角、变半径拱坝。在 V 形河谷，若用等半径布置拱坝，则坝下部拱圈的中心角偏小，对拱坝应力不利，改进的办法是将其改为等中心角、变半径布置，即自上而下保持圆弧的中心角基本不变，而半径则相应逐渐减小，如图 5-16 所示。这种形态的拱坝应力情况较好，也较为经济，但两岸坝段剖面有倒悬，在施工和库空运行条件下会产生拉应力。

③变圆心、变半径双曲拱坝。这是一种圆心平面位置、半径和中心角均随高程变化的坝体类型，如图 5-17 所示。这种形态具有水平向和垂直向双向曲率，梁的作用减弱，而整个坝体保持有足够的刚度。各高程拱圈的参数可根据需要进行调整，以尽量改善应力状态和节省坝体的工程量。所以，尽管在设计和施工方面比较复杂，这种形态还是被广泛采用。

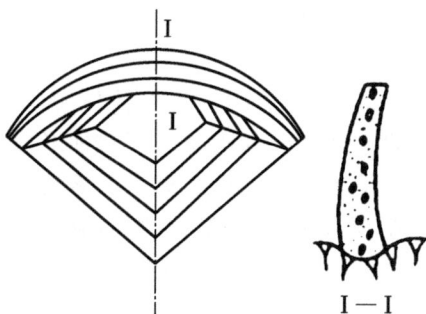

图 5-16　等中心角、变半径拱坝　　　　图 5-17　变圆心、变半径双曲拱坝

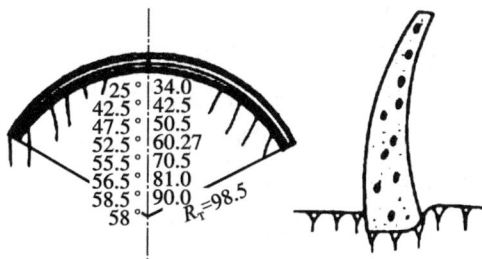

4. 拱坝的坝身泄水

拱坝不仅是挡水建筑物，同时也可根据实际情况及需要设置泄水形式。拱坝的坝身泄水按其设置的位置不同可分为坝顶自由跌流式、坝顶鼻坎挑流式、坝面泄流、坝身孔口泄流和滑雪道式等形式。

（1）坝顶自由跌流式。

水流经过坝顶自由跌入河床，其溢流坝顶通常采用非真空的标准堰型，如图 5-20 所示。这种溢流形式具有结构简单和施工方便的优点，但水舌落水点距坝脚较近，冲刷坑的位置靠近坝基，冲刷严重时会威胁大坝安全，适用于下游河床基岩良好，下游坝坡较陡或向下游倒悬的双曲拱坝。对于高拱坝的坝顶跌流，为了防止发生严重的冲刷，常需采用消能防冲设施，如使用跌流消力池，或在下游设两道坝抬高水位形成水垫消能。

（2）坝顶鼻坎挑流式。

为了加大下泄水流的挑距，常在溢流堰顶曲线末端设置挑流鼻坎。挑流鼻坎多采用连续式结构，如图 5-19 所示，挑坎末端与堰顶之间的高差一般不大于 8 m，大致为堰顶设计水头的 1.5 倍，反弧半径与堰顶设计水头相近。

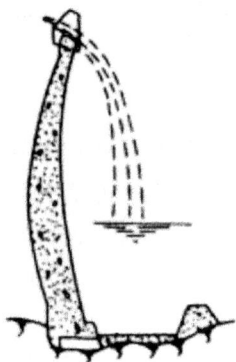

图 5-18　坎顶自由跌流式拱坝剖面　　　　图 5-19　坎顶鼻坎挑流式拱坝坝头剖面

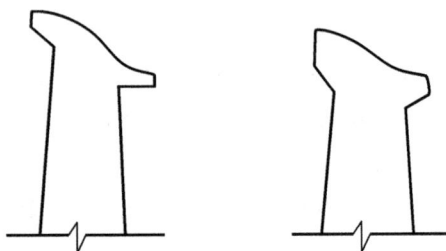

（3）坝面泄流。

坝面泄流是指将水流顺坝面下泄至底部后，经挑流鼻坎或消力池消能的泄水方式，一般只适用于断面较厚，而且下游面有比较规则坡度的重力拱坝。

（4）滑雪道式。

滑雪道式的溢流面由坝顶曲线段、泄槽段和挑流鼻坎段 3 部分组成。泄槽常为坝体轮廓以外的结构部分，可以做成实体结构，也可以做成架空结构或利用电站厂房顶形成。水流过坝后，流经滑雪道式泄槽，由槽末端的鼻坎挑出，使水流在空中扩散，下落到距坝较远的地点，以保证大坝的安全。滑雪道可布置在河床中央或拱坝两端，两侧溢流可使两股水舌互相撞击消能，减轻冲刷。这种形式适用于流量大、河床较窄或河床基岩条件较差需将水流挑至更远处的情况。

（5）坝身孔口泄流。

在拱坝的中部、中高部或低部开设孔口用来辅助泄洪、放空水库或排沙的均属坝身孔口泄流，如图 5-20 所示。位于拱坝坝体中部偏上的泄水孔称为中孔，位于坝体中部偏下的称为深孔，位于底部附近的称为底孔。

如果拱坝坝身设有多个泄水孔，为了取得下游消能的效果，各泄水孔的出口高程可以相互错开。例如，我国二滩拱坝有 6 个中孔，出口就分布在 3 个不同的高程上。

坝身孔口泄流的优点是能够将射出水流送得很远，同时也可以做到对水流落点、挑射轨迹的人为控制；高速水流流道短；初泄流量大，对调洪有利。

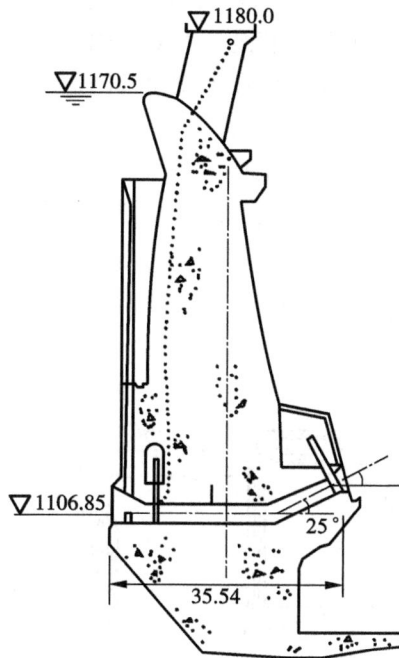

图 5-20　坝身孔口泄流

5.3.4　水闸

水闸是一种利用闸门的启闭来调节水位、控制流量的低水头水工建筑物,既能挡水又能泄水,常与堤坝、船闸、鱼道、水电站、抽水站等建筑物组成水利枢纽,以满足防洪、灌溉、发电、排涝、航运等要求。

1. 水闸的类型

(1)按照水闸所承担的任务来分类。

①进水闸。进水闸常在河道、湖泊的岸边或渠道的首部建造,用于引水灌溉或满足其他用水需要。位于干渠首部的进水闸又称渠首闸。位于支渠首部的进水闸,常称为分水闸。位于斗、农渠首部的进水闸,常称为斗、农门。

②节制闸。节制闸横跨河道或渠道,并位于干、支、斗渠分水口的下游,用以调节水位和流量,以满足上游引水或航运的要求。拦河建筑的节制闸也叫拦河闸。

③冲沙闸。冲沙闸多建在引水枢纽进水闸附近或渠系中沉沙池的末端,用于排除进水闸、节制闸前河道或渠系中沉积的泥沙,以防淤积,也可利用泄水闸排沙。

④分洪闸。分洪闸建在泄洪能力不足的河段上游的适当地点,用于将超过下游河道安全泄量的洪水泄入湖泊、洼地等滞洪区,削减洪峰,保证下游河道的安全。进入滞洪区的水,待外河水低落时,再经排水闸流入原河道。

⑤排水闸。排水闸多建在排水渠出口处,用以排出河岸附近低洼地区的积水,使农田不受涝渍。当汛期外河水位较高时,可以关闸防止倒灌,避免洪灾;当外河水位较低时,

开闸排涝，防止涝害。因此，排水闸具有双向挡水的作用。

⑥挡潮闸。沿海地区为了防止海潮倒灌入河，需在海岸稳定的河口修建挡潮闸。挡潮闸还可以用来抬高内河水位，满足蓄淡灌溉的需要。内河河段两岸受涝时，可利用挡潮闸在退潮时排涝。挡潮闸建有通航孔的，可在平潮时开闸通航。

（2）按照闸室的结构形式分类。

①开敞式水闸。开敞式水闸的闸室上面是开敞的，没有填土，是水闸中广为采用的形式。有排冰、过木要求的水闸，应采用开敞式水闸，泄洪闸也宜采用这种形式［图5-21(a)］。

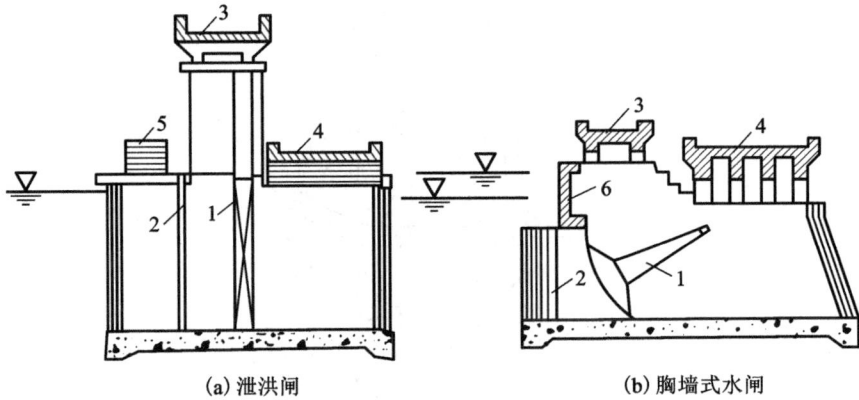

(a) 泄洪闸　　　　　　　　　　(b) 胸墙式水闸

1—工作闸门；2—检修闸门；3—工作桥；4—交通桥；5—便桥；6—胸墙。

图5-21　开敞式水闸闸室结构形式

当上游水位变幅较大而过闸流量不很大时，可采用胸墙式水闸。它是开敞式水闸加设胸墙形成的一种水闸［图5-21(b)］。胸墙式水闸可降低闸门高度，并减小启门力。

②涵洞式水闸。水闸修建在河(渠)堤之下时，则称为涵洞式水闸。它的适用条件基本上与胸墙式水闸相同。涵洞式水闸的填土顶部高程应不低于两侧堤顶高程。根据水流条件的不同，涵洞式水闸分为有压式和无压式两类(图5-22)。

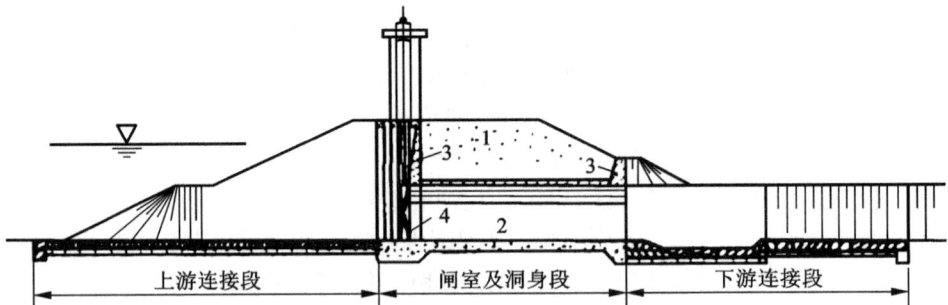

上游连接段　　　　　　闸室及洞身段　　　　　　下游连接段

1—堤坝；2—涵洞；3—挡土墙；4—工作闸门。

图5-22　涵洞式水闸闸室结构形式

2. 水闸的工作特点

水闸多修建在土基上,是既挡水又泄水的建筑物。当水闸挡水时,在上下游水位差的作用下,闸基和两岸均易产生渗流,渗流所产生的向上的渗透压力会削减水闸的有效重量;若上下游水位差较大,产生的水平向水压力也较大,有可能使水闸产生向下游滑动,降低水闸的抗滑稳定性。因此,水闸必须有足够的重量维持自身的稳定。

渗流还可能引起闸基和两岸产生管涌和流土等渗透变形,严重时会使闸基和两岸的土壤被掏空,危及水闸的安全。因此,水闸应有妥善的防渗设施,防止产生渗透变形。

水闸过水时,过闸水流具有较大的动能,会对下游产生严重的冲刷,引起水闸失事。因此,水闸下游必须采取有效的消能防冲措施,防止产生冲刷破坏。

土基上的水闸,由于地基的抗剪强度低,压缩性较大,在自重和外荷载的作用下,可能产生较大的沉陷,导致水闸倾斜,严重时会引起水闸断裂。因此,必须选择合理的水闸形式、施工程序及地基处理的方法等,以减小过大沉降和不均匀沉降。

3. 水闸的组成

水闸由闸室段、上游连接段和下游连接段三部分组成,如图 5-23 所示。

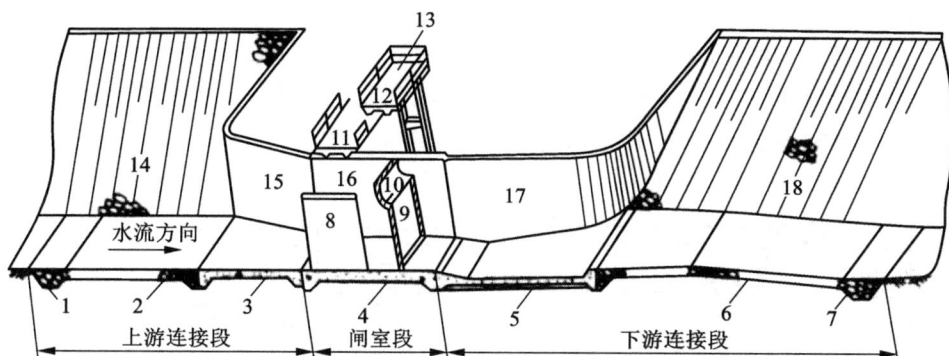

1—上游防冲槽;2—上游护底;3—防渗铺盖;4—底板;5—消力池;6—海漫;
7—下游防冲槽;8—闸墩;9—闸门;10—胸墙;11—交通桥;12—工作桥;
13—启闭机;14—上游护坡;15—上游翼墙;16—边墩;17—下游翼墙;18—下游护坡。

图 5-23 水闸的组成

(1)闸室段。闸室段是水闸的主体,作用是调节水位和控制流量,包括底板、闸墩、闸门、胸墙、工作桥和交通桥等。底板是闸室的基础,承受闸室的全部荷载,并传递给地基。水闸利用底板与地基间的摩擦力维持闸室的稳定,底板还兼起防渗和防冲的作用。闸墩的作用是分隔闸孔,支撑闸门和上部的桥梁。工作桥供布置启闭设备和工作人员操作、检修之用。交通桥用于连接两岸交通。

(2)上游连接段。上游连接段主要作用是将上游来水平顺地引进闸室,防止冲刷,包括防渗铺盖、上游护底、上游防冲槽、上游翼墙和上游护坡等。防渗铺盖起防渗和防冲作用;上游护底、上游防冲槽和护坡主要是防止进闸水流冲刷上游河床及岸坡,以免引起闸室破坏。

（3）下游连接段。下游连接段的主要作用是消能防冲，包括消力池、海漫、下游防冲槽、下游翼墙、下游护坡等。消力池紧接闸室布置，主要作用是消能，兼起防冲作用；海漫的作用是进一步消除水流余能，均匀扩散水流，防止河床产生冲刷破坏。防冲槽是防止下游河床产生的冲坑向上游蔓延的防冲加固措施。下游翼墙的作用是引导过闸水流均匀扩散，保护两岸免受冲刷。在海漫和防冲槽范围内，两岸应做护坡，防止岸坡受到冲刷。

4. 水闸的构造

（1）消力池。

水闸过水时，易产生多种不利的水流形态，会对下游产生有害冲刷，因此必须采取相应的消能措施。水闸一般都采用底流式消能。底流式消能通常需要设置消力池。消力池构造组成：消力池护坦，其作用为形成消力池底，并保护河道底不产生冲刷；斜坡段，其作用为将水流平稳引入池内；护坦末端处的尾槛，主要作用是促成底流式流态的形成并与下游侧的海漫连接；护坦的中后部一般应设排水孔，在护坦底部铺设反滤层，排水孔孔径一般为 5～25 cm，间距为 1.0～3.0 m，呈梅花形布置。

消力池底板同闸室底板和下游翼墙之间均应设缝，以适应地基的不均匀沉陷和混凝土温度变形。

（2）海漫。

过闸水流经消力池消能后，仍有部分剩余能量对河床和岸坡产生冲刷。因此，在消力池的后面仍应采取防冲加固措施，进一步消除水流余能。土基上水闸采用的下游防冲加固措施通常是设置海漫和防冲槽（图 5-24）。

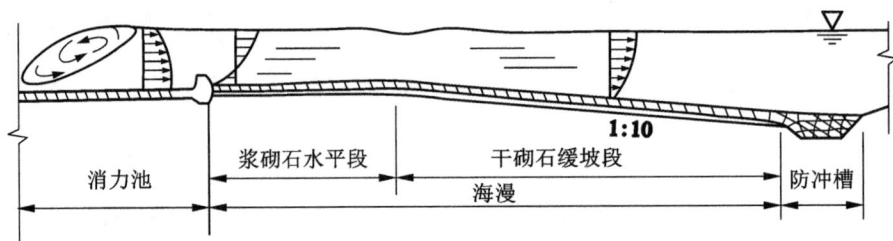

图 5-24 海漫和防冲槽布置示意图

海漫的长度取决于水流剩余能量的大小、水流扩散情况及河床土质的防冲能力。海漫的材料要求有一定的柔性、粗糙度和透水性。常用的海漫形式有：

①干砌石海漫。如图 5-25（a）所示，干砌石海漫采用的块石直径应大于 30 cm，砌筑厚度为 0.3～0.6 m，下面铺设厚度各为 10～15 cm 的粗砂、碎石垫层。其抗冲流速为 2.5～4.0 m/s。干砌石海漫多设置在海漫中、后段。

②浆砌石海漫。浆砌石海漫常以粒径大于 30 cm 的块石，用强度等级为 M5 或 M8 的水泥砂浆砌筑而成，厚度为 0.3～0.5 m。其抗冲流速为 3.0～6.0 m/s，一般设于海漫前端 5～10 m 的范围内，因为此处水流流速较大、紊动剧烈。浆砌石海漫透水性差，因此其上多设有排水孔，下面铺设反滤层［图 5-25（b）］。

③混凝土、钢筋混凝土海漫。缺少石料地区或流速较大时，可用边长为 2～5 m、厚度

为 0.2~0.3 m 的钢筋混凝土或混凝土板做海漫，如图 5-25(c)、图 5-25(d)所示。其抗冲流速为 6.0~10.0 m/s，为增加粗糙度，可采用斜面或成垛拼铺形式。

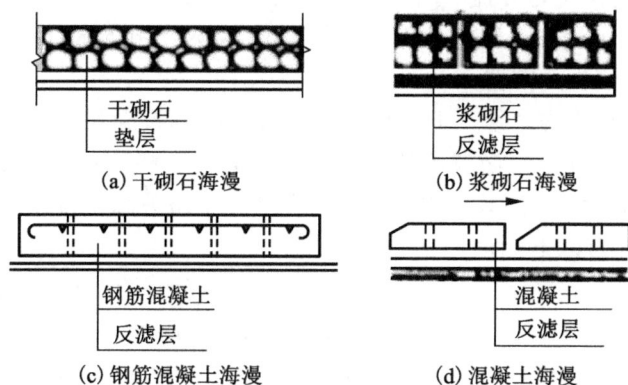

(a) 干砌石海漫　　　　(b) 浆砌石海漫

(c) 钢筋混凝土海漫　　　　(d) 混凝土海漫

图 5-25　海漫构造示意图

海漫的布置，在紧接消力池的一段，因流速较大，水流紊动剧烈，可设成水平的，宜采用混凝土海漫、浆砌石海漫或用较大块石铺砌，下面铺设反滤层；接下来的斜坡段，可用干砌石铺筑，下设垫层。

(3)防冲槽。

海漫虽然可以进一步消除水流余能，但仍不能完全避免冲刷。为使下游河床不产生冲刷破坏，在海漫末端设防冲槽，槽内填以块石。当海漫后河床发生冲刷时，槽内块石自动塌下保护冲刷坑的上游斜坡，防止冲刷坑向上游扩展。防冲槽多做成梯形断面，槽内块石量稍多于冲刷坑形成后上游坡护面所需要的块石量。为便于施工，实际工程中多采用宽浅式断面的防冲槽，槽深为 1.5~2.0 m，梯形断面的两腰按河床土质的安全坡度确定。

距河床不深处有坚硬土层时，可在海漫末端将板桩打入或将深齿墙做到坚硬土层中，形成截断式防冲墙。如坚硬土层很深，应将齿墙或板桩打到可能的冲坑深度以下，在墙或板桩后用堆石保护。

(4)上游河床和上下游岸坡的保护。

水流自上游河床流向闸室，流速逐渐加大，对河床和岸坡可能造成冲刷。因此，应在上游靠近铺盖的一段河床和岸坡用砌石保护一定的长度。其顺水流方向的长度，一般为上游水深的 3~5 倍。愈靠近铺盖的一段，流速愈大，可用浆砌块石护底护坡；愈向上游，流速渐为正常状态，可用干砌块石保护。当土质抗冲能力较低时，护底的上游端还应设置厚度为 1.0 m 左右的防冲槽。块石保护层的厚度通常取 0.3~0.5 m，其下应铺设垫层。

下游岸坡因受较大流速和水面波动的影响，应设护坡。护坡的长度应大于河底防护长度。护坡下应铺设垫层，以防止水流淘刷或水位降落时河岸土粒被渗流带走。护坡末端应设置一道深度较大的砌石齿墙。

为了增加护砌的稳定性，把护砌(特别是干砌石)可能发生破坏的面积限制在一定的范围内，在块石护砌段，纵、横向每隔 8~10 m 设置浆砌石石埂一道，断面尺寸为 0.3 m×0.5 m。

5. 水闸的两岸连接建筑物

水闸与两岸连接处应设置连接建筑物，包括上、下游翼墙，边墩或岸墙，刺墙和导流墙等。连接建筑物的作用是导流、挡土、防渗、防冲和改善闸室受力状况，它是水闸中比较重要的组成部分，工程量一般占总工程量的15%~40%，孔数越少，所占比重越大。

（1）两岸连接建筑物的布置。

①上、下游翼墙的布置。上、下游翼墙顺水流方向的投影长度，应分别大于或等于铺盖、消力池的长度。平面上上游翼墙的收缩角可适当大一些，下游扩散角应有所限制，不宜大于7°。翼墙顶高程，一般均应高于最不利的上、下游最高水位。

翼墙的布置形式有以下几种：

反翼墙。翼墙自闸室向上、下游延伸一段距离，然后垂直流向插入河岸。为改善水流条件，可在转角处做成圆弧形，如图5-26(a)所示，或者将上、下游翼墙都做成圆弧形。如为单向水头水闸，下游翼墙尽量采用八字墙，如图5-26(a)所示。小型水闸的翼墙自闸室处即垂直插入堤岸，叫作一字墙，如图5-26(b)所示。

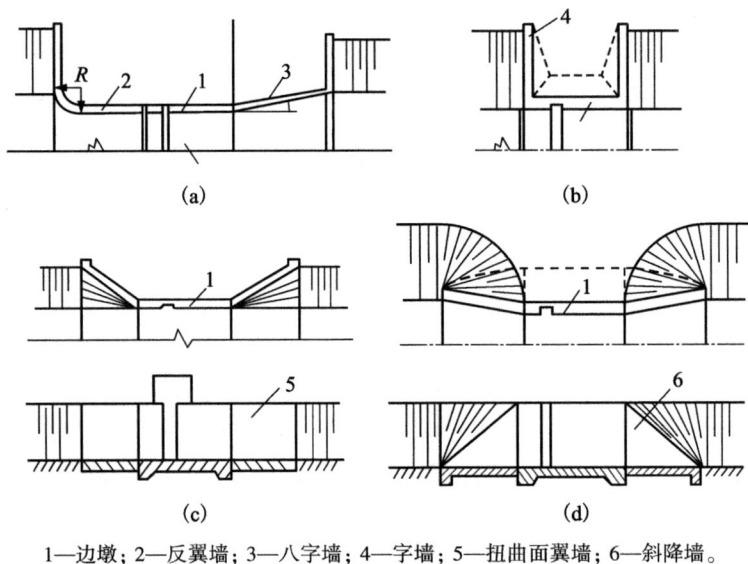

(a)   (b)

(c)   (d)

1—边墩；2—反翼墙；3—八字墙；4—字墙；5—扭曲面翼墙；6—斜降墙。

图5-26 翼墙平面布置形式

扭曲面翼墙。翼墙迎水面是由与闸室连接处的垂直面，向上、下游逐渐变为倾斜面，与河岸的护坡同坡度并相连。断面形式在闸室端为重力式挡土墙断面，另一端则为护坡形式，如图5-26(c)所示。这种布置形式的水流条件好，工程量小，但施工复杂，墙身易产生断裂。

斜降墙。翼墙在平面上布置成八字形，随着翼墙向上、下游延伸，其高度逐渐降低，最后与河底相连，如图5-26(d)所示。这种布置形式防渗条件差，泄流时闸孔附近易产生立轴漩涡，但工程量较省，施工简单，故水头差较小的小型水闸多采用。

②边墩或岸墙的布置。边墩或岸墙是闸室段的两岸连接建筑物。边墩一般是靠近岸边的闸墩，岸墙则是一种挡土结构。其在工程中常见的布置形式有以下几种。

a. 边墩连接式。当闸室不太高或地基承载力较大时,可利用边墩直接与两岸或土坝连接。边墩和闸室底板可以连成整体,也可分开(图 5-27)。此时,边墩除起支承闸门及上部结构、防冲、防渗、导水作用外,还起挡土作用。

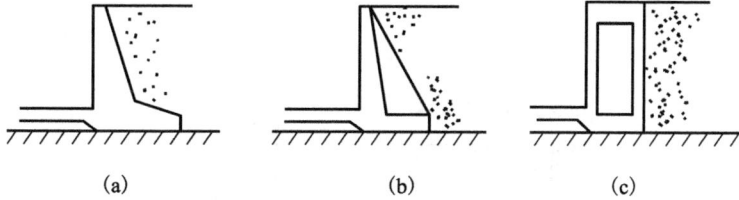

(a)　　　　　　　　(b)　　　　　　　　(c)

图 5-27　边墩连接式

b. 岸墙连接式。当闸室较高或地基软弱时,在边墩后面另设置岸墙,起挡土作用,边墩只起闸墩作用。这种布置可以减小边墩和底板的内力,减少不均匀沉陷,如图 5-28 所示,其优点是可大大减轻边墩负担,改善闸室受力条件。

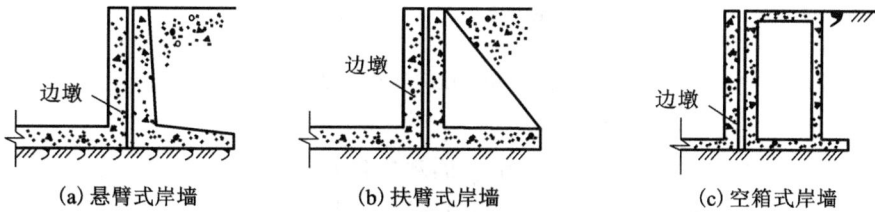

(a)悬臂式岸墙　　　　　(b)扶臂式岸墙　　　　　(c)空箱式岸墙

图 5-28　岸墙连接式

c. 护坡连接式。当地基承载力过低时,还可采用保持河岸的原有坡度或将土坝修整成稳定边坡的形式,用钢筋混凝土挡土墙连接边墩与河岸或土坝,边墩不挡土,如图 5-29 所示。

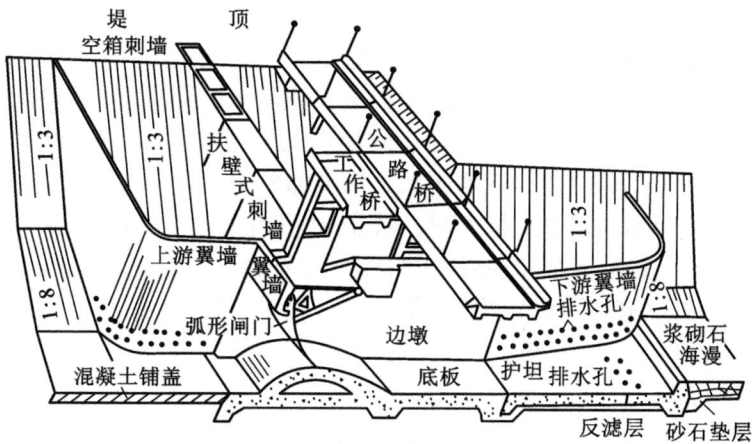

图 5-29　护坡连接式

（2）两岸连接建筑物的结构形式。

两岸连接建筑物的结构形式主要有重力式、悬臂式、扶壁式和空箱式等。

①重力式。其墙身用混凝土或浆砌石建造，高度一般不大于 5 m，底板常用混凝土浇筑，厚 0.4~0.6 m，如图 5-30(a) 所示。为减小土压力，重力式挡土墙可做成衡重式 [图 5-30(b)]。

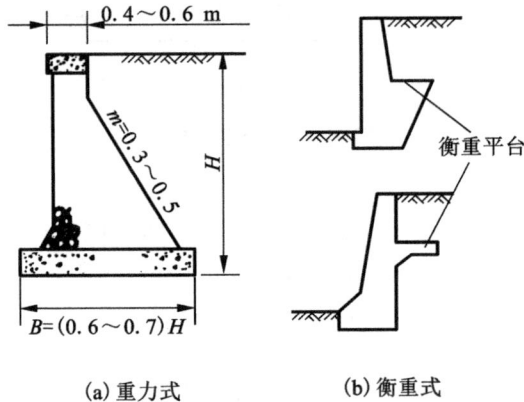

图 5-30 重力式挡土墙

②悬臂式。其用钢筋混凝土建造，由直墙和底板组成的一种轻型挡土结构直墙，高度一般不大于 6 m。其用作翼墙时，断面为倒 T 形；用作岸墙时，则为 L 形。

③扶壁式。其由直墙、底板和扶壁(或称扶垛)三部分组成，利用直墙和扶壁共同挡土，可采用钢筋混凝土结构，也可采用浆砌石结构。

④空箱式。当挡土高度较高，且地基承载能力较低时，可采用空箱式。空箱式多用钢筋混凝土结构，也有用浆砌石建造墙身，而底板为钢筋混凝土材料。

5.3.5 河岸溢洪道

溢洪道是水库枢纽中的主要建筑物之一，它承担着宣泄洪水、保护工程安全的重要任务。溢洪道可以与拦河坝相结合，做成既能挡水又能泄水的溢流坝式(河床式溢洪道)；也可以在坝体以外的河岸上修建溢洪道(河岸式溢洪道)。当拦河坝适于坝顶溢流时，采用前者是经济合理的；但当拦河坝是土石坝时，几乎都采用河岸溢洪道；在薄拱坝或轻型支墩坝的水库枢纽中，当水头高、流量大时，也应以河岸溢洪道为主；在重力坝的水库枢纽中，如果河谷狭窄、布置溢流坝和坝后电站有矛盾，而河岸又有适于修建溢洪道的条件时，也应考虑修建河岸溢洪道。因此，河岸溢洪道的应用是很广泛的。

1. 正常溢洪道

（1）正槽式溢洪道。

这种溢洪道的形式如图 5-31 所示。它的泄水槽与堰上水流方向一致，故水流平顺，超泄能力大，结构简单，运用安全可靠，是一种采用最多的溢洪道形式。通常所称的河岸溢洪道即指这种溢洪道。其适用于各种水头和流量，当枢纽附近有适宜的马鞍形垭口和有利的地质条件时，采用这种溢洪道最为合理。

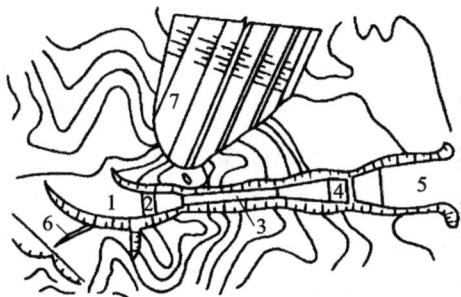

1—引水渠；2—溢流堰；3—泄水槽；4—消力池；
5—尾水渠；6—非常溢洪道；7—土石坝。

图 5-31　正槽式溢洪道

（2）侧槽式溢洪道。

这种溢洪道的特点是水流过堰后约转 90°弯，经泄水槽流入下游，如图 5-32 所示，因而水流在侧槽中的紊动和撞击都很强烈，且距坝头较近，直接关系到大坝的安全。侧槽式溢洪道适用于坝址两岸地势较高、岸坡较陡的中小型水库。

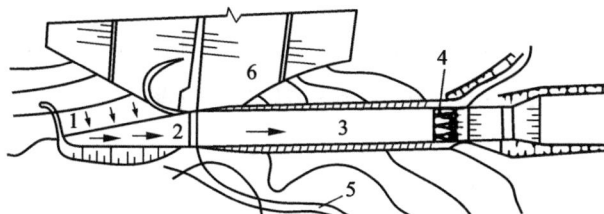

1—溢流堰；2—侧槽；3—泄水槽；4—消能段；5—上坝公路；6—土石坝。

图 5-32　侧槽式溢洪道

（3）井式溢洪道。

井式溢洪道由进水喇叭口、渐变段、竖井和泄水隧洞等部分组成。进水喇叭口是一个环形溢流堰，水流过堰后，经竖井和泄水隧洞流入下游。泄水隧洞如能利用施工导流隧洞，可使溢洪道的造价大为降低。井式溢洪道适用于岸坡较陡峻、地质条件好、地形条件适宜的情况。其缺点是水流条件复杂，超泄能力低，故应用较少。

（4）虹吸式溢洪道。

它是由具有虹吸作用的曲管和淹没在上游水位以下的进口（又叫遮檐）组成的，在水库正常高水位以上设有通气孔，当上游水位超过正常高水位时，淹没通气孔，水流溢过曲管顶部经挑流坝下泄，虹吸作用发生而自动泄水；当水库水位下降至通气孔以下时，由于空气进入，虹吸作用自动停止。这种溢洪道的优点是可自动调节水位，缺点是构造复杂，超泄能力较小，且易堵塞，故应用较少。

由于正槽式溢洪道和侧槽式溢洪道的整个流程是完全开敞的，故又叫作开敞式溢洪道，而把井式溢洪道和虹吸式溢洪道叫作封闭式溢洪道。

2. 非常溢洪道

溢洪道是保证水库安全运行的设施，但它只在遇到洪水时才启用。一般常遇洪水只需启用正常溢洪道。但当遇有超过设计标准的洪水时，在正常溢洪道不能及时宣泄超标准洪水的情况下，应启用非常溢洪道。由于超标准洪水出现的概率极少，所以可用构造简单的非常溢洪道来宣泄。较常用的非常溢洪道有漫顶自溃式、引冲自溃式和爆破引溃式三种。

（1）漫顶自溃式非常溢洪道。

这种溢洪道由自溃式土石坝、溢流堰和泄槽组成，正常情况下可以拦蓄洪水，当水位超过一定高程时，水流漫顶自动冲开土石坝泄洪(图5-33)。这种形式的优点是结构简单、造价较低、施工方便，但需要有合适的地形地质条件；缺点是运行的灵活性较差，无法进行人工控制，可能造成溃坝的提前或延迟，一般只适用于自溃坝高度较低，分担泄洪比重不大的情况。

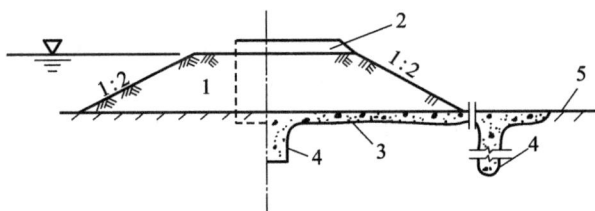

1—土堤；2—隔墙；3—混凝土护面；4—混凝土截水墙；5—草皮护面。

图5-33　漫顶自溃式非常溢洪道(单位：m)

（2）引冲自溃式非常溢洪道。

这种溢洪道是在自溃坝顶部设置低于坝顶的引冲槽，当水位上升时，水流经过引冲槽冲开缺口，而后向两侧扩展，使土石坝在较短的时间内自行溃决。该种自溃坝的优点是溃决过程中泄量逐渐增加，对下游防护较有利，当设置较长的自溃坝时，可分段并在不同坝顶高程设引冲槽，泄洪效果更好。

（3）爆破引溃式非常溢洪道。

这种溢洪道是利用炸药的爆炸能量，使非常溢洪道进口的副坝坝体形成一定尺寸的爆破缺口，起引冲槽作用，使整个副坝溃决来泄放库区里多余的水量。其优点是引爆破坝可靠程度较高，因此，保护主体大坝的安全度较高。

5.4　输水建筑物

5.4.1　渠道

1. 渠道及渠系建筑物

渠道是用来输送水流以满足灌溉、发电、排水或通航等要求而开挖或填筑的人工河渠。

当渠道越过障碍时，需要在渠系上修建各种类型的建筑物，统称为渠系建筑物。渠系建筑物的种类较多，按其主要作用可分为以下几种：

(1)控制建筑物，也称配水建筑物，主要用以控制渠道的水位和分配流量，以满足用水要求，如进水闸、节制闸、分水闸等。

(2)泄水建筑物，是为了保护渠道及建筑物的安全，泄放多余水量或放空渠水的建筑物，如溢流堰、泄水闸、退水闸等。

(3)交叉建筑物，是指渠道与山冈、河谷、洼地、道路、桥梁等交叉时所修建的建筑物，可跨越障碍，输送水流，有渡槽、倒虹吸管、涵洞、隧洞等。

(4)落差建筑物，也称衔接建筑物，是指渠道通过地面坡度较大的地段时，为使渠底纵坡符合设计要求，避免深挖高填，调整渠底比降，将渠道落差集中而修建的建筑物，如跌水、陡坡等。

(5)量水建筑物，是指用以计量输水或配水的专门设施，如量水堰、量水槽、量水喷嘴等。工程中常利用水闸、渡槽、陡坡、跌水、倒虹吸等建筑物进行量水。

(6)冲沙和沉沙建筑物，为防止渠道淤积，在渠首或渠系中设置冲沙和沉沙设施，如冲沙闸、沉沙池或沉沙条渠等。

灌溉渠道一般可分为干、支、斗、农、毛五级，构成灌溉系统，如图 5-34 所示。

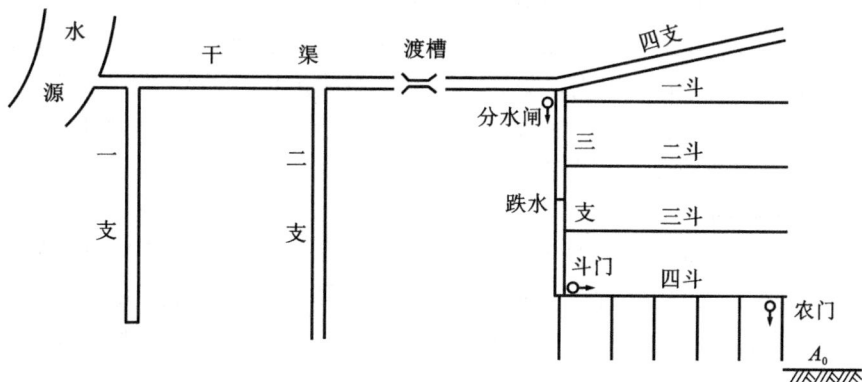

图 5-34　灌溉系统布置示意图

其中,前四级为固定渠道,最后一级多为临时性渠道。一般干、支渠主要起输水作用,称为输水渠道;斗、农渠主要起配水作用,称为配水渠道。

2. 渠道的选线

渠道的线路选择,关系到灌区合理开发、渠道安全输水及降低工程造价等关键问题,应综合考虑地形、地质、施工条件及挖填平衡、便于管理养护等因素。

(1)地形条件。

在平原地区,渠道路线最好选为直线,并力求选在挖方与填方相差不大的地方。如不能满足这一条件,应尽量避免深挖方和高填方地带,转弯也不应过急,对于有衬砌的渠道,转弯半径应不小于渠道水面宽度的2.5倍,对于不衬砌的渠道,转弯半径应不小于渠道水面宽度的5倍。

在山坡地区,渠道路线应尽量沿等高线方向布置,以免产生过大的挖填方量。当渠道通过山谷、山脊时,应对高填、深挖、绕线、渡槽、穿洞等方案进行比较,从中选出最优方案。

(2)地质条件。

渠道线路应尽量避开渗漏严重、流沙、泥泽、滑坡以及开挖困难的岩层地带。必要时,可对多种方案进行比较,如采取防渗措施以减少渗漏;采用外绕回填或内移深挖以避开滑坡地段;采用混凝土或钢筋混凝土衬砌以保证渠道安全运行等。

(3)施工条件。

为了改善施工条件,确保施工质量,应全面考虑施工时的交通运输、水和动力供应、机械施工场地、取土和弃土位置等条件。

(4)管理要求。

渠道的线路选择要和行政区划分及土地利用规划相结合,确保每个用水单位均有独立的用水渠道,以便于运用和管理维护。

总之,渠道的线路选择必须重视野外踏勘工作,从技术、经济等方面仔细分析比较,才能使渠道运用方便、安全可靠、经济合理。

3. 渠道的纵、横断面设计

合理的渠道断面,应能满足以下几方面的具体要求:有足够的输水能力,以满足用水需要;有足够的水位,以满足自流输水的要求;有稳定的边坡,以保证渠道不坍塌、不滑坡;有适宜的渠道水流速度,以满足渠道不冲、不淤或周期性冲淤平衡的要求;有合理的断面形式,以减少渗透损失,提高输水利用系数;满足综合利用要求,做到一专多能;尽量使工程量最小,以有效减少工程投资。

(1)渠道的纵断面。

渠道纵断面设计合理与否,关系到渠道输水能力的大小、控制灌溉面积的多少、工程造价的高低及渠道的稳定与安全。因此,渠道纵坡选择时应注意以下几项原则:一般尽量接近地面坡度,以避免深挖高填;易冲刷的渠道,纵坡宜缓,地质条件好的渠道,纵坡可适当陡一些;水流含沙量小时,应注意防冲,纵坡宜缓;含沙量大时,应注意防淤,纵坡宜陡;流量方面,流量大时纵坡宜缓,流量小时可稍陡些。

渠道的纵坡 i 应根据地形、地质条件和渠道的重要性而定。一般干渠纵坡为 $1/10000 \sim 1/5000$,支渠为 $1/3000 \sim 1/1000$,农渠和毛渠可陡于 $1/1000$。在进行纵坡设计时，应尽量使挖方和填方大致相等。

为了便于渠道的运用管理和保证渠道的安全，堤顶应有一定的宽度和超高。一般情况下，可以根据渠道设计流量的大小，参考表 5-5 确定。如果渠道的堤顶与交通道路相结合，则堤顶应根据交通要求确定。

表 5-5　堤顶宽度和安全超高数值

项目	田间毛渠	固定渠道流量/(m³·s⁻¹)						
		<0.5	0.5~1	1~5	5~10	10~30	30~50	>50
超高/m	0.1~0.2	0.2~0.3	0.2~0.3	0.3~0.4	0.4	0.5	0.6	0.8
顶宽/m	0.2~0.5	0.5~0.8	0.8~1	1~1.5	1.5~2	2~2.5	2.5~3	3~3.5

（2）渠道的横断面。

渠道横断面的形状，一般采用梯形，它便于施工，并能保持渠道边坡的稳定，如图 5-35（a）、图 5-35（c）所示。在坚固的岩石中开挖渠道时，宜采用矩形断面，以节省工程量，如图 5-35（b）、图 5-35（d）所示。当渠道通过城镇工矿区或斜坡地段，渠宽受到限制时，可采用混凝土等材料予以砌护，如图 5-35（b）、图 5-35（d）所示。

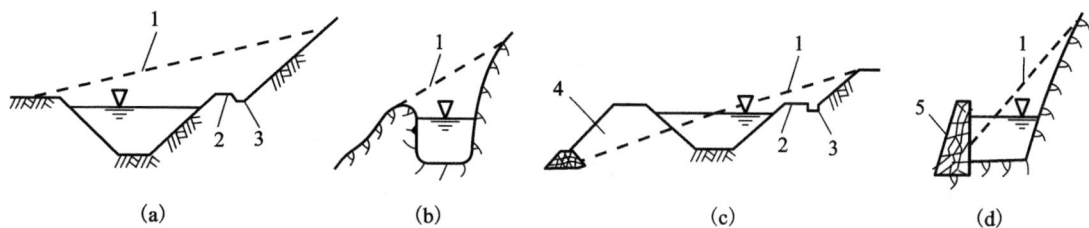

1—原地面线；2—马道；3—排水沟；4—填方堤；5—浆石堤。

图 5-35　渠道横断面图

渠道的断面尺寸，一般应根据使用要求，通过水力计算确定。设计时应根据设计流量设计，按照加大流量校核。

对梯形渠道，断面设计参数主要包括边坡系数 m，糙率 n，渠底纵坡 i，断面宽深比 α（$\alpha = \dfrac{b}{h}$，b 为底宽，h 为渠道水深）等，根据设计参数即可根据流量公式确定渠道断面尺寸。

流量公式为 $Q = AC\sqrt{Ri}$，其中，A 为过水断面面积，C 为谢才系数，$C = \dfrac{1}{n}R^{\frac{1}{6}}$，$R$ 为水力半径。此外，还需满足渠床稳定要求，即渠道满足不冲、不淤的要求。

梯形土质渠道两侧的边坡系数，应根据土质情况和开挖深度或填土高度确定，一般取 1~2。对于挖深大于 5 m 或填土高度超过 3 m 的土坡，必须根据稳定条件确定，计算方法同土石坝的边坡稳定计算。为使边坡稳定及便于管理，对于边坡较高的情况，沿高度每隔 4~6 m 设一马道，马道宽 1.5~2.0 m，在马道内侧设排水沟，如图 5-36 所示。

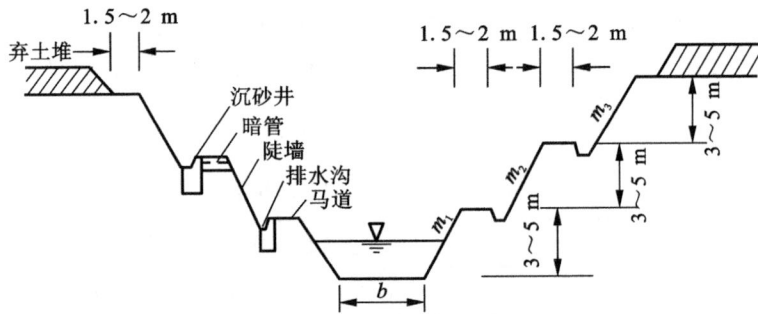

图 5-36 深挖方渠道横断面图

渠道的糙率 n 是反映渠床粗糙程度的指标,主要依据渠道有无护面、养护、施工情况等选择确定。一般渠道可参考有关水力计算表格加以选定,应尽量接近实际值,大型渠道应通过试验分析确定。

渠道的纵坡 i 应根据纵断面设计要求确定,一般情况下,可参考表 5-6 所列数值。

表 5-6　渠道坡降一般数值

渠道级别	干渠	支渠	斗渠	农渠
平原灌区	1/10000~1/5000	1/5000~1/3000	1/5000~1/2000	1/3000~1/1000
滨湖灌区	1/15000~1/8000	1/8000~1/6000	1/5000~1/4000	1/3000~1/2000
丘陵灌区	1/5000~1/2000	1/3000~1/1000	石渠 1/500;土渠 1/2000	石渠 1/300;土渠 1/1000

渠道断面宽深比 α:一般情况下,流量大,含沙量小,渠床土质较差时多用宽浅式渠道,反之,则宜采用窄深式渠道。

4. 渠道的构造

渠道的边坡系数 m 取决于土壤的条件,填方的边坡要比挖方的平缓,深水渠道的边坡要比浅水渠道的边坡平缓,土渠一般采用 $m=1~2$。

复式断面的渠道,为使边坡稳定和管理方便,每隔 4~6 m 应设一平台,平台宽 1.5~2 m,并在平台内侧设排水沟。

渠道可以设衬砌以防渗漏、保护边坡不受冲刷、减小糙率和增加稳定性。渠道衬砌的形式很多,常用的有砌石护面、沥青护面、混凝土护面、土工膜、无纺布及混凝土膜袋等。

5.4.2　渡槽

渡槽是渠道跨越河渠、道路、山谷等而修建的过水的桥梁式渡槽纵剖面图如图 5-37 所示。

渡槽由槽身、支承结构、基础及进出口建筑物等部分组成。渠道通过进出口建筑物与槽身相连,槽身置于支承结构上,槽身重及槽中水重通过支承结构传给基础,再传至地基。

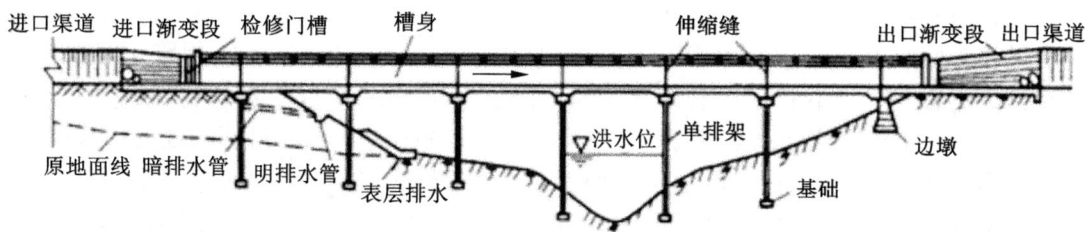

图 5-37　梁式渡槽纵剖面图

　　按渡槽的支承结构分类，主要有梁式渡槽（图 5-37）、拱式渡槽（图 5-38）等。按槽身断面分类，常见的有矩形槽[图 5-39(a)为有拉杆矩形槽身，图 5-39(b)为无拉杆矩形槽身]和 U 形槽[图 5-39(c)]两大类。按所用材料分类，有木渡槽、砖石渡槽、混凝土渡槽、钢筋混凝土渡槽、钢丝网水泥渡槽等。按施工方法分类，有现浇整体式、预制装配式及预应力渡槽。

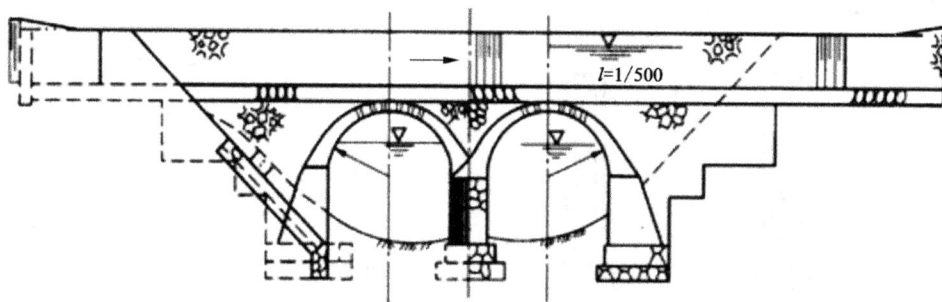

图 5-38　拱式渡槽

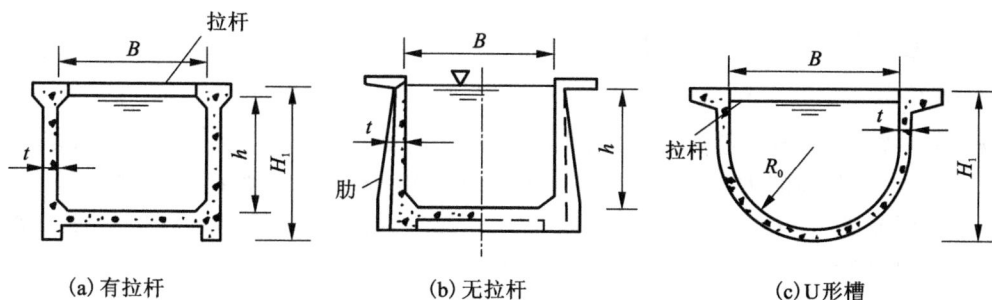

图 5-39　槽身断面型式

梁式渡槽的槽身置于槽墩或槽架上,因其纵向受力与梁相同,故称为梁式渡槽。根据支承位置的不同,梁式渡槽的类型可分为简支梁式、双悬臂梁式、单悬臂梁式和连续梁式。简支梁式渡槽如图 5-37 所示。其特点是结构形式简单,施工吊装方便,但跨中弯矩较大,整个槽身底板受拉,不利于抗裂防渗,因此限制了渡槽的跨度。双悬臂梁式渡槽如图 5-40(a) 所示。与简支梁式渡槽相比,其跨中最大弯矩较小,因此可选用较大的跨度,但其缺点为:由于重量大,施工吊装较困难,当悬臂顶端变形时,接缝处止水容易被拉裂。单悬臂梁式渡槽如图 5-40(b) 所示,一般用在靠近两岸的槽身,或在双悬臂梁式向简支梁式过渡时采用。连续梁式渡槽为超静定结构,弯矩较小,但是适应不均匀沉陷的能力较差。梁式渡槽的槽身横断面形状多为矩形,小流量情况下一般采用矩形,也可采用 U 形断面。槽身多为钢筋混凝土结构,U 形槽还可采用钢丝网水泥结构。中小型渡槽无通航要求时,可在槽顶设拉杆,增加稳定性,拉杆间距为 1~2 m。为适应变形,各节槽身之间及渡槽与进出口建筑物之间应设变形缝,缝宽一般为 3~5 cm,缝内设止水片。梁式渡槽的槽身搁置在墩架上,跨径在 10 m 以内时,一般不设专门的支座,直接支承在油毡或水泥砂浆的垫层上,垫层厚度不应小于 10 mm。跨径较大时,在支点处设置两块支座钢板。

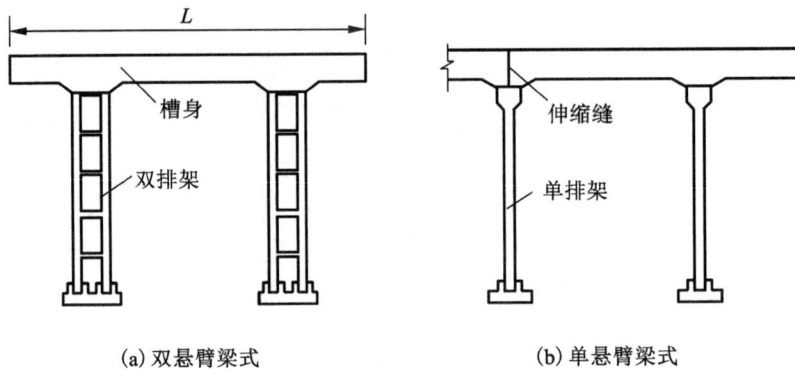

(a) 双悬臂梁式   (b) 单悬臂梁式

图 5-40　悬臂梁式渡槽

梁式渡槽的支承结构一般有槽墩式和排架式两种。

1. 槽墩式

槽墩一般为重力式,包括实体墩和空心墩,如图 5-41 所示。实体墩的墩头多为半圆形或尖角形。墩长应略大于槽身宽度,每边外伸约 20 cm。墩顶设混凝土墩帽,厚为 0.3~0.4 m,四周外挑 5~10 cm,并配构造筋。墩身两侧可做成 20：1~30：1 的斜坡。墩帽上设支座。实体墩的高度一般为 8~15 m,由混凝土或浆砌石建造。

空心墩的体形及各部分尺寸与实体墩基本相同。其截面形式有圆矩形、矩形、双工字形、圆形等,如图 5-42 所示。其壁厚一般为 15~30 cm,为加强整体性和便于起吊施工,竖向每隔 2.5~4.0 m 设横梁一道,并在墩顶和墩底设进人孔。空心墩常采用混凝土浇筑或由混凝土预制块砌筑而成。渡槽与两岸连接时,常用重力式边槽墩,简称"槽台",因其形式与桥梁基本类似,在此不再赘述。

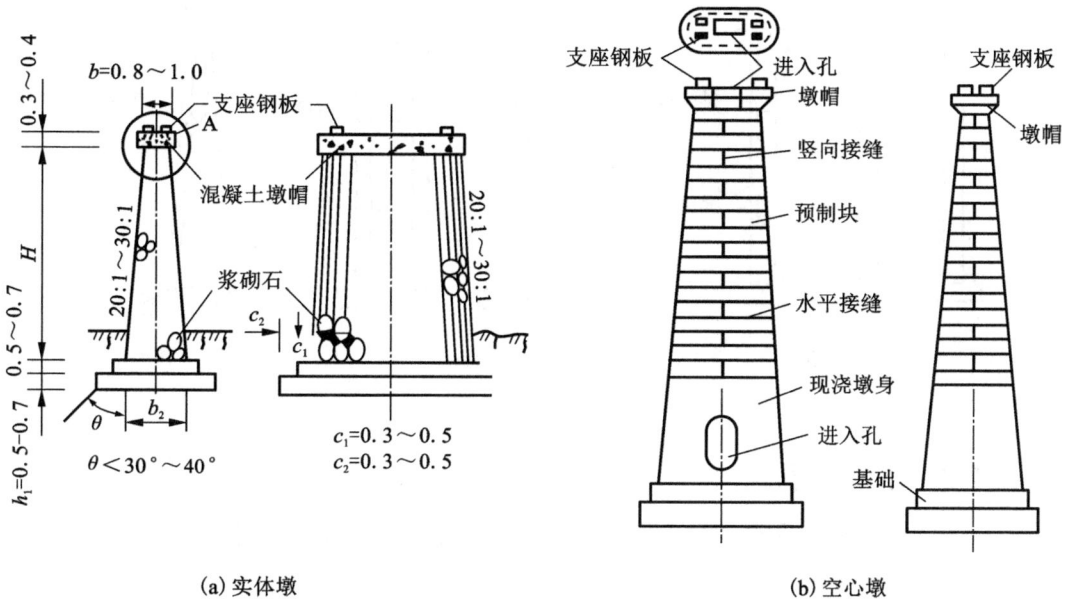

(a) 实体墩　　　　　　　　　　　　　　(b) 空心墩

图 5-41　槽墩形式 (单位 : m)

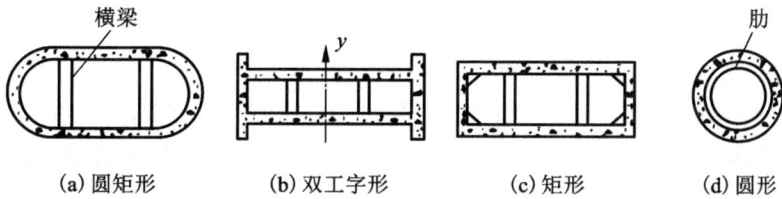

(a) 圆矩形　　(b) 双工字形　　(c) 矩形　　(d) 圆形

图 5-42　空心墩截面形式

2. 排架式

排架式一般为钢筋混凝土排架结构, 有单排架、双排架、A 字形排架和组合式槽架等形式, 如图 5-43 所示。

单排架是由两根支柱和横梁组成的多层钢架结构, 具有体积小、重量轻、可现场浇筑或预制吊装等优点, 在工程中被广泛应用。双排架由两个单排架及横梁组合而成, 属于空间框架结构。在较大的竖向及水平向荷载作用下, 其强度、稳定性及地基应力均较单排架容易满足要求, 适用高度通常为 15～25 m。A 字形排架由两片 A 字形单排架组成, 其稳定性能好, 适用高度较大, 但施工较复杂, 造价也较高。组合式排架适用于跨越河道主河槽部位, 在最高洪水位以下为重力墩, 以上为槽架, 槽架可为单排架, 也可为双排架。

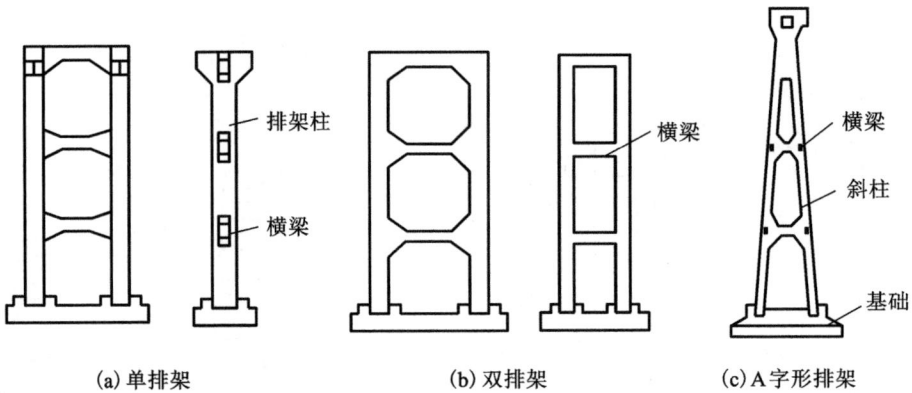

(a) 单排架   (b) 双排架   (c) A 字形排架

图 5-43 排架形式

5.4.3 水工隧洞

水利工程中为输送水流而在山体或地下开凿的隧洞称为水工隧洞。

1. 水工隧洞的类型

根据其使用功能，可以分为导流隧洞、泄洪隧洞、排沙隧洞、放空隧洞、发电引水隧洞及输水隧洞等。根据其工作性质，前四类隧洞可归纳为泄水隧洞，洞内水流流速较大；后两类属于引水隧洞，洞内水流流速较小。

2. 水工隧洞的进口建筑物(取水建筑物)

水工隧洞由进口建筑物、洞身段、出口建筑物三部分组成。

水工隧洞进口的构造组成有：进水口(曲线段)、拦污栅、闸室段、渐变段、通气孔和平压管等。按其结构形式及闸门操纵方式分类有：竖井式、塔式、岸塔式和斜坡式等。

(1)竖井式。

在隧洞进口处的岩体中开挖竖井，井壁用钢筋混凝土衬护，井下设闸门，启闭设备及操作室布置在井顶。

竖井式进口的优点是结构简单，不需设工作桥，不受风浪、冰冻的影响，抗震性和稳定性好；缺点是竖井开凿困难，闸前部分隧洞常处于水下，检修不便。其适用于岩石条件好的情况。

(2)塔式。

在隧洞进口建造不依靠岸坡的塔，塔底设闸门，塔顶设操纵平台和启闭机室，通过工作桥与岸坡相连。塔式进水口常用于岸坡岩石较差，覆盖层较厚，不宜采用靠岸设置进水口的情况。其缺点是受风、浪、冰、地震影响大，稳定性较差，需较长的工作桥。

(3)岸塔式。

靠在开挖后洞脸的岩坡上修建的直立或倾斜的进水塔。塔身依靠在岸坡上，其稳定性比塔式好，对岸坡还有一定的支撑作用。这种形式施工、安装都比较方便，不需要搭设工作桥。其适用于岸坡较陡且岩石坚硬稳定的情况。

(4)斜坡式。

斜坡式是直接在岩坡上进行平整开挖、护砌而修建的进水口，闸门和拦污栅的轨道直接安装在斜坡的护砌上。其优点是结构简单、施工方便、造价低；缺点是闸门不易靠自重下降，检修困难。其一般只用于中小型工程或仅作为安装检修闸门的进口。

3. 洞身的断面形状和构造

（1）洞身的断面形状和尺寸。

无压隧洞的断面形状通常采用圆拱直墙形（城门洞形）；当地质条件较差时，可采用马蹄形或卵形，也可采用圆形断面。无压隧洞的断面尺寸，应根据水力计算确定，但不得小于施工要求的最小尺寸；圆形断面的内径不宜小于 1.8 m；非圆形断面的高度不宜小于 1.8 m，宽度不宜小于 1.5 m。洞内水面以上应留有足够的空间，一般水面以上的空间不宜小于隧洞断面面积的 15%，其净空高度不应小于 40 cm。当采用圆拱直墙形断面时，水面线不应超出直墙范围。

有压隧洞的断面多为圆形。因为圆形的水力条件好，适于承受均匀的内水压力。有压隧洞的断面尺寸，根据水力计算确定，同时不小于施工和检修要求的最小尺寸。

（2）隧洞衬砌。

衬砌的作用：①承受山岩压力、内水压力和其他荷载，使围岩保持稳定，不致塌落；②减小糙率，改善水流条件，减少水头损失；③防止水流、空气、温度变化和干湿变化等因素对岩石的冲刷、风化、侵蚀等破坏；④防止渗漏。

（3）衬砌的类型。

按设置目的，衬砌可分为平整衬砌和受力衬砌两类；按所用的材料，衬砌可分为混凝土衬砌、钢筋混凝土衬砌、浆砌石衬砌等；此外，还有预应力衬砌、装配式衬砌和喷锚衬砌等。

（4）衬砌的分缝和止水。

在混凝土及钢筋混凝土衬砌中一般设有施工缝和永久横向变形缝。

围岩地质条件比较均一的洞身段只设施工缝。施工缝有纵向和横向两种。环向缝沿洞线的分段长度，一般采用 6~12 m，底板、边墙、顶拱的环向缝不得错开。环向缝一般要凿毛处理，并采取必要的接缝处理措施。纵向施工缝应设置在衬砌结构内力较小的部位，圆形隧洞常设在与垂直中心线夹角为 45°处；城门洞形隧洞，为便于施工可设在顶拱、边墙、底板交界附近。纵向施工缝必须凿毛处理，必要时缝内设键槽，如图 5-44 所示。

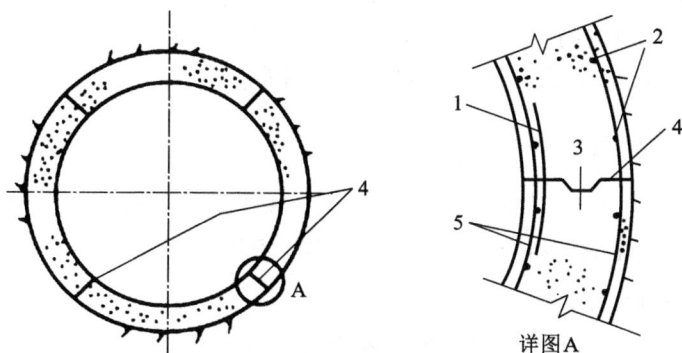

1—插筋；2—分布钢筋；3—止水片；
4—纵向施工缝；5—受力筋。

图 5-44　纵向施工缝

隧洞在穿过断层、破碎带以及与竖井交界处或其他可能产生较大相对变形处，应设置永久横向变形缝。变形缝的缝面不凿毛，分布钢筋不穿过，有防渗要求的，缝内应设止水片及充填沥青油毛毡或其他填料。

（5）隧洞灌浆。

隧洞灌浆有回填灌浆和固结灌浆两种。回填灌浆的目的是填充衬砌与围岩之间的空隙，使之结合紧密，共同受力，改善传力条件和减少渗漏。回填灌浆的范围一般在顶拱中心角 90°~120°，孔距和排距一般为 2~6 m，灌浆孔应深入围岩 5 cm 以上，灌浆压力一般为 200~300 kPa。隧洞衬砌在顶拱砌筑时，预留灌浆管，待衬砌完毕后通过预埋管进行灌浆。

固结灌浆的目的是提高围岩的强度和整体性，改善结构的受力条件，并减少渗漏。固结灌浆孔排距一般为 2~4 m，每排不宜少于 6 孔，对称布置。深入围岩的孔深约为隧洞半径的 1 倍。灌浆压力为 1.5~2.0 倍的内水压力。

（6）隧洞排水。

排水的目的是降低作用在衬砌外壁上的外水压力。对于无压隧洞，在洞底设纵向排水管将外水排向下游，或在洞内水面线以上，通过衬砌设置径向排水孔，将地下水直接引入洞内。排水孔间距、排距以及孔深一般为 2~4 m（图 5-45）。

对于有压圆形隧洞，外水压力一般不起控制作用，可不设排水设备。当外水压力很大时，可在衬砌底部外侧设纵向排水管，通至下游，纵向排水管由无砂混凝土管或多孔瓦管做成。必要时，可沿洞轴线每隔 6~8 m 设一道环向排水槽，可用砾石铺筑，将渗水汇入纵向排水管。

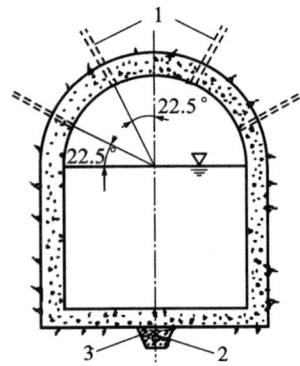

1—径向排水孔；2—纵向排水孔；3—小石子。

图 5-45　无压隧洞排水布置

4. 出口建筑物的构造

有压泄水隧洞的出口常设有工作闸门及启闭机室，闸门前设有渐变段，闸门后设有消能设施；无压泄水洞的出口构造主要是消能设施。

泄水隧洞出口水流的特点是单宽流量集中，所以常在隧洞出口外设置扩散段，使水流扩散，减小单宽流量，然后再以适当的方式进行消能。

5.4.4　倒虹吸管

当渠道跨越山谷、河流、道路或其他渠道时，除渡槽外还可采用埋设在河流、道路、渠道等下面或直接沿地面敷设压力管道，这种压力管道叫作倒虹吸管。

1. 倒虹吸管的特点和使用条件

倒虹吸管属于交叉建筑物，是指设置在渠道与河流、山沟、谷地、道路等相交叉处的压力输水管道。其管道的特点是两端与渠道相接，中间向下弯曲。与渡槽相比，其具有结构简单、造价较低、施工方便等优点。但是，其输水时水头损失较大，运行管理不如渡槽方便。

倒虹吸管一般适用于以下几种情况：①渠道跨越宽深河谷，修建渡槽、填方渠道或绕线方案困难或造价较高时；②渠道与原有渠、路相交，因高差较小不能修建渡槽、涵洞时；③修建填方渠道，影响原有河道泄流时；④修建渡槽，影响原有交通时等。

倒虹吸管一般分为进口段、管身段和出口段三部分。

根据管路埋设情况及高差的大小，倒虹吸管通常可分为竖井式、斜管式、曲线式和桥式四种类型。

（1）竖井式。

该形式由进出口竖井和中间平洞组成，如图5-46所示，一般适用于流量不大、压力水头小于5 m的穿越道路倒虹吸管。

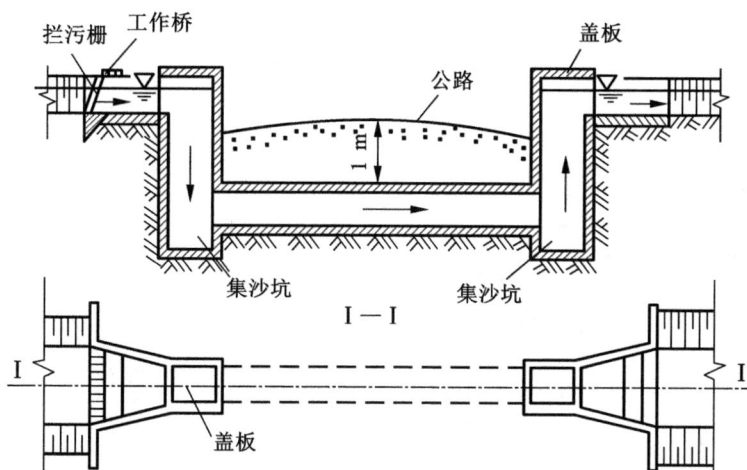

图 5-46 竖井式倒虹吸管

竖井的断面为矩形或圆形，并在底部设置深0.5 m的集沙坑，以便于清除泥沙及检修管路时排水。平洞的断面一般为矩形、圆形或城门洞形。

竖井式倒虹吸管构造简单、管路较短、占地较少、施工较容易，但水力条件较差。

（2）斜管式。

该形式管道进出口段为斜管段，而中间为平直段，如图5-47所示，一般用于穿越渠道、河流而与之高差不大，且压力水头较小、两岸坡度较平缓的情况。与竖井式相比，其特点为：水流顺畅，水头损失较小，构造简单，但斜管施工不便。

（3）曲线式。

该形式管道，一般沿坡面的起伏爬行铺设而成为曲线形，如图5-48所示，主要适用于跨越河谷或山沟，且两者高差较大的情况。为了保证管道的稳定性，并减少施工开挖量，铺设管道的边坡应比较平缓。

管身断面一般为圆形。管身材料为混凝土或钢筋混凝土，可现场浇筑，也可预制安装。管身一般设置管座，当管径较小且土基较坚实时，也可直接设在土基上。在管道转弯处，应设置镇墩，并将圆管接头包在镇墩内。

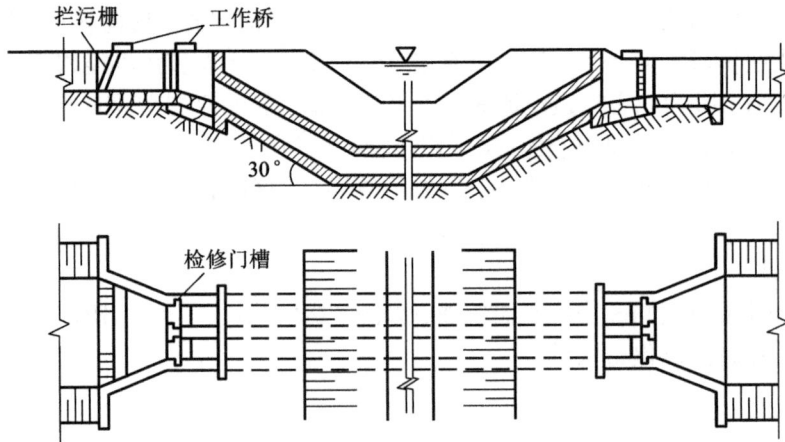

图 5-47　斜管式倒虹吸管

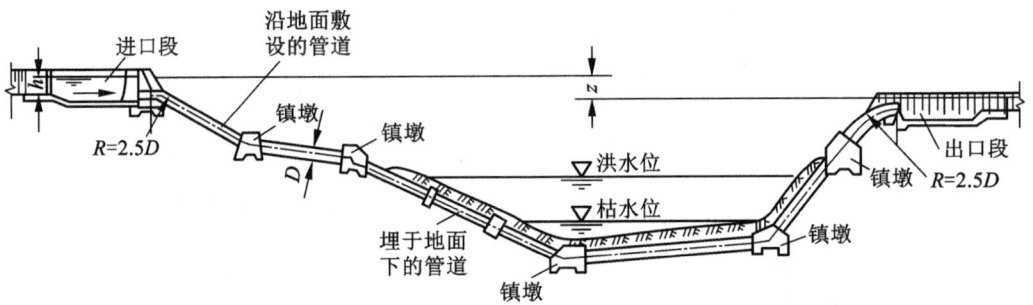

图 5-48　曲线式倒虹吸管

(4)桥式。

该形式管道与曲线式倒虹吸相似,在沿坡面爬行铺设曲线形的基础上,在深槽部位建桥,管道铺设在桥面上或支承在桥墩等支承结构上,如图 5-49 所示。

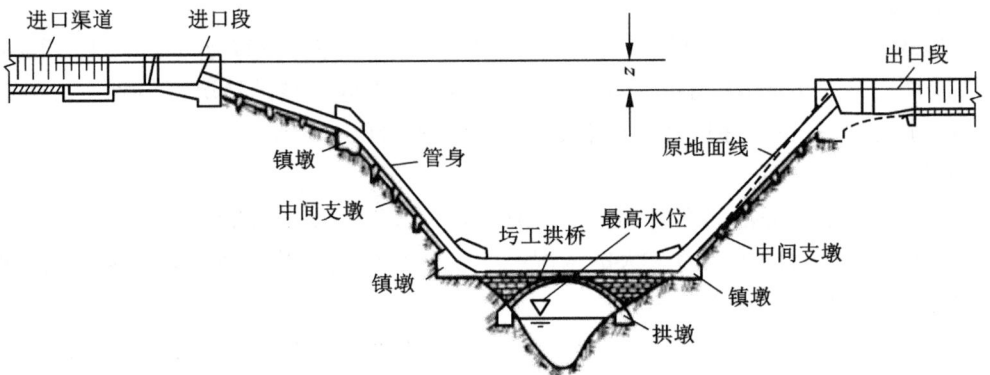

图 5-49　桥式倒虹吸管

这种形式多用于渠道与较深的复式断面或窄深河谷交叉的情况，主要特点是可以降低管道承受的压力水头，减小水头损失，缩短管身长度，并可避免在深槽中进行管道施工的问题。

5.5　治河防洪工程

河道对人类的生产、生活有着巨大的影响，人类对河道的要求随着社会的发展而日益提高。因此，必须对河道进行整治，河道整治与国家建设息息相关，与国民经济发展紧密相连。

洪涝灾害是我国大部分地区经常遭受的灾害之一。中华人民共和国成立以来，虽然在全国兴建了大量的水利工程，取得了非常显著的防洪效益，但江河洪水威胁仍是社会经济发展的重大隐患。随着社会和经济的发展、社会财富的积累，洪涝灾害造成的损失也越来越大。防洪就是根据洪水规律与洪灾特点，研究并采取各种措施与对策，以防止或减轻洪水灾害的水利工作。

5.5.1　治河工程

1. 河道整治的必要性

（1）防洪需要河道整治。通过河道整治可使河道行洪能力加强，河道抵抗洪水破坏的能力得以提高，从而有效地减小或消除洪水造成的损失。

（2）航运需要河道整治。航道、港口、码头要求河道水流平顺，无过度弯曲，无过难卡口，深槽稳定，并要求有一定的航深、航宽及流速，且流速不能过大，跨河建筑物应满足船舶的水上净空要求，这些只有靠河道整治才能实现。

（3）引水工程及滩区农业生产需要河道整治。涵闸等引水工程要求有稳定的取水口，滩区群众要求有稳定的河势。

（4）桥渡工程需要河道整治。首先，桥渡处要求上下游水流能平顺衔接，防止因河道摆动冲毁桥头引堤，造成运输中断。其次，桥渡附近必须平缓过渡，以免形成严重的折冲水流，加剧河床冲刷，危及桥墩安全。

2. 河道整治建筑物的分类

按照建筑材料和使用年限，可将整治建筑物分为轻型（或临时性）和重型（或永久性）整治建筑物。前者是用竹、木、桔、梢、柳等轻型材料修建，抗冲及防腐性能较弱，寿命也较短；后者是用土、石、金属、混凝土等材料筑成，抗冲和防腐朽能力强，且寿命长。

按照建筑物与水位的关系，可将整治建筑物分为非淹没整治建筑物和淹没整治建筑物。在各种水位下均不淹没的称为非淹没整治建筑物；在洪水时淹没，而在中水、枯水时不淹没，或在各种水位均被淹没的称为淹没整治建筑物。

按照建筑物的作用与其水流的关系，整治建筑物分为不透水、透水、环流三种类型。透水和不透水建筑物都修在水中，对水流起挑流、导流和缓流落淤等作用，其本身透水的称为透水建筑物，本身不允许水流通过的称为不透水建筑物。环流整治建筑物是用人工激起环流,用以调整水、沙运动方向,达到整治的目的。建筑物的选用主要考虑整治目的和建筑材料的来源。

3. 整治建筑物的结构形式

河道整治工程的形式主要有堤防、险工和控导工程。整治建筑物一般以丁坝为主,垛为辅,坝垛之间必要时修平行于水流方向的护岸。对一处整治工程来说,上段宜修垛,下段宜修坝,个别地方辅以护岸。

(1)丁坝。

丁坝是一端与河岸相连,另一端伸向河槽的坝形建筑,在平面上与岸连接呈丁字形。丁坝坝身长度较长,不仅能护岸、护坡,还能将主流挑向对岸,但产生的回流较强,局部冲刷较大,因此较适用于来流方向与坝的迎水面的夹角较小的情况,如图 5-50(a)所示。垛即短丁坝,如图 5-50(b)所示,坝身长度较短,仅起到护坡作用,只能局部地将水流挑离岸边,垛前水流沟壑较浅,产生的回流也较弱,对来流的适应性较好,在来流方向与坝(垛)的迎水面的夹角较大时,修垛比较合适。

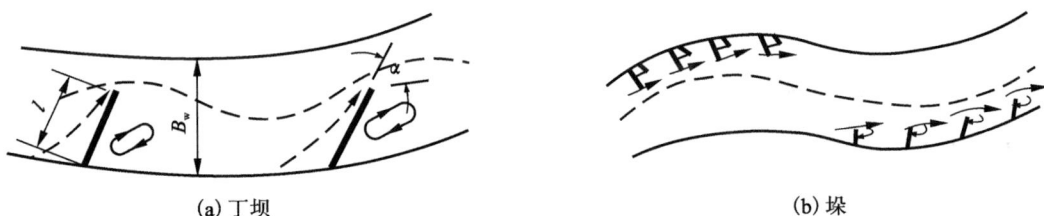

(a)丁坝   (b)垛

图 5-50 丁坝示意图

用透水材料修筑的称为透水丁坝,其主要作用是缓流落淤,如编篱坝、透水柳坝等。用不透水材料修建的丁坝称为不透水丁坝,主要起挑流和导流作用。

丁坝的平面形式如图 5-51 所示。坝与堤或滩岸相连的部位称为坝根,伸入河中的前头部分称为坝头,坝头与坝根之间称为坝身。在不直接遭受水流淘刷的坝根及坝身的后部,只修土坝即可,在可能被水流淘刷的坝头及坝身的上游面需要围护,以保证坝的安全。坝头的上游拐角部分称为上跨角。从上跨角向坝根进行围护的迎水部分称为迎水面。坝头的前端称为前头,坝头向下游拐角的部分称为下跨角。

坝头的平面形状对水流和坝身的安全都有一定的影响。目前采用的坝头形状有圆头形坝、拐头形坝和斜线形坝 3 种,如图 5-52 所示。圆头形坝能适应各种来流方向,施工简单,但控制流势差,坝下回流大。拐头形坝送流条件好,坝下回流小,但对来流方向有严格的要求,坝上游回流大。斜线形坝的优缺点介于以上两者之间。通常圆头形坝修筑在一处工程的首部,以发挥其适应各种来流方向的优势;而拐头形坝布置在工程的下部,用作关门坝;斜线形坝多用在工程的中部以调整水流。

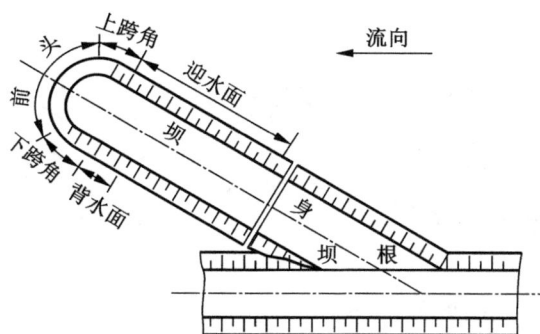

图 5-51 丁坝平面形式

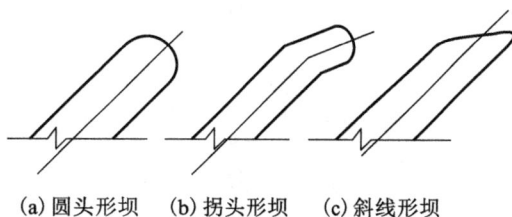

(a)圆头形坝   (b)拐头形坝   (c)斜线形坝

图 5-52 丁坝坝头的平面形状

丁坝的剖面结构由土坝体、护坡和护根组成。土坝体是坝的主体,一般由壤土筑成。当不得已用砂性土料填筑时,一定要用黏性大的土包边盖顶,厚度一般为 0.5~1.0 m,在不进行裹护的地方,边坡采用 1:2,在进行裹护的地方,其边坡采用护坡断面的内坡值。土坝体顶宽一般为 10~14 m,坝高由设计水位及超高决定。护坡是为了保护土坝体,用抗冲材料将可能被水流淘刷的坝坡裹护起来。乱石坝断面如图 5-53 所示。这是采用最多的形式,它是在已修好的土坝体外,按设计断面抛堆块石而成。这种形式护坡缓,坝坡稳定性好,能适应基础变形,险情易于暴露,便于抢护,施工简单,但坝面粗糙,需经常维修加固。

扣石坝断面如图 5-54 所示。它是用石料在坡面随坡砌筑或扣筑而成。这种形式护坡坡度较缓,坝体稳定性好,抗冲能力强,用料较省,水流阻力小,但对基础要求高,对施工技术要求也较高。

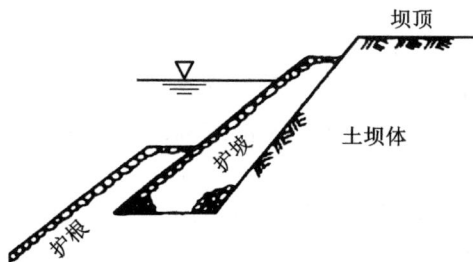

图 5-53 乱石坝断面

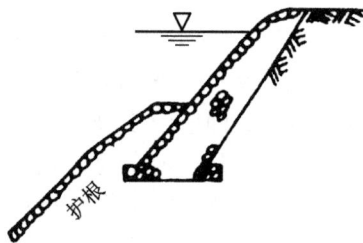

图 5-54 扣石坝断面

重力式砌石坝如图 5-55 所示。它是用石料砌垒而成的实体挡土墙,凭借本身的重量承受坝体的土压力和抵抗水流的冲刷。其坡度陡,易于抛石护根,坝面平整,抗冲能力强,砌筑严密,整齐美观,但对基础的承载能力要求高,坝体大,用料多,施工技术复杂。

护根是为了防止河床冲刷,维持护坡稳定而在护坡以下修建的基础工程。由于护根的主要材料是石料,习惯上称为根石。

多种坝型联合布置如图 5-56 所示。

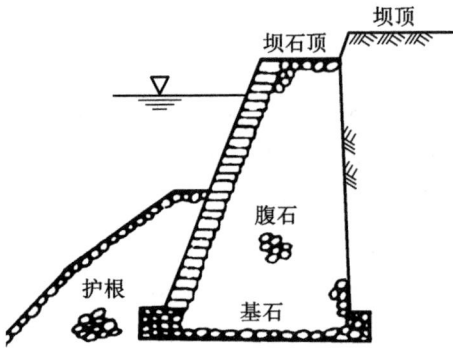

图 5-55 重力式砌石坝

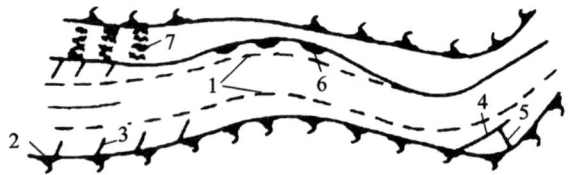

1—整治线；2—大堤；3—丁坝；4—顺坝；
5—格坝；6—柳石垛；7—活柳坝。

图 5-56 多种坝联合布置

（2）顺坝。

顺坝是坝身顺着水流方向，坝根与河岸相连，坝头与河岸相连或有缺口的整治建筑物。顺坝的作用主要是导流和束窄河床，有时也作控导工程的联坝。坝顶高程视其作用而异，若用于整治枯水河床，坝顶略高于洪水位。

护岸的外形平顺，是沿着堤防或滩岸的坡面修建的防护性工程。江河湖海岸坡和堤防岸坡的防护主要是防止水流和波浪对岸坡基土的冲蚀和淘刷造成的侵蚀、塌岸等现象。堤岸防护应根据防洪规划和河流治理导线的要求，并按因势利导的原则，根据具体条件确定工程布局、形式和适宜的材料。

护岸工程一般是布设在受水流冲刷严重的险工险段，其长度一般应从开始塌岸处至塌岸终止点，并加一定的安全长度。坡式护岸工程一般以枯水位为界分为两部分，枯水位以上称护坡工程，以下称护脚工程。护岸工程的原则是先护脚后护坡。堤岸护坡工程的形式一般可分为以下几种：

①坡式护岸，或称平顺护岸，即顺岸坡及坡脚在一定范围内覆盖抗冲材料。这种护岸形式对河床边界条件改变和对近岸水流条件的影响均较小，是一种较常采用的形式。

②坝式护岸，即修建丁坝，将水流挑离堤岸，以防止水流、波浪或潮汐对堤岸边坡的冲刷。这种形式多用于游荡型河流的护岸。

③墙式护岸，即顺堤岸修筑竖直陡坡式挡墙。这种形式多用于城区河流或海岸防护。

④复合形式护岸，如护岸与丁坝，墙式与坡式、打桩等相结合的形式。

5.5.2 防洪工程

防洪建设首先要进行防洪规划，根据当地流域的地理和社会情况，并考虑洪水规律、洪灾特点、工程现状、地区内经济发展情况及重要性、河流下游情况等，按照国家的方针政策和对防洪工作的要求，制定出合理的防洪标准和防洪方案，以指导以后的防洪工程建设。

防洪方案包括工程措施与非工程措施。工程措施是防洪减灾的基础，是通过工程建筑来改变不利于防洪的自然条件。工程措施包括防洪堤坝、分洪区建设、河道整治、水库建设和水土保持等，通过这些工程措施可以拦蓄洪水，扩大河道泄量，疏浚洪水，从而达到减轻洪水灾害的目的。非工程措施主要指洪水预报与调度、洪水警报、防洪通信系统建设、分洪区管理等，通过这些措施可以预报洪水或避开洪水的侵袭，更好地发挥工程措施的作用，减轻人民群众生命财产的损失。

1. 筑堤防洪工程

筑堤防洪是平原地区历史最悠久的防洪措施，堤防是现代江河防洪工程体系的重要组成部分，是防止洪水泛滥、增加河道泄量的基本措施。由于一些大江大河至今还没有建成对下游防洪起决定性作用的控制性水库，在这些河道上，堤防在防洪工程体系中仍起着主要作用，也是汛期主要的防守对象。防洪堤的作用是保护河流两岸平原洼地的农村和城市，使它们不被洪水淹没。防洪堤一方面扩大了河道的过水断面，增加了泄水能力，另一方面也增加了河道本身的蓄水容积，此外还有约束水流、稳定河床的作用。

（1）堤防工程的分类。

堤防工程按其作用或功能可分为江河堤防、湖泊围堤、圩垸围堤、城市防洪堤。

堤防工程按堤身材料可为分土堤、石堤、混凝土堤、钢筋混凝土防洪墙。

土堤造价低，便于就地取材，应用最广。土堤按其填筑方法分为在陆地上用人工或机械填筑和压实的土堤、用挖泥船筑填的土堤；石堤大多用于堤防的面墙，如洪泽湖大堤的石工面墙就是用条石浆砌的；混凝土堤在我国用得较少，混凝土也往往只用于表层，北京郊区永定河左堤就是混凝土面板护堤；钢筋混凝土防洪墙一般用于城市防洪墙，以减小堤身断面和减少占地。

堤防工程的形式应按照因地制宜、就地取材的原则，根据堤段所在的地理位置、重要程度、堤址地质、筑堤材料、水流风浪特性、施工条件、运用和管理要求、环境景观、工程造价等因素，经过技术经济比较，综合确定。

（2）堤防工程的防洪标准及级别。

堤防工程防护对象的防洪标准应按照现行国家标准《堤防工程设计规范》（GB 50286—2013）确定。堤防工程的防洪标准应根据防洪区内防洪标准较高的防护对象的防洪标准确定。堤防工程的级别应符合表 5-7 的规定。

表 5-7　堤防工程的级别

防洪标准（重现期）/年	≥100	<100，且≥50	<50，且≥30	<30，且≥20	<20，且≥10
堤防工程的级别	1	2	3	4	5

2. 河道整治工程

为扩大河道的过水能力，使洪水能畅通下泄，必须进行河道整治。

（1）疏浚、拓宽及展宽河道。

将过于窄浅的阻水河段疏通、浚深、拓宽，以增加泄洪能力。如因河道两岸的防洪堤间距狭窄，壅阻水流，则须退建堤防，展宽河道，以增加泄洪能力，降低上游壅高的水位，减轻洪水威胁和防洪负担，如图 5-57 所示。

(a)疏浚、拓宽河道横断面　　　　　　(b)展宽河道横断面

图 5-57　疏浚、拓宽及展宽河道

（2）截弯取直。

由于河弯过多和曲率过大，往往泄洪不畅，需要进行人工截弯取直，使洪水下泄畅通，如图 5-58 所示。对于大型河流的截弯取直，由于影响较大，必须谨慎行事。

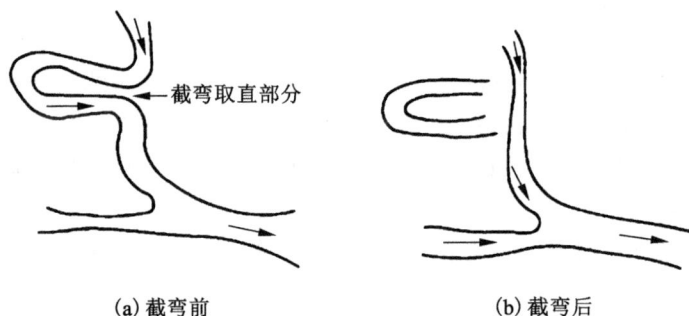

(a)截弯前　　　　　　　　　　(b)截弯后

图 5-58　截弯取直示意图

（3）护岸工程。

为了防止洪水冲刷河道凹岸引起河岸坍塌及堤防崩溃，需做护岸工程。特别是在重要城镇附近，对工厂企业、桥梁、码头等建筑物，更应加以保护。护岸工程还有防止河弯发展及稳定河床的作用，对泄洪有利。

（4）清除障碍。

在河床范围内的滩地上种植的芦苇、树木和大大小小的建筑物，都会给泄洪造成障碍，需要清除。如桥梁、码头等建筑物阻碍泄洪，需要改建。有些河流为了宣泄特大洪水，除对中、下游阻水河段采取整治措施外，还采取行洪区的临时措施。当遇到特大洪水时，在事先预定的河段，将干堤间阻水的圩堤临时拆除，利用圩内的耕地通过洪水，以扩大过水断面，降低行洪区上游的水位，从而减轻洪水的威胁。行洪区在一般年份可照常耕种。

3. 分洪工程

分洪工程是通过工程建筑物，用调节径流的方法，把超过河道安全泄量的洪峰分流到其他河流、湖泊或海洋，称为减洪；也可把超过河道安全泄量的洪峰暂时分泄到河道两岸的适当地区，待洪峰过后，再流入原河道，称为滞洪。分洪建筑物有分洪闸、分洪道、泄洪闸、分洪区围堤和整治建筑物。

（1）减洪工程。

减洪的形式有减流及改流。

减流是在平原河道的适当位置建分洪闸，开发新河，使原河道无法安全宣泄的洪水直接入海、入湖，如图 5-59 所示。这种形式多用于处于河道下游入海口处的地区，特别是当河道上游流域面积大，而入海河道又比较小，洪水溢流出槽，严重威胁下游地区安全时，采用这种形式更为适宜。

改流是把原河道无法安全宣泄的洪水，经由引河引入邻近的其他河流，而这部分水流不再流入原河道，以减轻原河道下游的负担。这种形式多用于在平原河道附近有泄洪能力较强的河道。

（2）滞洪工程。

滞洪是在河流上端建闸，由分洪闸或分流渠将洪水引入湖泊、洼地，待洪峰过后，再汇入原河道，如图 5-60 所示。这种形式应用广泛。

图 5-59　减流示意　　　　　图 5-60　滞洪示意

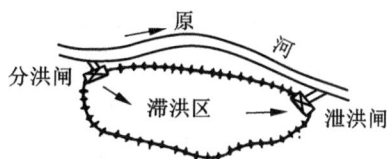

5. 蓄洪工程

利用水库或湖泊洼地来调蓄洪水，防止洪水灾害的措施称为蓄洪。

水库是一种重要的防洪工程。水库一般还具有发电、供水、旅游、养殖等综合效益，但防洪往往是水库的首要任务。根据事先制定的调度办法，水库可以调蓄入库洪水，降低出库洪峰流量，或错开下游洪水高峰，使下游被保护区的河道流量保持在安全限度之内。

山丘区往往是暴雨洪水的主要发源地，水库也大都修建在河道的上中游山丘区，水库库容一般受淹没损失和移民安置的限制。在平原地区修建的水库，大都是在湖泊洼地周围加筑堤防而形成。

许多江河的洪水威胁，必须通过修建水库才能缓解和消除，若能在河道上找到优越的地理位置，修建控制性水库，就可以对流域防洪起到关键性作用，大大提高下游的防洪能力。

5. 水土保持工程

防治江河洪水，应当保护、扩大流域林草植被，涵养水源，加强流域水土保持综合治理。搞好水土保持，把工程措施与生物措施紧密结合起来，不仅可以保护和合理利用当地水土资源，改变水土流失地区的自然和经济面貌，建立良好的生态环境，而且对下游江河防洪和减少泥沙淤积有积极作用。

江河防洪工程是一个巨大的系统工程。防治江河洪水，应当蓄泄兼施，充分发挥河道行洪能力和水库、洼淀、湖泊调蓄洪水的功能，加强河道防护，因地制宜地采取定期清淤疏浚等措施，保持行洪畅通。河道堤防是江河防洪工程系统中的基础措施；水库可以拦蓄洪水，削减洪峰，对下游防洪有不同程度的控制作用，提高下游防洪能力，除害与兴利结合；蓄滞洪区在江河防洪系统中是对付较大洪水的应急措施，在一般常见洪水时并不使用。

练习题

(1)什么是水利工程？其主要类型有哪些？

(2)水库的几个特征水位具有什么含义？

(3)水工建筑物有哪些类型？什么是水利枢纽？

(4)水利枢纽分几等？是如何分等的？水工建筑物分几级？是如何分级的？

(5)什么是重力坝？其有哪些特点？

(6)什么是土石坝？其有哪些特点？

(7)土石坝的坝体排水设施有哪些种？各有什么特点？

(8)什么是拱坝？其有哪些特点？

(9)什么是水闸？水闸的类型有哪些？其作用是什么？

(10)河岸式溢洪道的作用及其类型有哪些？

(11)水工隧洞的作用是什么？按水流状态分为哪几种？其进口建筑物的类型有哪些？

(12)水工隧洞的衬砌有什么作用？类型有哪些？

(13)渠道的纵断面设计应注意哪些问题？横断面形式有哪几种？

(14)渡槽的作用及类型有哪些？其支承结构有哪些类型？

(15)倒虹吸管的作用及类型是什么？

(16)常见的河道整治建筑物有哪些？各自的作用是什么？

(17)常用的防洪工程有哪些？各自的作用是什么？

第6章

地基与基础工程

6.1 岩土工程勘察

6.1.1 岩土工程勘察的基本知识

1. 岩土工程勘察的相关概念

岩土工程也称为"地质技术工程"，是欧美国家于 20 世纪 60 年代在前人土木工程实践的基础上建立起来的一个新的技术体系，它是一门主要研究岩体和土体工程问题的学科。

岩土工程学科是以土力学、岩石力学、工程地质学和基础工程学的理论为基础，由地质、力学、土木工程、材料科学等多学科相结合形成的边缘学科，同时又是一门地质与工程紧密结合的学科。就其学科的内涵和属性来说，其属于土木工程的范畴，在土木工程中占有重要地位。

岩土工程的研究对象包括岩土体的稳定性、地基与基础、地下工程及岩土体的治理、改造和利用等。这些研究通过岩土工程勘察、设计、施工与监测、地质灾害治理及岩土工程监理等方面来实现。这一为工程建设全过程服务的技术体制，在房屋建筑与构筑物、道路桥梁、港口、航运、国防建设、地质工程等方面都占有重要地位。

岩土体作为一种特殊的工程材料，不同于混凝土、钢材等人工材料。它是自然的产物，随着自然环境的不同而不同，表现出不同的工程特性。这就造成了岩土工程的复杂性和多变性，而且土木工程的规模越大，岩土工程问题就越突出、越复杂。在实际工程中，岩土问题、地基问题往往是影响投资和制约工期的主要因素，如果处理不当，就可能会带来灾难性的后果。

随着土木工程规模的不断扩大，岩土工程就有了不同的分支学科，岩土工程勘察就是岩土工程学科的一门重要分支学科。岩土工程勘察是根据建设工程的要求，查明、分析、评价建设场地的地质、环境特征和岩土工程条件，编制勘察文件的工作。

任何一项土木工程在建设之初，都要进行建筑场地及环境地质条件的评价。根据建设单位的要求，对建筑场地及环境进行地质调查，为建设工程服务，最终提交岩土工程勘察报告的过程就是岩土工程勘察的主要工作内容。

2. 岩土工程勘察的目的和任务

岩土工程勘察是岩土工程技术体制中的一个首要环节。各项工程建设在设计和施工之前，必须按基本建设程序进行岩土工程勘察。它的基本任务就是按照工程建设所处的不同勘察阶段的要求，正确反映工程地质条件，查明不良地质作用和地质灾害，精心勘察、分析，提交资料完整、评价正确的勘察报告，为工程的设计、施工以及岩土体治理加固、开挖支护和降水等提供工程地质资料和必要的技术参数，同时对工程存在的有关岩土工程问题作出论证和评价。

所谓工程地质条件，是指与工程建设有关的各种地质条件的综合。工程地质条件复杂程度直接影响工程建筑物地基基础方面投资的多少以及未来建筑物的安全运行。所以，任何类型的工程建设在进行勘察时必须首先查明建筑场地的工程地质条件。

岩土工程问题指的是拟建建筑物与岩土体之间存在的影响拟建建筑物安全运行的地质问题。岩土工程问题因建筑物的类型、结构和规模不同以及地质环境不同而异。例如，房屋建筑与构筑物主要的岩土工程问题是地基承载力和沉降等。在进行岩土工程勘察时，对存在的岩土工程问题必须做出正确的评价。

不良地质作用是指可能对工程建设造成危害的地球内、外动力地质作用；不良地质现象是指由地球内、外动力作用引起的各种不良地质现象，如岩溶、滑坡、崩塌、泥石流、土洞、河流冲刷以及渗透变形等。不良地质作用不仅影响建筑场地的稳定性，也会对地基基础、边坡工程、地下洞室等具体工程的安全、经济和正常使用产生不利影响。所以，在复杂地质条件下进行岩土工程勘察时，必须查清它们的规模大小、分布规律、形成机制和形成条件、发展演化规律和特点，预测其对工程建设的影响或危害程度，并提出防治的对策与措施。

6.1.2 岩土工程勘察分级

进行任何一项岩土工程勘察工作，首先要对岩土工程勘察等级进行划分。岩土工程勘察等级划分是为了布置勘察工作和确定勘察工作量。显然，工程规模较大或较重要、场地地质条件以及岩土体分布和性状较复杂者，所投入的勘察工作量就较大，反之则较小。

有关规范规定，岩土工程勘察的等级是在工程重要性等级、场地复杂程度等级和地基复杂程度等级三项分级的基础上综合确定的。

1. 工程重要性等级

工程重要性等级，是根据工程的规模和特征，以及由岩土工程问题造成工程破坏或影响正常使用的后果来划分，可分为三个工程重要性等级(表6-1)。

表 6-1　工程重要性等级

工程重要性等级	工程的规模和特征	破坏后果
一级	重要工程	很严重
二级	一般工程	严重
三级	次要工程	不严重

2. 场地复杂程度等级

场地复杂程度等级是由建筑抗震稳定性、不良地质现象发育情况、地质环境破坏程度、地形地貌条件和地下水五个条件衡量的。根据场地复杂程度，分为三个等级。划分时从一级开始，向二级、三级推定，以最先满足的为准，参见表 6-2。

表 6-2　场地复杂程度等级

场地复杂程度等级	一级(复杂场地)	二级(中等复杂场地)	三级(简单场地)
建筑抗震稳定性	危险	不利	有利(或地震设防烈度≤6 度)
不良地质现象发育情况	强烈发育	一般发育	不发育
地质环境破坏程度	已经或可能强烈破坏	已经或可能受到一般破坏	基本未受破坏
地形地貌条件	复杂	较复杂	简单
地下水条件	多层水、水文地质条件复杂	基础位于地下水位以下	无影响

3. 地基复杂程度等级

地基复杂程度依据岩土种类性质、特殊土的影响划分为三级。划分时从一级开始，向二级、三级推定，以最先满足的为准，见表 6-3。

表 6-3　地基复杂程度等级

地基复杂程度等级	一级(复杂地基)	二级(中等复杂地基)	三级(简单地基)
岩土种类、性质	岩土种类多，性质变化大	岩土种类较多，性质变化较大	岩土种类单一，性质变化不大
特殊土	有特殊性岩土(5 类)	除一级以外的特殊土	无特殊性岩土

综合上述三项因素的分级，可按下列条件划分岩土工程勘察等级：

甲级：在工程重要性、场地复杂程度和地基复杂程度等级中，有一项或多项为一级；

乙级：除勘察等级为甲级和丙级以外的勘察项目；

丙级：工程重要性、场地复杂程度和地基复杂程度等级均为三级。

6.1.3　岩土工程勘察的方法和内容

岩土工程勘察野外工作的技术手段，主要有工程地质测绘与调查、岩土工程勘探与取样、原位测试与室内试验和现场检验与监测等。

(1)工程地质测绘是岩土工程勘察的基础工作，一般在勘察的初期阶段进行。这一方法的本质是运用地质、工程地质理论，对地面的地质现象进行观察和描述，分析其性质和规律，并借以推断地下地质情况，为勘探、测试等其他勘察工作提供依据。在地形地貌和地质条件复杂的场地，必须进行工程地质测绘；但对地形平坦、地质条件简单且场地较狭小的场地，则可采用调查方式代替工程地质测绘。工程地质测绘是认识场地工程地质条件最经济、最有效的方法，高质量的测绘工作能相当准确地推断地下地质情况，起到有效地指导其他勘察方法的作用。

(2)岩土工程勘探工作包括槽探、钻探、坑探和物探等方法。它是用来调查地下地质情况的，可利用勘探工程取样或原位测试和监测进行调查。应根据勘察目的及岩土的特性选用上述勘探方法。物探是一种间接的勘探手段，它的优点是较钻探和坑探轻便、经济而迅速，能够及时获取工程地质测绘中难于推断而又亟待了解的地下地质情况，所以常常与测绘工作配合使用。它又可作为钻探和坑探的先行或辅助手段。

(3)原位测试与室内试验的主要目的，是为岩土工程问题分析评价提供所需的技术参数，包括岩土的物性指标、强度参数、固结变形特性参数、渗透性参数和应力、应变与时间关系的参数等。原位测试一般都借助勘探工程进行，是详细勘察阶段的一种主要勘察方法。

(4)现场检验与监测是构成岩土工程系统的一个重要环节，大量工作在施工和运营期间进行，但是这项工作一般需在后期勘察阶段开始实施，所以又被列为一种勘察方法。它的主要目的在于保证工程质量和安全，提高工程效益。现场检验是指施工阶段对先前岩土工程勘察成果的验证、核查以及岩土工程施工监理和质量控制。现场监测则主要包含施工过程和各类荷载对岩土反应性状的监测、施工和运营中的结构物监测和对环境影响的监测等方面。利用检验与监测所获取的资料，可以求出某些工程技术参数，并以此为依据及时修正设计，使之在技术和经济方面优化。此项工作主要是在施工期间进行的，但对有特殊要求的工程以及一些对工程有重要影响的不良地质现象，应在建筑物竣工运营期间继续进行。

随着科学技术的飞速发展，岩土工程勘察领域不断引进高新技术。例如，工程地质综合分析、工程地质测绘制图和不良地质现象监测中遥感(remote sensing，RS)、地理信息系统(geographic information system，GIS)和全球定位系统(global positioning system，GPS)即"3S"技术的引进；勘探工作中地质雷达和地球物理层成像技术(CT)的应用等，对岩土工程勘察的发展有着促进作用。

6.1.4　岩土工程勘察成果整理

岩土工程勘察报告是岩土工程勘察的最终成果，是土木工程地基基础设计和施工的重要依据。报告是否能正确反映工程地质条件和岩土工程特点，关系到土木工程设计和施工能否安全可靠、措施得当、经济合理。不同的工程项目，不同的勘察阶段，报告反映的内容和侧重有所不同，有关规范、规程对报告的编写也有相应的要求。岩土工程勘察的成果包括报告书和各种图表。

（1）岩土工程勘察报告书应包括：场地地形、地貌、地层、地质构造、岩土性质及其均匀性；各项岩土性质指标，岩土的强度参数、变形参数、地基承载力的建议值；地下水埋藏情况、类型、水位及其变化；土和水对建筑材料的腐蚀性；可能影响工程稳定的不良地质作用的描述和对工程危害程度的评价；场地稳定性和适宜性的评价，并对岩土利用、整治和改造的方案进行分析论证，提出建议；对工程施工和使用期间可能发生的岩土工程问题进行预测，提出监控和预防措施的建议。

（2）勘察的各种图表主要有：勘探点平面布置图；工程地质柱状图；工程地质剖面图；原位测试成果图表；室内试验成果图表等。

6.2　地基与基础

6.2.1　地基土及工程分类

1. 地基土

万丈高楼平地起，任何土木工程都建在地壳之上，它们的重量都传给了地球表面的岩土层。为了使所修建的工程能够正常地发挥作用并达到预期的效益，且不对周围的环境造成不良后果，土木工程人员必须根据实际需要深入研究地球表面岩土层的各类物理力学性质，并能解决土木工程中出现的工程地质问题。

承担上部各类土木工程荷载的这部分地球表面岩土层叫地基；将上部结构荷载传递给地基、连接上部结构与地基的下部结构称为基础(图6-1)。远古先民在史前建筑活动中，就已创造了自己的地基基础工艺。我国西安半坡村新石器时代遗址和殷墟遗址的考古发掘，都发现了土台和基础。著名的隋朝石工李春所建、现位于河北省赵县的赵州桥将桥台基础置于密实砂土层上，据考证1300多年来沉降仅几厘米。

承担上部各类土木工程的地基可分为坚硬岩石和松软土两类，松软土属于第四纪松散堆积物，分布于坚硬岩石之上，常成为土木工程的地基。

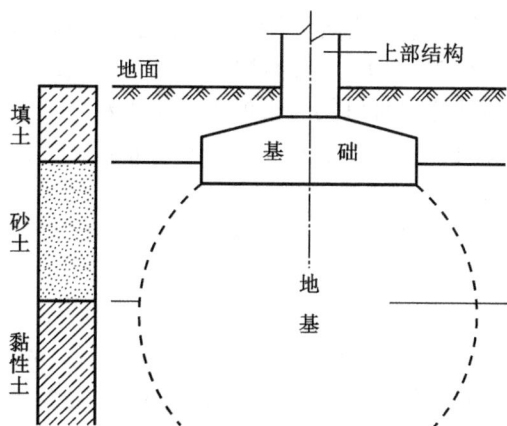

图6-1　地基及基础示意图

2. 地基土的工程分类

（1）岩石指颗粒间牢固联结的整体的或具有节理、裂隙的岩体。依据岩石的地质名称和风化程度，将其分为：

①坚硬岩、较坚硬岩、较软岩、软岩、极软岩。

②未风化、微风化、弱风化、强风化、全风化岩石。

③完整、较完整、较破碎、破碎、极破碎等岩石。

（2）土是指颗粒间连接很弱或者松散的集合体，根据粒径分为：

①碎石土：粒径大于 2 mm 的颗粒质量超过总质量 50% 的土。其按粗细程度又分为块（漂）石、碎（卵）石、角（圆）砾。

②砂土：粒径大于 2 mm 的颗粒质量不超过总质量的 50%，粒径大于 0.075 mm 的颗粒质量超过总质量 50% 的土。其按粗细程度又分为砾砂、粗砂、中砂、细砂、粉砂。

③粉土：粒径大于 0.075 mm 的颗粒质量不超过总质量的 50%，且塑性指数等于或小于 10 的土。其工程性质介于下述黏性土和上述无黏性土之间。

④黏性土：塑性指数大于 10 的土，具有明显的黏性、可塑性、压缩性。

⑤人工填土：包括素填土、杂填土、冲填土，其组成成分、工程性质复杂。

3. 土的基本工程特性

（1）岩石。

视风化程度的不同，岩石的工程地质性质也不同。一般其承载能力在 200~4000 kPa。

（2）碎石土。

碎石土颗粒粗大，主要由岩石碎屑组成，呈单粒结构，孔隙大，透水性极强，压缩性很低，内摩擦角大，抗剪强度也大。其承载力在 200~1000 kPa，是一般土木工程的良好地基。只是其在含水时，由于透水性强，开挖基坑过程中往往涌水量很大；作为坝基、渠道帮壁和底板时，也往往产生严重渗漏或潜蚀，常伴随发生帮壁坍塌、边坡失稳等现象。

（3）砂土。

砂粒的矿物成分以石英、长石及云母等原生残余矿物为主。砂土一般都没有联结，呈单粒结构，透水性强，压缩性低，且压缩过程甚快，内摩擦角较大，承载力较高，地基承载力在 140~500 kPa。大颗粒砂土是一般建筑物的良好地基，也是良好的混凝土骨料。其主要问题是开挖时可能严重涌水。细颗粒砂土的工程地质性质较差，特别是受振动时易产生液化现象，开挖时也极易随地下水涌入基坑，形成流砂。

（4）黏性土。

黏性土的黏粒含量较多，含较多亲水性的黏土矿物，具结合水联结和团聚结构，有时有胶结联结，孔隙较细而多。

随着含水率的不同，黏性土表现出固态、塑态、流态等不同稠度状态。随着黏粒含量的增多，黏性土的塑性、收缩性和膨胀性、透水性、压缩性、抗剪性等均有明显变化。其具有较高的压缩系数和较低的抗剪强度，会引起地基的过量变形，边坡不稳定。

黏性土是常用的修筑堤坝的土料，一般其承载力在 60~300 kPa。

（5）粉土。

粉土作为砂土和黏性土之间的过渡类型，其性质介于两者之间。

6.2.2 基础类型

1. 基础形式分类

基础是将上部结构荷载传递给地基，连接上部结构与地基的下部结构。基础的分类有多种：

（1）按形式分，有条形基础、独立基础、筏板基础、桩基础、箱形基础。

（2）按埋置深度分，有深基础（埋深≥5 m）和浅基础（埋深<5 m）。

（3）按受力性能分，有刚性基础和柔性基础。

（4）按使用的材料分，有砖基础、毛石基础、灰土基础、灰浆碎砖三合土基础、素混凝土基础和钢筋混凝土基础等。

2. 浅基础

通常把位于天然地基上、埋置深度小于5 m的一般基础（柱基或墙基）以及埋置深度虽超过5 m，但小于基础宽度的大尺寸基础（如箱形基础），统称为天然地基上的浅基础。

在桥梁结构中，对于无冲刷河流，埋置深度是指河底或地面至基础底面的距离；有冲刷河流是指局部冲刷线至基础底面的距离。

如果地基属于软弱土层（通常指承载力低于100 kPa的土层），或者上部有较厚的软弱土层，不适于做天然地基上的浅基础时，也可将浅基础做在人工地基上。

天然地基上的浅基础埋置深度较浅，用料较省，无须复杂的施工设备，在开挖基坑、必要时支护坑壁和排水疏干后对地基不加处理即可修建，工期短、造价低，因而设计时宜优先选用天然地基。当这类基础及上部结构难以适应较差的地基条件时，才考虑采用大型或复杂基础形式，如连续基础、桩基础或人工处理地基。

浅基础按基础刚度可分为刚性基础和扩展基础；按构造类型可分为单独基础、条形基础、筏板基础和箱形基础、壳体基础。

（1）刚性基础。

刚性基础通常由砖、毛石、素混凝土和灰土等材料制作而成，是一种无筋扩展基础（图6-2）。

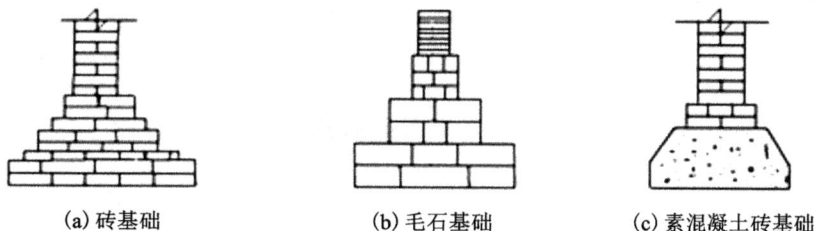

(a) 砖基础　　　　　(b) 毛石基础　　　　　(c) 素混凝土砖基础

图6-2　刚性基础

基础埋在土中，经常受潮，容易受侵蚀，而且破坏了也不容易被发现和修复，所以必须保证基础材料有足够的强度和耐久性，因此对基础材料有一定的要求。

在我国的华北和西北地区，气候比较干燥，广泛采用灰土作基础。灰土一般是石灰和土按三份石灰和七份黏性土（体积比）配制而成，也称为三七灰土。石灰以块状生石灰为宜，经消化1~2 d后磨成粉末，并过5~10 mm筛。土料宜用粉质黏土，不要太湿或太干。简易的判别方法是拌和后的灰土要"捏紧成团，落地开花"。灰土的强度与夯实的程度关系很大。

由于灰土在水中硬化慢、早期强度低、抗水性差以及早期抗冻性差，所以灰土作为基础材料，一般适用于地下水位以上的地区。在我国南方则用三合土基础，即在灰土中加入适量的水泥，可使强度和抗水性提高。

在桥梁结构中，刚性基础常用的材料有混凝土、粗石料、片石、砖。砖的特点是可砌成任何形式的砌体，但其抗水腐蚀性（特别是在盐碱地区）和抗冻性都比较差，若将基础四周最外层用浸透沥青的砖砌筑，可增加它的抗腐蚀能力。

（2）扩展基础。

当刚性基础不能满足力学要求时，可以做成钢筋混凝土基础，称为扩展基础（图6-3）。

柱下扩展基础和墙下扩展基础一般做成锥形[图6-4(a)]和台阶形[图6-4(b)]。对于墙下扩展基础，当地基不均匀时，还要

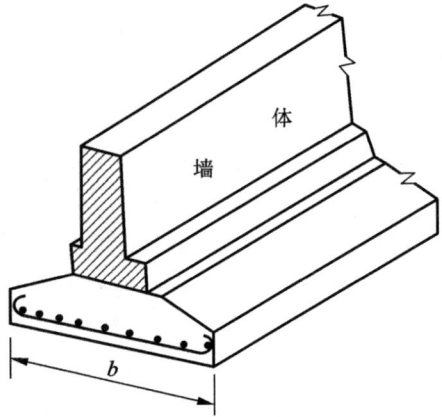

图6-3　墙下钢筋混凝土扩展基础

考虑墙体纵向弯曲的影响。这种情况下，为了增加基础的整体性和加强基础纵向抗弯能力，墙下扩展基础可采用有肋的基础形式[图6-4(c)]。

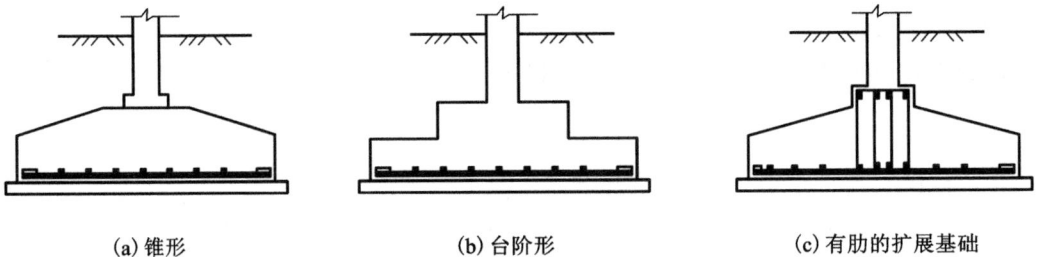

| (a) 锥形 | (b) 台阶形 | (c) 有肋的扩展基础 |

图6-4　扩展基础的形式

（3）单独基础。

在房屋建筑中，柱的基础一般为单独基础。这种基础形式常见于装配式单层工业厂房。

（4）条形基础。

墙的基础通常连续设置成条形，称为条形基础。条形基础在普通的砌体结构中应用相当广泛。

（5）筏板基础和箱形基础。

当柱子或墙传来的荷载很大，地基土较软弱，用单独基础或条形基础都不能满足地基承载力要求时，往往需要把整个房屋底面（或地下室部分）做成一片连续的钢筋混凝土板，作为房屋的基础，这种基础称为筏板基础，如图6-5所示。

为了增加基础板的刚度，以减小不均匀沉降，高层建筑往往把地下室的底板、顶板、

侧墙及一定数量的内隔墙连接起来构成一个整体刚度很强的钢筋混凝土箱形结构，称为箱形基础，如图 6-6 所示。

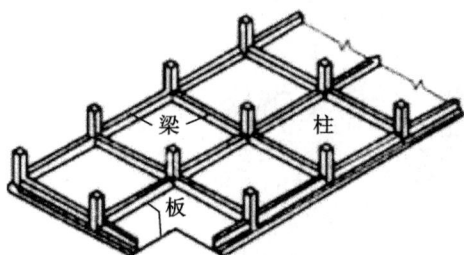

图 6-5　筏板基础

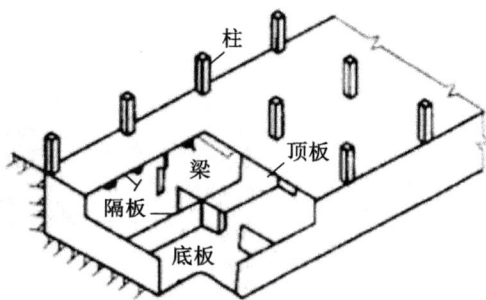

图 6-6　箱形基础

（6）壳体基础。

为改善基础的受力性能，基础的形式可不做成台阶状，而做成各种形式的壳体，称为壳体基础（图 6-7）。这种基础形式对机械设备有良好的减振性能，因此在动力设备的基础中有着光明的发展前景。

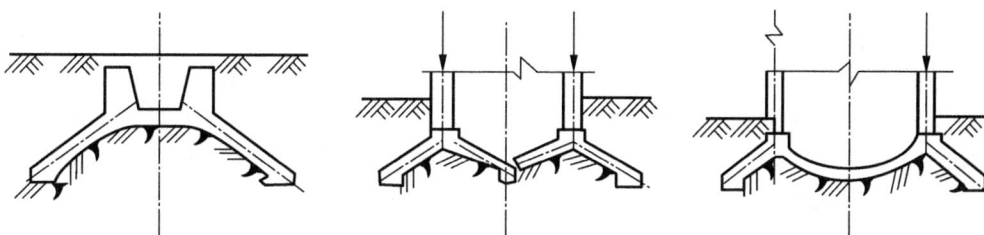

图 6-7　壳体基础

3. 深基础

位于地基深处承载力较高的土层上，埋置深度大于 5 m 或大于基础宽度的基础，称为深基础，如桩基、地下连续墙、墩基和沉井等，如图 6-8、图 6-9 所示。

（1）桩基础。

桩基是一种既古老又常见的基础形式。美国考古学家于 1981 年 1 月在太平洋东南沿岸智利的蒙特维尔德附近的森林里发现的一间支承于木桩上的木屋，经过放射性碳 60 测定，认为其距今已有 12000 年至 14000 年历史。七八千年前的新石器时代，人们就在湖上和沼泽地里打下木桩，在上面筑平台建所谓"湖上住所"以防止敌人和猛兽侵袭。

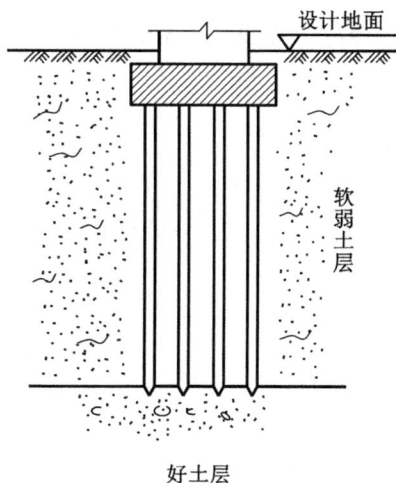

图 6-8　深基础

图 6-9　钢管桩基础

桩的作用是将上部结构荷载传递到深部较坚硬、压缩性小的土层或岩层上。由于桩基具有承载力高、稳定性好、沉降及差异变形小、沉降稳定快、抗振能力强，以及能适应各种复杂地质条件等优点而得到广泛使用。桩基除了在一般工民建中主要用于承受竖向抗压荷载外，还在港口、船坞、桥梁、近海钻采平台、高耸及高重建筑物、支挡结构以及抗震工程中，用于承受侧向风力、波浪力、土压力、地震力等水平荷载及竖向抗拔荷载。

根据桩的抗力性能和工作机理分为竖向抗压桩、竖向抗拔桩、水平受荷桩和复合受荷桩。竖向抗压桩又可根据其荷载传递特征分为摩擦桩、端承摩擦桩、摩擦端承桩及端承桩四类。按桩身材料不同分为木桩、混凝土桩、钢筋混凝土桩、钢桩、其他组合材料桩等。按施工方法可分为预制桩(打入桩和静压桩)、灌注桩两大类。按成桩过程中是否有挤土效应可分为挤土桩和非挤土桩。按成桩直径分为大直径桩、中等直径桩和小直径桩。

(2)沉井基础。

为了满足结构物的要求，适应地基的特点，在土木工程结构的实践中形成了各种类型的深基础，其中沉井基础(图 6-10)，尤其是重型沉井、深水浮运钢筋混凝土沉井和钢沉

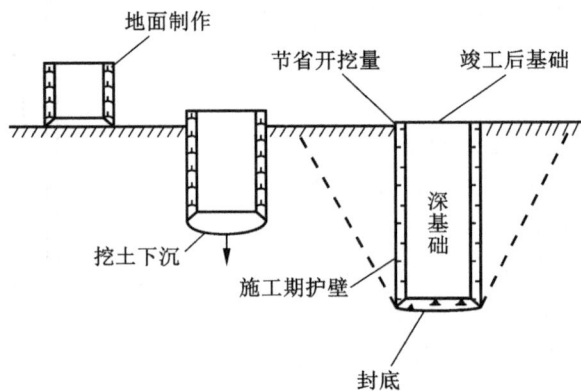

图 6-10　沉井基础施工示意图

井，在国内外已有广泛的应用和发展。

沉井在施工期间，是一个无底无盖的井状结构物。施工过程中，沉井作为围护结构，竣工后沉井本身成为基础的组成部分，即沉井基础。如我国的南京长江大桥、天津永和斜拉桥和美国的 Stlouis 大桥等均采用了沉井基础。目前，在其构造、施工和技术方面，我国均已达到世界先进水平，并具有自己独特的特点。

沉井基础的施工：先在地面制作一个"井状"结构物，然后在井孔内挖土，使沉井靠自重作用克服井壁与四周之间的摩阻力而不断下沉至设计高程，故称为"沉井"，最后封底，如图 6-10 所示。

在深基础工程施工中，由于场地条件和技术条件的限制，为了减少放坡大开挖和保证陡坡开挖的边坡稳定性，人们创造了沉井基础。初期，沉井多用于铁路和桥梁工程基础；之后在水工结构中，特别是市政工程中的给排水泵站中多有应用；沉井应用于建筑工程较晚。

沉井的主要用途可分为：

①江河上的结构物。沉井的井筒不仅可以挡土，也可以挡水，因此适用于江河上的结构物。桥墩和桥台多采用沉井。例如，南京长江大桥的桥墩基础即为筑岛沉井。

②重型结构物基础。沉井常用于平面尺寸紧凑的重型结构物基础，如烟囱、重型设备等的基础。

③取水结构物。沉井可作为从地下含水层和江河湖海取水的水泵站，如上海宝钢发电厂的水泵房即为大型沉井。

④地下工程。地下工程包括地下仓库、地下厂房、地下油库、地下车道和车站，以及矿用竖井等，如采用沉井法施工的矿用竖井，深度已超过 100 m。

⑤邻近建筑物的深基础。在临近原有建筑物处新建深基础工程时，采用沉井开挖可防止原有浅基础的滑动。

⑥房屋纠倾工作井。近年来，在房屋纠倾方法中，效果较好的有冲土法和掏土法，即在房屋沉降小的一侧做一排用砖砌的小型沉井，工人在井中冲土或掏土，沉井既可作为挡土护壁，又可保护工人安全。

（3）沉箱基础。

沉箱基础又称气压沉箱基础，它是以气压沉箱来修筑桥梁墩台或其他构筑物的基础。沉箱形似有顶盖的沉井。在水下修筑大桥时，若用沉井基础施工有困难，则改用气压沉箱施工，并用沉箱作基础。它是一种较好的施工方法和基础形式。它的工作原理为：当沉箱在水下就位后，将压缩空气压入沉箱室内部，排出其中的水，这样施工人员就能在箱内进行挖土施工，并通过升降筒和气闸，把弃土外运，从而使沉箱在自重和顶面压重作用下逐步下沉至设计标高，最后用混凝土填实工作室，即成为沉箱基础。由于施工过程中通入压缩空气，其气压保持或接近刃脚处的静水压力，故称为气压沉箱。

沉箱和沉井一样，可以就地建造下沉，也可以在岸边建造，然后浮运至桥基位置定位。当下沉处是很深的软弱层或者受冲刷的河底时，应采用浮运式。

（4）其他深基础。

深基础还有地下连续墙和墩基础，它们也是土木工程中常用的基础形式。

用专门的挖槽机械开挖狭而深的基槽，在槽内分段浇筑而成的连续封闭的钢筋混凝土墙即地下连续墙。此墙可作为挡土结构、防渗墙及高层建筑物地下室的外墙。如开挖期作为挡土防渗结构,使用期作为主体承重结构,则可节省大量护壁材料。

地下连续墙的施工,采用分单元槽段施工:即开挖导沟、修筑导墙、采用泥浆护壁,槽内挖土,放钢筋笼,浇筑混凝土后成墙。依次进行下一槽段的施工,待墙身完成后再进行墙内基坑挖土,继续完成基础结构及上部结构的施工(图6-11)。

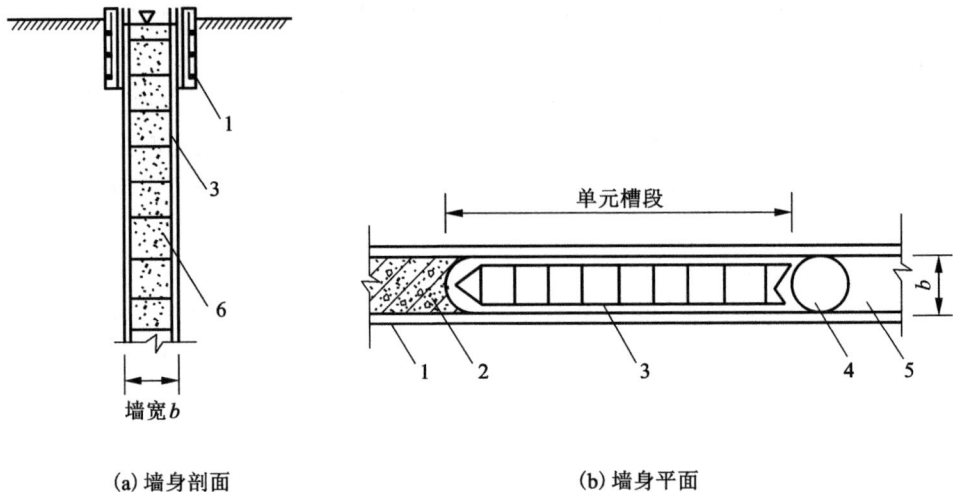

(a) 墙身剖面　　　　　　　　　　　　(b) 墙身平面

1—导墙;2—已完成墙段;3—钢筋笼;4—接头管;5—未开挖墙段;6—护壁泥浆。

图6-11　地下连续墙施工示意图

墩基础是在人工或机械成孔的大直径孔中浇筑混凝土(钢筋混凝土)而成,我国多用人工开挖,亦称大直径人工挖孔桩。

墩身施工:在护圈保护下开挖土方,支模板浇筑护圈混凝土及墩身混凝土。

6.3　地基处理

6.3.1　地基处理的对象与目的

地基处理就是为提高地基承载力,改善其变形性质或渗透性质而采取的人工处理地基的方法。

我国幅员辽阔,自然地理环境差异性强,土质各异,地基条件地域性较强;当我们需要在地质条件不好的地方进行工程建筑时,现代土木工程技术的发展使我们能够对天然的软弱地基进行处理。

地基处理的对象是软弱地基和特殊土地基。软弱地基指主要由淤泥、淤泥质土、冲填土、杂填土或其他高压缩性土层构成的地基。特殊土地基带有地区性的特点,包括软土、湿陷性黄土、膨胀土、红黏土和冻土等。

地基处理的主要目的是提高软弱地基的强度，保证地基的稳定性；降低软弱地基的压缩性，减少基础沉降；防止地震时地基土的液化；消除特殊土的湿陷性、胀缩性和冻胀性。

6.3.2　地基处理方法与方案选择

1. 地基处理方法

目前国内外地基处理方法众多，按时间可分为临时处理和永久处理；按处理深度可分为浅层处理和深层处理；按处理土性对象可分为砂性土处理和黏性土处理；按土的饱和度可分为饱和土处理和非饱和土处理；按作用机理主要有换填法（图6-12）、预压法、强夯法、振冲法、土或灰土挤密桩法、砂石桩法、深层搅拌法、高压喷射注浆法等。

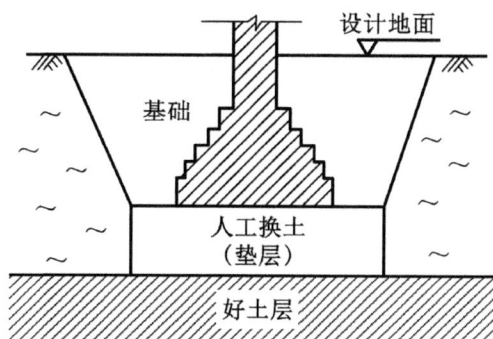

图6-12　地基用换填法

2. 地基处理方案选择

地基处理的方法虽然很多，但许多方法还在不断发展和完善中。任何一种地基处理方法不可能是万能的，都有它的适用范围和局限性，因而在选用某一种地基处理方法时，一定要根据地基土质条件、工程要求、工期、造价、料源、施工机械条件等因素综合分析和对比，从中选择最佳的地基处理方案，也可采用两种或多种地基处理方法的综合处理方案。

地基处理技术发展十分迅速，老方法得到改进，新方法不断涌现。从如何提高土的抗拉强度这一思路中，发展了土的"加筋法"；从如何有利于土的排水和排水固结这一基本观点出发，发展了土工合成材料、砂井预压和塑料排水带；从如何进行深层密实处理的方法考虑，采用加大击实功的措施，发展了"强夯法"和"振动水冲法"等。

另外，现代工业的发展为地基工程提供了强大的生产手段，如能制造重达几十吨的强夯起重机械；潜水电机的出现，带来了振动水冲法中振冲器的施工机械；真空泵的问世，催生了真空预压法；大于200个大气压的压缩空气机的出现，使高压喷射注浆法成为可能。

练习题

(1)何谓岩土工程、岩土工程勘察？岩土工程包含哪些工作内容？

(2)岩土工程勘察的目的和任务有哪些？

(3)如何理解工程地质条件、岩土工程问题、不良地质作用等基本概念？

(4)看看身边的建筑、桥梁等，思考其基础的形式。

(5)根据课程中的不同基础类型，想象其在土中放置后的具体位置和作用。

(6)地基、基础的作用是什么？

(7)刚性基础、柔性基础的区别是什么？

(8)独立基础、条形基础、桩基础的形式有哪些？

第7章

土木工程项目管理

7.1 建设程序与建设法规

7.1.1 建设项目和建设程序的概念

1. 建设项目

建设项目是指按照一份设计任务书，作为一个总体进行施工，由若干个单项工程组成，经济上实行独立核算，行政上具有独立组织形式的基本建设单位。建设项目按其组成内容，从大到小，可以划分为若干个单项工程、单位工程、分部工程和分项工程。

（1）单项工程。

单项工程是指具有独立的设计文件，自成独立系统，建成后可以独立发挥生产能力或效益的工程，如一所学校的教学楼、办公楼、宿舍、食堂等。

（2）单位工程。

单位工程是单项工程的组成部分。它是指具有单独设计图样，可以独立施工，但竣工后不能独立发挥生产能力和效益的工程，如办公楼通常可以分为建筑工程、安装工程两类。

（3）分部工程。

分部工程是指按照工程的部位、施工的工种、使用材料等的不同而划分的工程，如房屋的建筑部分按部位可以划分为基础、主体、屋面和装修等。

（4）分项工程。

分项工程是分部工程的组成部分。它是按分部工程的施工方法、使用的材料、结构构件的规格等不同因素划分的，如房屋的混凝土工程可以分为支模板、绑扎钢筋、浇筑混凝土等分项工程。

建设项目的组成和它们之间的关系如图 7-1 所示。

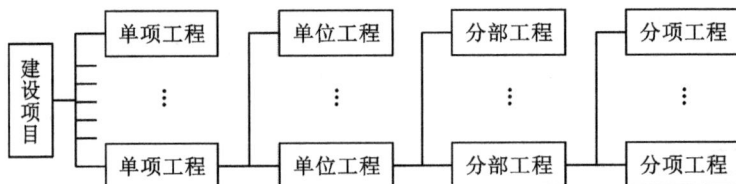

图 7-1 基本建设项目划分示意图

2. 建设程序

建设程序是指建设项目在整个建设过程中的各项工作必须遵循的先后次序，包括项目的设想、选择、评估、决策、设计、施工以及竣工验收、投入生产等的先后顺序。这个顺序不是任意安排的，是人们在认识客观规律的基础上确定的，是经过多年实践而逐步认识到的。目前，我国基本建设程序的主要阶段为：项目建议书阶段、可行性研究报告阶段、编制设计文件阶段、建设准备阶段、建设实施阶段和竣工验收阶段。工程项目建设程序如图 7-2 所示。

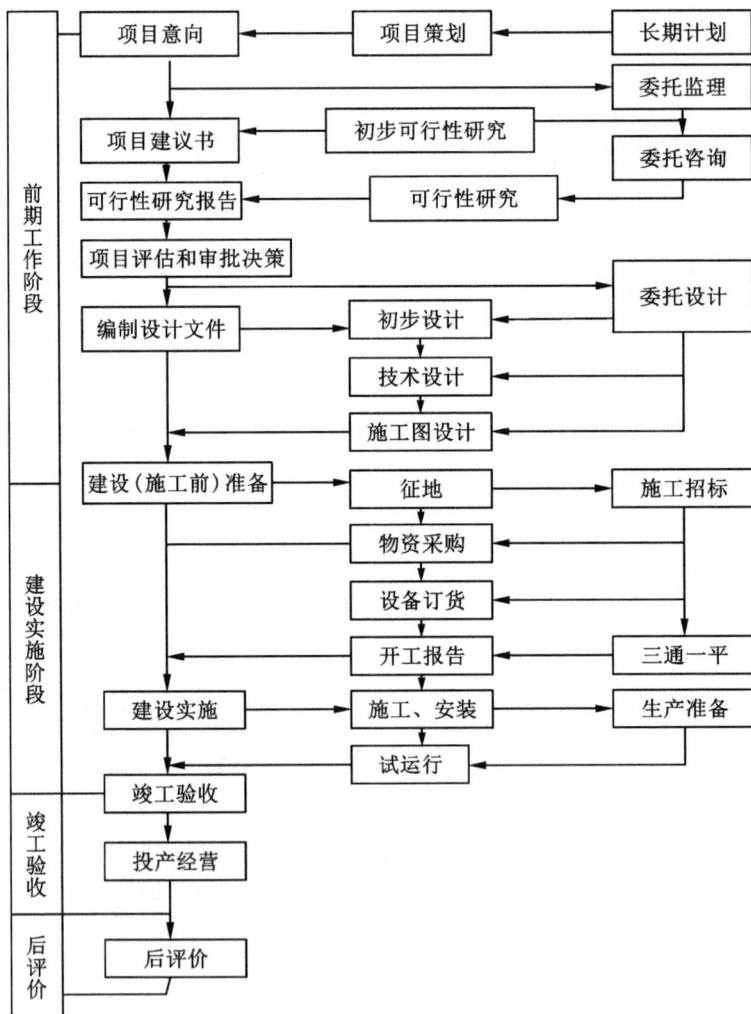

图 7-2 工程项目建设程序

7.1.2　基本建设程序的步骤和内容

1. 项目建议书阶段

项目建议书是要求建设某一具体工程项目的建设文件，是基本建设程序中最初阶段的工作，是投资决策前对拟建项目的轮廓设想。它主要是从宏观上分析项目建设的必要性，判断其是否符合国家长远规划的方针和要求；同时初步分析建设的可能性，判断其是否具备建设条件，是否值得投资。项目建议书经批准后，可以进行详细的可行性研究工作，但并不表明项目非做不可，项目建议书不是项目的最终决策。

项目建议书的内容视项目的情况而繁简不同，但一般应包括以下几个方面：

(1)建设项目提出的必要性和依据。

(2)产品方案、拟建规模和建设地点的初步设想。

(3)资源情况、建设条件、协作关系等的初步分析。

(4)投资估算和资金筹措方案。

(5)经济效益和社会效益的估计。

各部门和地区及企事业单位根据国民经济和社会发展的长远规划、行业规划、地区规划等要求，经过调查、预测分析后，提出项目建议书。项目建议书按要求编制完成后，按照建设总规范和限额划分的审批权限报批。

2. 可行性研究报告阶段

项目建议书一经批准，即可着手进行可行性研究，形成可行性研究报告。可行性研究报告是确定建设项目、编制设计文件的重要依据。所有基本建设项目都要在可行性研究通过的基础上，选择经济效益最好的方案进行编制可行性研究报告。可行性研究可以从技术、经济和财务等方面论证建设项目是否得当，以减少项目投资的盲目性，提高科学性。可行性报告必须有相当的深度和准确性。各类建设项目的可行性报告内容不尽相同，一般应包括以下几个方面：

(1)根据经济预测、市场预测确定的建设规模和产品方案。

(2)资源、原材料、燃料、动力、供水和运输条件。

(3)建厂条件和厂址方案。

(4)技术工艺、主要设备选型和相应的技术经济指标。

(5)主要单项工程公用辅助设施、配套工程。

(6)环境保护、城市规划、防震、防洪等要求和采取的相应措施。

(7)企业组织、劳动定员和管理制度。

(8)建设进度和工期。

(9)投资估算和资金筹措。

(10)项目的经济评价，包括经济效益和社会效益。

3. 编制设计工作阶段

可行性研究报告经批准的建设项目应通过招、投标择优选择设计单位，按照批准的可行性研究报告的内容和要求进行设计，编制设计文件。根据建设项目的不同情况，设计过程一般划分为两个阶段，即初步设计和施工图设计。重大项目及技术复杂项目可根据不同行业的特点和需要，增加技术设计阶段。

(1)初步设计。

初步设计主要包括设计指导思想；建设地点、规模的选择；总体布置和工艺流程；设备选型和配置、主要材料用量；主要技术经济指标，劳动定员；主要建筑物、构筑物、公用设施和生活区的建设；占地面积和征地数量；综合利用、环境保护和抗震措施；分析各项技术经济指标；总概算文字和图样等。

(2)技术设计。

技术设计根据初步设计进一步编制，具体确定初步设计中所采用的工艺、土建结构等方面的主要技术问题。

(3)施工图设计。

施工图设计是在初步设计和技术设计的基础上，将工程的建筑外形、内部空间的分隔、结构类型、结构体系、周围环境等完整地表现出来。

4. 建设准备阶段

项目在开工建设之前要切实做好各项准备工作，其主要内容包括：

(1)征地、拆迁和场地平整。

(2)完成施工用水、电、路等工程。

(3)组织设备、材料订货。

(4)准备必要的施工图样。

(5)组织施工招标和投标，择优选定施工单位。

(6)建立项目管理班子，调集施工力量。

(7)招聘并培训人员。

(8)材料、构件、半成品的订货或生产、储备等。

新开工的项目还必须按施工顺序确定至少三个月的工程施工图样，否则不能开工建设。

5. 建设实施阶段

生产准备是施工项目投产前所要进行的一项重要工作。生产准备完成后，具备开工条件，正式开工建设。建设单位在建设实施中起着重要的作用，在工程进度、质量、费用的管理和控制等方面责任重大。

6. 竣工验收阶段

工程竣工，是指工程通过施工单位的施工建设，已完成了设计图样或合同中规定的全部工程内容，达到建设单位的使用要求，标志着工程建设任务的全面完成。

工程竣工验收，是施工单位将竣工的产品和有关资料移交给建设单位，同时接受对产品质量和技术资料审查验收的一系列工作，它是工程建设过程的最后一环，是全面考核基本建设成果、检验设计和工程质量的重要步骤，通过竣工验收结束合同的履行，解除各自承担的经济与法律责任。

建设工程符合下列要求方可进行竣工验收：

(1)完成工程设计和合同约定的各项内容。

(2)施工单位在工程完工后，对工程质量进行了检查，确认工程质量符合有关法律、法规和工程建设强制性标准，符合设计文件及合同要求，并提交工程竣工报告。工程竣工报告应经项目经理和施工单位有关负责人审核并签字。

（3）对委托监理的工程项目，监理单位对工程进行了质量评估，具有完整的监理资料，并提交工程质量评估报告。工程质量评估报告应经总监理工程师和监理单位有关负责人审核并签字。

（4）勘察、设计单位对勘察、设计文件及施工过程中由设计单位签署的设计变更通知书进行检查，并提出质量检查报告。质量检查报告应经项目勘察、设计负责人和勘察设计单位有关负责人审核签字。

（5）有完整的技术档案和施工管理资料。

（6）有工程使用的主要建筑材料、建筑构件及配件和设备的进场试验报告。

（7）建设单位已按合同约定支付工程款。

（8）施工单位签署的工程质量保修书。

（9）城市规划行政主管部门对工程是否符合规划设计要求进行检查，并出具认可文件。

（10）有公安、消防、环保等部门出具的认可文件或者准许使用文件。

（11）建设行政主管部门及其委托的工程质量监督机构等有关部门责令整改的问题全部整改完毕。

竣工验收是工程建设过程的最后一环，是全面考核基本建设成果、检验设计和工程质量的重要步骤，也是基本建设转入生产或使用的标志。

7.1.3　土木工程建设立法的必要性

建设法规是指国家权力机关或其授权的行政机关制定的，旨在调整国家及其有关机构、企事业单位、社会团体、公民之间在建设活动中或建设行政管理活动中发生的各种社会关系的法律、法规的总称。简言之，建设法规是在建设活动中由国家权力机关或其授权的行政机关制定的用以调整各种社会关系的法律、法规的总称。

任何法律都以一定的社会关系为其调整对象。建设法规作为我国法律体系的组成部分也不例外。调整对象是区分不同法律部门的重要标准。根据我国实际，建设法规调整的是建设活动中所发生的各种社会关系。我们学习建设法规的目的有以下几点：

（1）掌握建设法规所涉及的法律、法规的基本概念和建设活动的基本程序。

（2）熟悉建设活动中的勘察、设计、施工、监理所涉及的法规及分类，并能在实践中逐渐对其加深理解和灵活选用，重点是建设活动基本法律规范。

（3）明确建设法规在我国建设活动中的地位、作用和实施，并能及时掌握我国新颁布的相应法律、法规。

建设法规所研究的内容涉及各类建设部门，如城市规划、市区公共事业、村镇建筑、工程建筑、房地产以及相关的环境保护、土地资源、矿产资源等。因此学习建设法规应从掌握基本概念、基本建设程序着手，并按建设程序的各阶段学习相应法律、法规的基本内容。

为了达到上述目的，学习建设法规要借助许多相关专业学科，如城市规划、钢筋混凝土结构、砖石结构、建筑材料、水工建筑物、港口建筑物、钢结构、地基基础和土木工程施工等。

7.1.4 建设法规的构成

建筑法规的构成分为三个部分：建设行政法律、建设民事法律和建设技术法规。

1. 建设行政法律

建设行政法律是指国家制定或认可，体现人民意志，由国家强制力保证实施的并由国家建设管理机构从宏观上、全局上管理建筑业的法律规范。它在建设法规中居主要地位。如《中华人民共和国建筑法》(以下简称《建筑法》)就是我国工业建设和建筑业的一部大法，是建筑活动的基本法。建设行政法律还包括城市规划法、工程设计法、税法等。

2. 建设民事法律

建设民事法律是指国家制定或认可的，体现人民意志的，由国家强制力保证其实施的调整平等主体，如公民之间、法人之间、公民与法人之间的建设关系的行为准则。建设民事法律包括建设合同法、建设企业法等。

3. 建设技术法规

建设技术法规是指国家制定或认可的，由国家强制力保证其实施的工程建设勘察、规划、建设、施工、安装、检测、验收等技术规程、规则、规范、条例、办法、定额、指标等规范性文件，如施工验收规范、建设定额等。主要的建设法规分类见表7-1。

表7-1 建设法规分类表

序号	法律部门	建设法规	行政法规
1	城市规划	城市规划法	城市规划法实施条例
			城市房屋拆迁管理条例
2	城市建设与市政公用事业	市政公用事业法	城市道路管理条例
			城市公共客运交通管理条例
			城市供水管理条例
			城市排水管理条例
			城市节约用水管理规定
			城市燃气与集中供热管理条例
			城市市容和环境卫生管理条例
			城市园林条例
			城市绿化条例
			城市维护建设税暂行条例
3	村镇建设	村镇建设法	村庄和集镇规划建设管理条例
4	风景名胜区	风景名胜区法	风景名胜管理暂行条例

续表7-1

序号	法律部门	建设法规	行政法规
5	工程建设与建筑业	工程设计法	工程勘察设计管理条例
			建设工程勘察设计合同条例
			中外合作设计工程项目暂行规定
			注册建筑师条例
			建设工程造价管理条例
			建设工程招标投标管理条例
		建筑法	工程建设监理条例
			建设工程质量管理条例
			建设工程地震灾害管理条例
			建筑安全生产管理条例
			建筑市场管理条例
			建筑安装工程承包合同条例
			外国企业在中国承包工程管理规定
6	房地产业	城市房地产管理法	城镇国有土地使用权出让和转让暂行条例
			基准地价、标定地价和房屋重置价管理规定
			城市房地产开发经营管理条例
			城市住宅建设管理条例
			城镇个人建造住宅管理办法
		住宅法	住宅基金管理条例
			公民住房储蓄及社会保险储蓄条例
			城市公有房屋管理条例
			城市私有房屋管理条例
			外国人私有房屋管理规定
7	相关部门	标准化法	工程建设标准化管理规定
		地震法	
		环境保护法	
		土地管理法	
		水法	
		矿产资源法	
		森林法	

7.2　工程项目管理

7.2.1　工程项目管理的预期目标和基本目标

在工程项目管理过程中，人们的一切工作都是围绕着一个目的——取得一个成功的项目而进行的。那么，怎样才算是一个成功的项目？时间、条件、视角不同，就会有不同的标准。通常一个成功的项目至少必须实现如下预期目标：

(1)在预定的时间内完成项目的建设，及时实现投资目的，达到预定的项目要求。

(2)在预算费用(成本或投资)范围内完成，尽可能地降低费用消耗，减少资金占用，保证项目的经济性。

(3)满足预定的使用功能要求，达到预定的生产能力或使用效果，能经济、安全、高效地运行并提供较好的运行条件。

(4)能为使用者(用户)接受和认可，同时又兼顾社会各方及各参加者的利益，使得各方都感到满意，企业由此获得良好的声誉。

(5)能合理、充分、有效地利用各种资源。

(6)项目实施按计划、有秩序地进行，变更较少，不发生事故或其他损失，较好地解决了项目过程中出现的困难和干扰。

(7)与环境协调一致，即项目必须为它的上层系统所接受，包括：

①与自然环境的协调，没有破坏生态或恶化自然环境，具有良好的审美效果；

②与人文环境的协调，没有破坏或恶化优良的文化氛围和风俗习惯；

③项目的建设与运行和社会环境有良好的接口，为法律所允许，或至少不能产生法律问题，有助于社会就业、社会经济发展。

要取得完全符合上述每一个条件的项目几乎不可能，因为这些条件之间有许多矛盾。在一个具体的项目中，常常需要确定它们的重要性(优先级)，有的必须保证，有的尽可能照顾，还有的又不能保证。这就属于项目目标的优化。

以工程建设作为基本任务的项目管理的核心内容可概括为"三控制、二管理、一协调"，即进度控制、质量控制、费用控制，合同管理、信息管理和组织协调。在有限的资源条件下，运用系统工程的观点、理论和方法，对项目的全过程进行管理。所以项目管理基本目标有三个最主要的方面：专业目标(功能、质量、生产能力等)，工期目标和费用(成本、投资)目标。它们共同构成项目管理的目标体系，如图7-3所示。

7.2.2　工程项目管理现代化

现代化的项目管理是在20世纪50年代以后发展起来的。

20世纪50年代，人们将网络技术应用于工程项目的工期计划和控制，取得了很大成功，如美国1957年的北极星导弹研制和后来的登月计划。

20世纪60年代，利用大型计算机进行网络计划的分析计算已经成熟，人们可以用计算机进行项目工期的计划和控制。但当时计算机还不普及，一般的项目不可能使用计算机

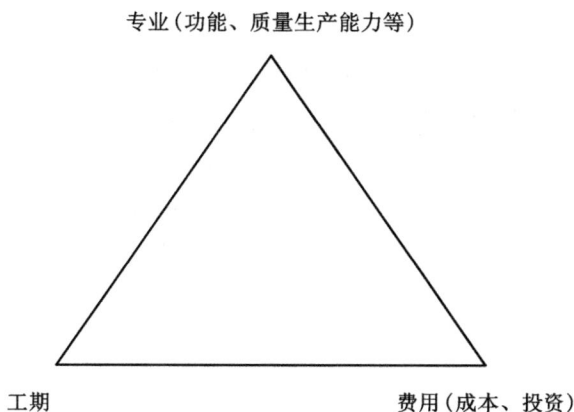

图 7-3　项目管理的目标体系

进行管理，而且当时有许多人对网络技术接受度不高，所以网络技术应用尚不普及。

20 世纪 70 年代，计算机网络分析程序已十分成熟，人们将信息系统方法引入项目管理中，提出了项目管理信息系统的概念。这使人们对网络技术有更深的理解，扩大了项目管理的研究深度和广度，同时扩大了网络技术的作用和应用范围，在工期计划的基础上实现了用计算机进行资源和成本计划、优化和控制。

20 世纪 80 年代，计算机得到了普及，这使项目管理理论和方法的应用走向了更广阔的领域。计算机及软件价格的降低，数据获得更加方便，计算时间缩短，调整容易等优点，使寻常的项目管理公司和企业都可以使用现代化的项目管理方法和手段。这使项目管理工作大为简化，收到了显著的经济和社会效益。

20 世纪 90 年代，人们扩大了项目管理的研究领域，包括合同管理、项目形象管理、项目风险管理、项目组织行为。在计算机应用上则加强了对决策支持系统和专家系统的研究。

现代化的项目管理具有以下特点。

1. 项目管理理论、方法、手段的科学化

（1）现代管理理论的应用。

例如：系统论、信息论、控制论、行为科学等在项目管理中的应用。

（2）现代管理方法的应用。

例如：预测技术、决策技术、数学分析方法、数理统计方法、模糊数学、线性规划、网络技术、图论、排队论等。

（3）管理手段的现代化。

例如：计算机的应用，以及现代图文处理技术、精密仪器的使用、多媒体的使用等。

2. 项目管理的社会化、专业化

以往人们进行工程建设要组织管理班子，一旦工程结束，这套班子便解散或赋闲。因此管理人员的经验得不到积累，只有一次教训，没有第二次经验。

在现代社会中，需要专业化的项目管理公司。项目管理现在不仅是学科，而且成了一门职业，专门承接项目管理业务，提供全套的专业化咨询和管理服务。这是世界性的潮流，现在不论是发达国家还是发展中国家，在建设大型的工程项目时都聘请或委托项目管理(咨询)公司进行项目管理，这样能达到投资省、进度快、质量好的目标。

3. 项目管理的标准化和规范化

项目管理是一项技术性非常强的十分复杂的工作，要符合社会化大生产的需要，项目管理必须标准化、规范化。这样项目管理工作才有通用性，才能专业化、社会化，才能提高管理水平和经济效益。这使得项目管理成为人们通用的管理技术，逐渐摆脱经验型管理以及管理工作"软"的特征，而逐渐"硬"化。

4. 项目管理的国际化

项目管理的国际化趋势越来越明显。项目管理的国际化即按国际惯例进行项目管理。国际惯例能把不同文化背景的人包罗进来，提供一套通用的程序、通行的准则和方法，使得项目中的协调有一个统一的基础。

工程项目管理的国际惯例通常有：

(1)世界银行推行的工业项目可行性研究指南；

(2)世界银行的采购条件；

(3)国际咨询工程师联合会颁发的 FIDIC 合同条件和相应的招投标程序；

(4)国际上处理一些工程问题的惯例和通行准则。

7.3 工程项目招标与投标

7.3.1 概述

工程项目招标与投标是国际上通用的比较成熟的、科学合理的工程发包方式。许多国家用立法的形式规定了企业、事业单位承包工程项目的可行性研究、勘察设计、施工、设备安装、物资和机械设备采购等必须采用招标与投标方式。

工程项目招标与投标中的标，又叫"标的"，是指拟发包工程项目内容的标明。招标与投标是在商品经济中运用于工程项目的一种交易方式。它的特点是由专一的买主(招标单位)设定以建筑商品质量、价格、工期为主的标的，邀请若干个卖主(投标单位)对建筑工程的价格和施工方案等条件进行竞争，进而通过开标、评标择优，确定中标单位并与之达成交易协议。

工程项目招标，就是建设单位(招标单位)在发包工程项目前，发布招标公告，由咨询公司、勘察设计单位、建筑公司、安装公司等各类公司的多家承包企业分阶段前来投标，最后建设单位从中择优选定承包单位的一种经济行为。招标单位发布招标公告时必须制定招标书及图纸资料文件，并在招标投标管理机构审批合格的基础上提出招标要求，明确招标项目内容和投标、开标的时间；招标单位根据投标单位填报的投标资料，按其投标报价的高低、技术水平、施工经验、财务状况、企业信誉等方面进行综合评价，选出优胜企业为中标单位，并与之签订工程项目承包合同，达成工程项目成交协议。

工程项目投标，就是投标单位在同意招标单位拟定的招标文件所提条件的前提下，对招标项目提出实施方案和报价的过程。投标单位在获得投标资料以后，要认真研究招标文件，调查工程环境，确定投标策略，仔细编制标书，妥善处理好工程造价与工程质量、工期的关系，依据招标单位的要求和条件，估算投标项目成本与造价，按规定的投标期限，向招标单位递交投标资料文件，并准时参加开标会。经过评标、定标过程，投标单位中标后，及时与招标单位签订工程施工承包合同并履行合同。

7.3.2　招标方式与分类

1. 招标方式

《中华人民共和国招标投标法》规定，我国招标方式有两种，即公开招标和邀请招标。

（1）公开招标，又称无限竞争性招标。由招标单位在国内外主要报纸、行业刊物上或电视、电台上发布招标广告，凡对此招标项目感兴趣的投标单位都可以在规定的时间内报名购买资格预审文件，参加资格预审，经招标单位资格预审合格者均可购买招标文件参加投标。这种投标方式的优点是招标单位有较大的选择范围，能更好地实施竞争，打破垄断，有利于降低工程造价。但这种招标方式投标单位较多，审查投标单位资格和标书的工作量也较大，所花费用较多，招标过程需要的时间也较长。

（2）邀请招标，又称为有限制性选择招标。招标单位可根据自己的经验和资料或咨询单位提供的材料，依据企业的信誉、技术水平、以往承担的类似工程的质量、资金、技术力量、设备状况、经营能力等条件，邀请某些投标单位来参加投标。邀请招标的投标单位数量可根据工程规模确定，一般为 5~10 家为宜，但不能少于 3 家。邀请的投标单位名单要经过慎重选择，应尽量保证选定的投标单位都符合招标条件要求，以便评标时主要依据报价高低来选定中标单位。

这种方式因投标单位数量有限，既可以节省招标费用，缩短招标时间，又可提高投标单位的中标概率，对招标单位和投标单位都有利。但这种方式限制了竞争范围，可能会漏掉一些技术上、报价上有竞争力的后起投标单位。

2. 招标分类

按工程项目建设程序，招标可分为以下三种：

（1）项目开发招标。它是指招标单位对工程建设项目进行可行性研究的工程咨询单位实行竞争性选择的过程，其"标的"是可行性研究报告。

（2）勘察设计招标。它是根据通过的可行性研究报告所提出的项目设计任务书，择优选择勘察设计单位。这种招标的"标的"是勘察设计的成果。

（3）工程施工招标。在工程项目初步设计或施工图设计完成的基础上，招标单位用招标的方式选择信誉好、技术水平高、管理和施工经验丰富的施工单位。这种招标的"标的"是施工单位向招标单位交付按设计规定建造的建筑产品。

按工程项目招标的范围分类，招标可分为：

（1）全过程招标。它是指从项目的可行性研究、勘察设计、物资供应、施工安装、职工培训、生产准备和试生产、交付使用都由一个总投标单位负责承包的招标。

（2）专项工程承包招标。它指在工程承包招标中，对工程规模大、工程内容复杂、专业性强、施工和制作要求特殊的单项工程，实施单独选择投标单位的过程。

7.3.3 工程项目招标应具备的条件

工程项目实施施工招标应具备如下条件：

(1)概算已经有关部门批准。

(2)工程建设项目已正式列入国家、部门或地方的年度固定资产投资计划。

(3)建设用地的征用工作已经完成。

(4)有满足施工需要的施工图纸及技术资料。

(5)建设资金和主要建筑材料、设备的来源已经落实。

(6)建设项目已被所在地规划部门批准，施工现场的"三通一平"已完成或列入施工招标范围。

不具备上述招标条件的工程，要积极创造条件，待条件成熟后再行招标。

7.3.4 工程项目施工招标工作程序

保证工程项目施工招标工作规范化运作，坚持公平、等价、有偿、信用的原则，维护建筑市场良好秩序，施工招标应遵循如下程序：

(1)向政府招标投标办事机构提出招标申请。

(2)成立招标班子，开展招标工作。

(3)编制招标文件。招标文件是招标单位行动的指南，也是投标单位投标的准则，招标文件编制的好坏将影响整个投标工作，因此要求招标文件内容详细、准确、完整。招标文件的内容有：资格预审文件；工程项目概况；满足投标单位计算报价、拟定施工组织设计、制定工程进度计划安排的工程项目设计图纸和技术资料；工程量清单；建设资金证明和工程款的支付方式及预付款的比率；主要消耗材料与设备的供应方式、加工订货情况；材料设备价差的处理方法；特殊工程的技术要求以及采用的技术规范；编制投标书的要求；投标、开标、评标活动日程的安排；施工合同条件及调整要求；要求投标单位缴纳投标保证金的数额。

(4)编制与审定标底。其数额必须控制在批准的总概算或投资包干的限额内，一个招标工程项目只能编制一个标底，计算标底价格必须和招标要求一致。标底必须报招投标管理机构审定，为保证标底的机密，标底的审定时间可安排在投标截止日期到开标前的这段时间内。

(5)发布招标公告或发出招标邀请书。

(6)接收投标单位的投标申请书的主要内容包括单位名称、地址、负责人姓名、单位所有制性质及隶属关系，联系人姓名及电话号码等。

(7)审查投标单位的资质。审查的主要内容有：投标单位的营业执照、资质等级证书，工程技术人员和管理人员的经验和胜任程度，管理机构情况以及以往履约情况，历年完成类似工程的合同额、工程质量、工期保证情况、流动资金及目前负债数额，拥有的施工机械设备等。

(8)发售招标文件。向资质审查合格的投标单位发售招标文件，同时向投标单位收取投标保证金。

(9)招标工程交底、踏勘施工现场及答疑。招标文件发售后，招标单位按规定日程召开专门会议，向各投标单位进行工程项目交底，并组织其踏勘施工现场，介绍现场准备情况，为投标单位提供编制标书的依据；同时解答投标单位就招标文件、设计图纸等方面的质询，并将书面答复的所有质询问题抄送所有投标单位。

(10)接收投标文件。

(11)开标。开标前招标单位要做好准备。首先，要建立组织机构，由招标单位及其上级领导组成招标领导小组，负责领导和监督招标的全过程；其次成立评标委员会，评委由招标单位提出，人数视工程规模确定，参加人员一般为建设单位、工程项目主管部门、开户银行、设计单位、工程监理单位、质量监督部门、造价管理单位的专业人员，对重大项目可聘请有关专家参加。开标时如有下列情况之一者，投标文件将宣布作废：①未密封；②无单位公章或法定代表人或法定代表人委托的代理人的印鉴；③未按规定的格式填写，内容不全或字迹模糊，辨认不清；④逾期送达；⑤投标单位未参加开标会议。

(12)评标。评标委员会将各投标单位的报价、工期、质量、主要材料用量、施工方案、信誉按百分制划分评分，也可进行综合评议，投票表决，将得分最高的一、二、三名，报招标领导小组最后审定。

(13)定标。以评标委员会排列的名次，一般以得分或票数最多者为中标单位。定标后通知中标单位，同时抄送未中标单位，未中标单位抓紧时间办理招标文件和图纸资料的退还工作，向招标单位要回投标保证金和投标书。

(14)签订施工合同。中标单位接到中标通知书后，在规定的时间内签订施工合同，并向招标单位缴纳履约保证金，之后双方按照合同条款，各自履行其义务。

7.3.5 工程项目投标工作程序

1. 组建精干的投标班子

建立一个强有力的、内行的投标班子是投标获得成功的根本保证。该班子应由具备以下基本条件的人员组成：精明的决策人员；精干的投标专业人员；有丰富的现场施工经验的总工程师或主管工程师（他们熟悉施工组织设计，针对现场的实际情况，能编制出科学的施工方案，能够对招标文件中的设计图纸在满足原工程项目基本设计要求的前提下，提出既可缩短工期又能降低工程造价的改进方案，赢得招标单位的信赖）；有熟悉建筑材料、设备、物资供应的管理人员（他们了解市场行情，熟悉供给渠道，能为工程项目估价提供重要资料）；有精通工程项目预算的经济师；有政策性强、懂税收、保函、保险、涉外管理和结算等知识的财会人员。

2. 投标工作程序和内容

(1)通过广播、电视、专业期刊等渠道获得工程项目招标信息。

(2)实施前期投标决策。

(3)向招标单位提交资格预审书。

资格预审书的内容包括：申请者的身份、营业执照、资质等级和组织机构；过去的详细履历；用于本工程的主要施工机械、设备的详细情况；从事本工程项目主要管理者的资历和经验；近几年的主要同类工程业绩；过去两年经审计的财务状况；近年介入的诉讼情况等，并填好申请人、申请合同、组织机构及框图、财务、公司人员、施工机械设备、业绩、在建项目、介入诉讼案件等登记表格。

(4)购买招标文件。

在通过资格预审，获得参加投标的通知后，到招标单位购买招标文件，并缴纳一定数额的投标保证金。

(5)澄清招标文件中的有关问题。

投标单位购买到招标文件后，应组织人员进行仔细阅读和研究，如发现招标文件、设计图纸有遗漏、错误、词义含糊等情况，应书面或在答疑会上向招标单位质询，由招标单位予以解释。

(6)研究招标文件，调查工程环境，确定投标策略。

重点：招标文件中的工程综合说明；施工图纸和相应说明书及工程量清单；所需材料、设备的供应方式；合同条款及投标单位的权利和义务；投标、开标、评标日程安排及编制标书的其他要求；派人参加招标单位组织的现场踏勘活动，调查招标工程自然、经济和社会环境，了解现场"三通一平"，地上、地下障碍物的清除、土质、水位、坐标点及电力供应，建筑材料市场行情，各投标单位的实力等情况，为编制标书提供重要依据。

(7)编制投标书。

其顺序为：在审核工程量的基础上首先制定施工组织设计；然后依次计算工程造价，确定报价，提出主要材料消耗量，依据投标策略，决定是否调整各类主要材料消耗量；还要确认合同主要条款，特别是有关工期、质量、造价调整、付款条件、材料供应、设备提供、争议、仲裁的条款，有需修改的应在投标书内提出；最后编写标书的综合说明。

(8)递交投标书。

编好的标书要整洁、纸张一致、字迹清楚、装帧美观，以给评标人留下该投标单位重视质量的好印象。标书盖上投标单位的印鉴、法定代表人或法定代表人委托的代理人印鉴，反复核对文字和报价数据，确认无误后分正副本分别包装，且要求用内外两层信封包装和密封。外信封上写明招标单位地址、投标工程名称。内信封写上投标单位的地址和名称，以备招标单位将投标文件退还投标单位。密封后的标书在截止日期前送达。标书送出后，如发现其内容有误或需修改报价，要在投标截止日期前用正式函件更正，此函件与投标书具有同等效力，原标书相应部分应以更正函件为准。

(9)开标。

投标单位按招标文件规定的时间、地点参加开标会，要求投标单位法定代表人或其委托人必须出席。在招标单位启封投标文件前，投标单位要复验本单位投标书密封情况。投标单位一般按抽签顺序或递交标书的时间顺序依次唱标，并按招标会议上宣布的唱标时间、范围，宣读标书的主要内容。当招标单位对宣读的标书提出有关问题时，投标单位应及时解释清楚，但不允许投标单位修改投标报价和工期等重要内容。

(10)询标、议标。

开标会一般不能当场定标，招标单位经过审查投标文件，对投标书中的疑问还要向投标单位进行询标，有时还会同一家或几家实力雄厚、均有中标可能的投标单位进一步议标，此时，参加询标、议标的投标单位应积极主动地与招标单位配合，认真解释和提供必要的资料，积极创造条件争取中标。

（11）中标、签约。

投标单位接到招标单位的中标通知书后，即成为工程项目的承建单位，应按招标文件和投标的内容及有关规定，按期同招标单位签订工程承包合同，并办理投标保证金退回手续，向招标单位提交银行信用证明或履约保函、履约保证金。

接到未中标通知的投标单位，在定标后十天内向招标单位退回招标文件及有关资料，并收回投标保证金。

3. 投标书内容

（1）投标书封面。

它应填写招标单位名称、工程项目名称、投标企业名称及其负责人姓名、送达标书的日期。

（2）标书主文。

标书主文主要是根据招标文件提供的设计图纸、技术说明和合同条件，投标单位承担施工任务提出的工程总标价及其构成情况、总工期、主要材料指标、机械设备数量、工程质量标准、主要施工技术组织措施、安全施工保证措施以及要求建设单位提供的配合条件，这些是招标单位评标、定标的主要依据。

（3）投标书附属材料。

投标书附属材料主要包括：工程量清单或单位工程主要分部分项标价明细表；单位工程主要材料、设备标价明细表；详细的施工方案，施工进度计划表，人力安排计划表，特殊材料的样本和技术说明等；按招标文件所附的格式，由建设单位认可的银行出具的投标保函；详细地致函；如欲将部分项目分包给其他施工单位，则应附有分包企业的详细情况。

7.4　建设工程监理

7.4.1　概述

1. 建设工程监理的概念

建设工程监理，是指具有相应资质的监理单位受工程项目建设单位的委托，依据国家有关工程建设的法律、法规，经建设主管部门批准的工程项目建设文件、建设工程委托监理合同及其他建设工程合同，对工程建设实施专业化监督管理。实行建设工程监理制，目的在于提高工程建设的投资效益和社会效益。

从事建设工程监理活动，应当遵循"守法、诚信、公正、科学"的准则。

2. 建设工程监理的范围

为了确定必须实行监理的建设工程项目的具体范围和规模标准，规范建设工程监理活动，根据《中华人民共和国建筑法》和《建设工程质量管理条例》，下列建设工程必须实行监理。

（1）国家重点建设工程。《国家重点建设项目管理办法》所确定的对国民经济和社会发展有重大影响的骨干项目。

（2）大中型公用事业工程。项目总投资额在 3000 万元以上的下列工程项目：

①供水、供电、供气、供热等市政工程。

②科技、体育、文化等项目。

③体育、旅游、商业等项目。

④卫生和社会福利等项目。

⑤其他公用事业项目。

（3）成片开发建设的住宅小区工程建筑面积在 50000 m^2 以上的住宅建设工程必须实行监理；50000 m^2 以下的住宅建设工程，可以不实行监理，具体范围和规模由省、自治区、直辖市人民政府建设行政主管部门规定。

为保证住宅质量，对高层住宅及结构复杂的多层住宅应当实行监理。

（4）利用外国政府或者国际组织贷款、援助资金的工程，包括：

①使用世界银行、亚洲开发银行等国际组织贷款资金的项目。

②使用国外政府及其机构贷款资金的项目。

③使用国际组织或者外国政府援助资金的项目。

（5）国家规定必须实行监理的其他工程：

①项目总投资额在 3000 万元以上的，关系社会公共利益、公众安全的项目。

②学校、影剧院、体育场馆等项目。

国务院建设行政主管部门会同国务院有关部门，可以对本规定确定的必须实行监理的建设工程的具体范围和规模进行调整。

省、自治区、直辖市的政府部门和建设行政主管部门根据本地区的情况，对建设工程监理范围有补充规定的，按补充规定执行。

3. 建设工程监理的内容

建设工程监理分为建设前期阶段、勘察设计阶段、施工招标阶段、施工阶段和保修阶段的监理。各阶段监理的主要内容包括控制工程建设的投资、建设工期和工程质量，进行工程建设的合同管理，协调有关单位间的工作关系等。

一般情况下，监理工作的主要业务内容包括以下几个部分。

（1）建设前期阶段的监理工作。

①投资项目的决策内容和建设项目的可行性研究。

②参与设计任务书的编制等。

（2）勘察设计阶段的监理工作。

①协助建设单位提出设计要求，组织评选设计方案。

②协助选择勘察、设计单位，协助签订建设工程勘察、设计合同，并监督合同的履行。

③督促设计单位限额设计、优化设计。

④审核设计是否符合规划要求，是否满足建设单位提出的功能使用要求。

⑤审核设计方案的技术、经济指标的合理性，审核设计方案能否满足国家规定的具体要求和设计规范。

⑥分析设计的施工可行性和经济性。

（3）工程施工招标阶段的监理工作。

①受建设单位委托组织招标，编制与发送招标文件（包括编制标底）。

②协助建设单位考察投标单位的承包能力和水平，提出考察意见。

③协助建设单位依法进行招标、评标和定标。

④协助建设单位与承建单位签订建设工程施工合同。

（4）工程施工阶段的监理工作。

①协助建设单位与承建单位编写开工报告，协助建设单位办理开工手续。

②确认承建单位选择的分包单位。

③参加施工图会审和设计交底。

④审查承建单位提出的施工组织设计、施工技术方案、施工进度计划、施工质量保证体系和施工安全保证体系，并提出审查意见。

⑤督促、检查承建单位执行建设工程施工合同和国家工程技术规范、标准，协调建设单位和承建单位之间的关系，解决争议。

⑥审核承建单位或建设单位提供的材料、构配件和设备的清单及所列规格、技术性能与质量。

⑦审批承建单位报送的施工总进度计划；审批承建单位编制的年、季、月度施工计划；分阶段协调施工进度计划，及时提出调整意见，督促承建单位实施进度计划。

⑧根据施工进度计划协助建设单位编制用款计划；审核经质量验收合格的工程量，并签批工程款支付申请表；协助建设单位进行工程竣工结算工作。

⑨督促承建单位严格按现行规范、规程、强制性质量控制标准和设计要求施工，控制工程质量。

⑩检查工程使用的材料、构配件和设备的规格、技术性能和质量。

⑪督促、检查、落实施工安全保障措施和防护措施。

⑫负责施工现场签证工作。

⑬检查工程进度和施工质量，进行技术复核和隐蔽工程验收，组织有关单位人员进行检验批和分项工程、分部（子分部）工程的验收，编写地基与基础、主体结构和其他主要分项工程、分部（子分部）工程和单位（子单位）工程质量评估报告，阶段工程质量评估报告，并报政府质量监督机构备案。

⑭参加、督促和检查对工程质量事故的调查、分析和处理。

⑮督促整理合同文件、施工技术档案资料和竣工资料。

⑯协助建设单位组织设计、施工和有关单位进行工程竣工初步验收，编写工程竣工验收报告，协助建设单位办理工程竣工备案手续。

⑰协助建设单位审查工程结算。

⑱督促承建单位及时完成未完工程尾项和维修工程中出现的缺陷。

（5）工程保修阶段的监理工作，负责检查工程，鉴定质量问题的责任，督促承建单位回访和保修。

4. 项目监理工作程序

工程项目施工阶段的监理，是指工程项目已经完成施工图设计，并已经完成施工投标招标工作、签订建设工程施工合同以后，从工程项目的承建单位进场准备、审查施工组织设计开始，一直到工程竣工验收、备案、竣工资料存档的全过程监理。

监理工作程序包括编写实施细则、制定监理工作方法、编写监理工作报告等，如图

7-4 所示。

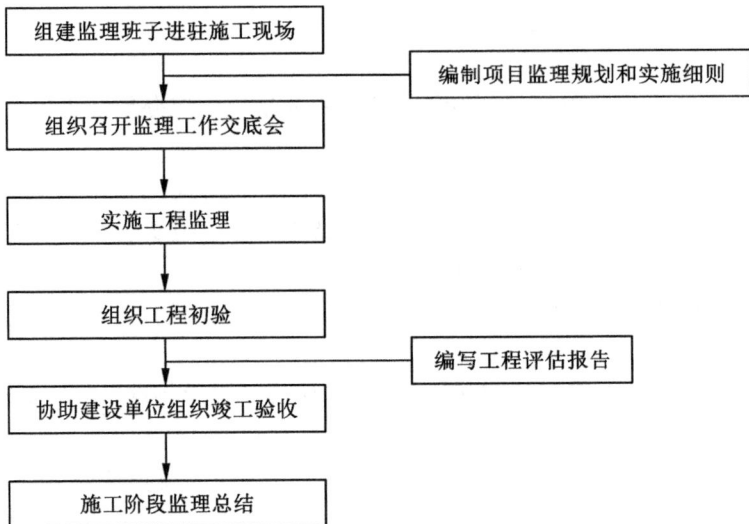

图 7-4 监理工作程序

7.4.2 监理单位

工程监理单位是由社会上的建设工程监理企业(称为工程建设监理公司或工程建设监理事务所)受建设单位的委托和授权,以自己合格的技能和丰富的经验为基础,依照国家有关工程建设的法律、法规、政策、技术标准和设计文件、建设工程委托监理合同、建设工程施工合同等,对工程项目建设的活动所实施的监督、管理,包括对工程建设活动的组织、协调、监督控制和服务等一系列技术服务活动;亦即实现工程项目建设活动监督管理的专业化和社会化。

1. 监理单位的资质管理

监理单位的资质是指从事建设工程监理业务的工程监理企业应当具备的注册资本、专业技术人员的素质、管理水平及工程监理业绩等条件。

工程监理单位的资质等级分为甲级、乙级和丙级,并按照工程性质和技术特点划分为若干工程类别。

2. 监理单位与建设单位的关系

(1)建设单位与监理单位是平等的合同约定关系,是委托与被委托的关系。

监理单位所承担的任务由双方事先按平等协商的原则确定于合同之中,建设工程委托监理合同一经确定,建设单位不得干涉监理工程师的正常工作;监理单位依据监理合同中建设单位授予的权利行使职责,公正独立地开展监理工作。

(2)在工程建设项目监理实施的过程中,总监理工程师应定期(月、季、年)根据委托监理合同的业务范围,向建设单位报告工程进展情况、存在问题并提出建议。

(3)总监理工程师在工程建设项目实施的过程中,严格按建设单位授予的权利,执行建设单位与承建单位签署的建设工程施工合同，但无权自主变更建设工程施工合同，可以及时向建设单位提出建议，协助建设单位与承建单位协商变更建设工程施工合同。

(4)总监理工程师在工程建设项目实施的过程中，是独立的第三方。建设单位与承建单位在执行建设工程施工合同过程中发生的任何争议，均须提交总监理工程师进行调解。

总监理工程师接到调解要求后，必须在30日内将处理意见书面通知双方。如果双方或其中一方不同意总监理工程师的意见，在15日可直接请求当地建设行政主管部门调解，或请当地经济合同仲裁机关仲裁。

(5)工程建设监理是有偿服务活动，酬金及计提办法，由建设单位与监理单位依据所委托的监理内容、工作深度、国家或地方的有关规定协商确定，并写入委托监理合同。

3. 监理单位与承建单位的关系

(1)监理单位实施监理前，建设单位必须将监理的内容、总监理工程师的姓名、所授予的权限等，书面通知承建单位。

监理单位与承建单位之间是监理与被监理的关系，承建单位在项目实施的过程中，必须接受监理单位的监督检查，并为监理单位开展工作提供方便，按照要求提供完整的原始记录、检测记录等技术、经济资料；监理单位应为项目的实施创造条件，按计划做好监理工作。

(2)监理单位与承建单位之间没有合同关系，监理单位之所以对工程项目实施中的行为具有监理身份，一是建设单位的授权，二是在建设单位与承建单位为甲、乙方的建设工程施工合同中已经事先予以承认，三是国家建设监理法规赋予监理单位监督实施有关法规、规范、技术标准的职责。

(3)监理单位是存在于签署建设工程施工合同的甲、乙双方之外的独立一方，在工程项目实施的过程中，监督合同的执行，体现其公正性、独立性和合法性；监理单位不直接承担工程建设中进度、造价和工程质量的经济责任和风险。监理人员也不得在受监工程的承建单位任职、合伙经营或发生经营性隶属关系，不得参与承建单位的盈利分配。

4. 监理单位与质量监督机构的区别

建设工程监理和质量监督是我国建设管理体制改革中的重大措施，是为确保工程建设的质量、提高工程建设的水平而先后推行的制度。质量监督机构在加强企业管理、促进企业质量保证体系的建立、确保工程质量、预防工程质量事故等方面起到了重要作用。工程监理单位要接受政府委托的质量监督机构的监督和检查。工程质量监督机构对工程质量的宏观控制也有赖于项目监理机构的日常管理、检查等微观控制活动。监理机构在工程建设中的地位和作用，也只有通过在工程中的一系列控制活动才能得到进一步加强。两者关系密不可分，相互紧密联系。对工程质量监督机构和监理单位正确认识和了解，将有助于工程项目管理工作更好地开展。

7.4.3 监理工程师

1. 监理工程师的责任

在工程施工阶段，监理工程师的责任是根据国家的法规、技术标准、设计文件、监理合同、建设工程施工合同等，在工程项目施工的全过程中进行监督、管理，包括控制工程建设的投资、建设工期和工程质量；进行工程建设合同管理和信息管理；协调有关单位间的工作关系，具体内容为：

(1)协助建设单位考察、选择、确定施工队伍，并参加合同谈判。

(2)有权发布开工令、停工令、复工令以及在授权范围内的其他指令。

(3)认可施工组织设计或施工方案。

(4)有权要求撤换不合格的工程建设分包单位和工程项目建设负责人及有关人员。

(5)在工程实施的过程中，及时进行隐蔽工程验收、签证。

(6)审查有关材料的性能、质量与操作工艺，监督有关工程试验。

(7)签认工程项目有关款项的支付凭证。

(8)处理有关工程变更事项。

(9)处理有关索赔事项。

(10)参加工程质量事故的调查、分析和处理。

(11)组织有关单位人员进行检验批、分项工程、分部(子分部)工程和单位(子单位)工程的验收，对地基与基础、主体结构和其他主要分项工程、分部工程、单位工程质量写出评估报告。

(12)签发承建单位提交的工程竣工报告，参加由建设单位组织的工程竣工验收工作。

2. 监理工程师的权利

监理工程师的权利应在委托监理合同中写明，并正式通知承建单位。在一般情况下，建设单位应赋予监理工程师的权利如下：

(1)发现建设工程设计不符合建筑工程质量标准或者合同约定的质量要求的，应当报告建设单位并要求设计单位改正。

(2)认为工程施工不符合设计要求、施工技术标准和合同约定的，或者可能产生工程质量或安全隐患的，有权要求承建单位改正。

(3)对影响建设工程主体结构质量和安全的建筑材料、构配件和设备，未经签字认可，不得在工程上使用或者安装；对其他质量不合格的建筑材料、构配件和设备，要求承建单位停止使用；未经监理工程师签字认可，建筑材料、构配件和设备不得在工程上使用或者安装，承建单位不得进行下一道工序施工。

(4)对隐蔽工程进行验收；未经总监理工程师签字认可，不得进行竣工验收。

(5)建议撤换不合格的单位、项目负责人或者有关人员。

(6)建议撤换不合格的建设单位项目负责人，并有权向有关主管部门反映。

(7)计划进度与建设工期上的确认权与否决权。

(8)工程计量、工程款支付与结算上的确认权与否决权。

(9)施工组织协调的主持权。

在特殊情况下，如出现了危及生命、工程或财产安全的紧急事件，监理工程师有权指令承建单位实施解除这类危险的作业，或采取其他措施。

除在建设工程施工合同和监理合同中明确规定外，监理工程师无权解除合同规定的承建单位的任何义务。

练习题

(1) 建设项目是如何划分的？建设项目各组成部分之间的关系有哪些？

(2) 什么是基本建设程序？基本建设程序包括几个阶段？

(3) 基本建设程序的步骤和内容是什么？

(4) 可行性研究报告的内容主要有哪些？其主要意义是什么？

(5) 建设法规的概念是什么？

(6) 学习建设法规的目的是什么？

(7) 建设法规的构成分为哪些部分？各自的含义如何？

(8) 工程项目管理的预期目标是什么？基本目标是什么？

第8章

数字化技术

随着计算机和软件水平的快速发展，其应用范围已经涉及各个领域。在土木工程领域，数字化技术已经应用到设计、施工管理、仿真分析等方面。数字化技术可以节省大量的人力和时间，提高效率与计算精度。

8.1 计算机辅助设计

计算机辅助设计(CAD)是数字化技术在土木工程中较常见的应用之一。它以计算机硬件和软件为基础，帮助设计师更高效地完成建筑设计工作。在我国，CAD 的应用和研究始于 20 世纪 70 年代，在 20 世纪 80 年代中期进入了全面开发应用阶段，并对土木工程设计工作带来了越来越大的影响。CAD 技术在中小型企业中逐步普及，逐渐向标准化、集成化、智能化方向发展。一些标准的图形接口软件和图形功能相继推出，为 CAD 技术的推广、软件的移植和数据共享起到了重要的促进作用。系统构造由以前的单一功能逐渐发展成综合功能，逐渐形成了计算机辅助技术与辅助构造连成一体的计算机集成制造系统。固化技术、网络技术、多处理器和并行处理技术在 CAD 中的应用，极大地提高了 CAD 系统的性能；人工智能和专家系统技术引入 CAD，出现了智能 CAD 技术，使得 CAD 系统的问题求解能力大大增强，设计计算过程更趋智能化。

常用的 CAD 软件包括 PKPM、MIDAS、SAP、3D3S 等，这些软件能够进行结构设计、施工图绘制、工程量统计等工作。CAD 的出现降低了产品开发成本，提高了生产率和产品质量并加快了产品上市速度。这主要表现在以下几个方面：

(1)用 CAD 系统改善最终产品、子装配及零部件的可视化，加快了设计过程。

(2)CAD 软件提高了精准度，减少了错误，降低了成本。

(3)CAD 系统使得设计文档保存、变更简易化。

8.2　计算机仿真技术

计算机仿真技术是一种利用计算机模拟实际系统或过程的技术。它通过构建系统的模型并在计算机上进行模拟实验，来研究和理解系统的各种运行策略。计算机仿真技术广泛应用于国防、工业、教育等多个领域，特别是在现代高科技装备的论证、研制、生产、使用和维护过程中发挥着重要作用。

计算机仿真技术的发展可以追溯到 20 世纪五六十年代。最初，仿真技术主要用于军事领域，如洲际导弹的研制、"阿波罗"登月计划等。从 20 世纪 80 年代开始，随着计算机技术的发展，计算机仿真技术进入了崭新的时代，并开始大规模应用于仪器仪表、虚拟制造、电子产品设计、仿真训练等领域。

8.2.1　计算机仿真技术特点

(1)模型参数的可调整性。模型参数可以根据需要任意调整、修改和补充，从而获得各种可能的仿真效果。

(2)系统模型求解的快速性。计算机仿真能够在较短的时间内得出仿真运算的结果，为生产实践提供及时的指导。

(3)仿真运算结果的可靠性。在机器没有故障的前提下，只要系统模型、仿真模型、仿真程序科学合理，那么计算机的运算结果就是准确无误的。

(4)实物、实时仿真的直观性。这一特点使它在一些复杂工程系统中，如核电、航天等领域得到了广泛应用。

8.2.2　计算机仿真技术的未来发展方向

随着计算机技术、信息技术、系统技术等的不断发展，计算机仿真技术将继续朝着更高精度、更高效率、更广泛应用的方向发展。未来，计算机仿真技术将在以下几个方面取得进一步的发展：

(1)智能化。结合人工智能技术，提高仿真模型的智能化水平，使其能够更好地模拟和预测复杂系统的行为。

(2)虚拟化。结合虚拟现实技术，提供更加逼真的仿真环境，使用户能够获得更加真实的体验。

(3)网络化。通过互联网技术，实现仿真资源的共享和协同工作，提高仿真技术的应用效率。

(4)多学科融合。将不同学科的知识和技术融合在一起，形成更加全面和系统的仿真技术体系。

8.2.3　计算机仿真技术在土木工程中的应用

(1)结构工程。结构工程中的结构杆件很多，例如钢筋混凝土梁、装框架柱、楼梯、剪力墙等。利用计算机仿真技术对这些构件进行计算机模拟，绘制出相关性能曲线，模拟构件破坏过程及破坏模式,并借助图形后处理的方法,采用可视化技术再现构件的试验破坏全过程。如对预应力混凝土叠合梁在两点集中荷载作用下进行弹塑性状态仿真分析,可以给出梁的弯矩-曲率全过程曲线、加载点的荷载-跨中挠度全过程曲线和梁的极限破坏过程等。

(2)防灾减灾工程。由于自然灾害的原型重复试验几乎是不可能完成的,因此采用计算机仿真技术对抗灾、减灾进行模拟仿真,对遭遇洪水、火灾、地震等防灾减灾预测,有着重要的指导意义。

(3)岩土工程。岩石处于地下,往往难以观察,而计算机仿真可以把内部过程展示出来,这有很大的实用价值。例如,美国斯坦福大学研制了一个河口三角洲泥沙沉积的模拟软件,给定河口条件后,可以显示出不同粒径的沉积区域及相应的厚度,这对港口设计及河道疏通均有指导意义。

8.3 建筑信息化管理

建筑信息化管理是指利用现代信息技术手段,对建筑工程全过程进行管理和优化的一种方法。通过信息化技术的应用,可以提高建筑工程的效率、质量和安全性,同时降低管理和运营成本。

8.3.1 建筑信息化管理的核心技术

(1)建筑信息模型(building information model,BIM)。BIM是一种三维数字模型,用于规划、设计、施工和运营建筑项目。BIM提高了设计协调、施工效率和运营维护能力,减少了浪费和返工。它集成了项目数据和信息,使参与者能够实时协作和作出明智的决策。

(2)云计算。云计算为建筑行业提供了灵活、可扩展且经济高效的方式来存储、访问和共享数据。云平台允许异地协作,提升了数据安全性,并通过消除传统IT基础设施的需要来降低成本。它促进了基于云的协作工具和应用程序的开发,从而提高了项目管理的效率和透明度。

(3)移动技术。移动设备(如平板电脑和智能手机)使现场人员能够随时随地访问项目信息。移动应用程序简化了任务管理、进度跟踪和与团队成员的协作。移动技术提高了现场生产力,降低了管理成本,并提升了项目决策的准确性和时效性。

(4)虚拟现实(virtual reality,VR)和增强现实(augmented reality,AR)技术。VR和AR技术创造了沉浸式体验,使建筑专业人士能够可视化设计并模拟施工过程。VR和AR可用于提高设计审查、安全培训和项目展示的效率。这些技术提供了探索和交互式可视化的全新方式,从而提高了项目沟通效率和促进了理解。

(5)物联网(internet of things,IoT)。IoT将传感器和设备连接到网络,允许远程监控和收集建筑物性能数据。IoT优化了能源管理,提升了建筑安全性,并通过预测性维护延长了资产寿命。IoT数据使建筑物更智能、更高效,为改善居住者体验和降低运营成本提供了机会。

（6）大数据分析。大数据分析可利用建筑行业产生的海量数据，识别模式、预测趋势和优化决策。分析工具帮助确定项目风险，改善资源分配和提高项目交付效率。通过将大数据与其他信息化技术相结合，可以获得更深入的见解并推动建筑行业的创新。

8.3.2　建筑信息化管理的价值

（1）战略价值。建筑工程管理实现信息化有利于建筑行业和建筑企业制定出适应自身发展和社会形势的战略规划，使建筑行业和企业获得发展支撑。建筑工程管理实现信息化后，可以帮助建筑企业建立起高水平的战略体系，通过战略目标的确定来实现对建筑企业业务的规划和发展控制，使建筑企业得到跨越式发展。

（2）生产价值。建筑工程管理信息化过程中的一个关键步骤是对企业工作流程的调整。在信息化背景下，建筑工程各项工作应该更加规范，以适应数字时代的基本需求。建筑工程管理信息化可以对建筑企业的生产流程加以优化，不但可以使建筑工作的效率和质量得以提高，而且可以使建筑企业的管理和决策更加科学化和规范化，从而推动建筑企业的发展。

（3）保障价值。建筑工程管理实现信息化后，可以有效地应对市场的变化，使建筑企业能够规避来自材料、能源、人力、资金市场上的风险，使建筑企业的发展得到基本的支持，为建筑企业稳定发展提供保障。

8.3.3　建筑信息化管理面临的问题

（1）信息化程度不高。尽管我国的建筑工程管理当中已经开始应用信息化技术，但在实际管理过程中并未对所有管理环节和内容实行信息化管理，仍有一些环节和内容是人工操作。例如，一些企业仍然应用传统管理方式开展人员和施工资源等管理，这样的企业在进行项目施工时，需要项目管理人员到现场组织和安排，收集和记录一些资料时要用人工整理和记录，这降低了建筑工程信息化管理水平和效率，也限制建筑管理水平的提高，同时对施工进度和施工质量也造成一定的影响。

（2）工程管理信息化水平不高。在建筑工程管理过程中有效应用信息化技术，需要有先进的硬件和软件设备及技术支持。然而，很多企业缺乏相关的专业信息化人才，导致不能发挥相应硬件和软件设备和技术的功能，也不能体现相应硬件和软件的优势。另外一些企业未深入应用信息化技术，特别是进行材料管理时没有应用信息化技术，很多都采用人工管理，导致建筑工程的管理和施工质量较大地受到了人为影响，使管理和质量风险增加。

（3）建筑工程管理中缺乏信息共享机制。在进行建筑工程管理中，企业和施工单位仍应用传统方式进行交流和沟通，虽然也具有信息共享的成分，但应用传统方式进行相关信息传递会有延时性，不能实时进行信息共享。因此，合作过程中，一些信息延迟传递，稍有疏忽就会产生信息误解，从而影响建筑施工中的有效管理，甚至可能增加工程的安全隐患与成本。

8.3.4 提高建筑信息化管理水平的策略

(1)明确建筑工程管理信息化的任务目标。在信息化建设过程中，领导者需要明确了解建筑工程管理信息化的具体任务目标，实时关注国家的投资计划，进而提出相应的响应措施，加大力度开展建筑工程管理信息化建设和发展。以工程计划作为最终目的，提高无纸化在信息化建设工作中的普及应用。同时，在信息研究讨论中，所有参与部门之间的交流可以使用计算机来辅助信息传递工作，将信息数据存储在特定的资源空间内，这样就能提高信息的利用程度和共享程度。建筑工程管理信息化的根本宗旨是在信息共享的同时减少企业的运行成本，最大限度地提高经济效益和增强综合实力和市场竞争力。

(2)建立和完善建筑工程管理制度。建筑信息化管理可以说是技术和管理制度上的创新和改革，要想彻底实现这个目标，人们就得抛弃传统的管理模式和思想。建立和完善企业自身的管理制度，团结凝聚工人，这些都有利于实现信息化管理目标。在企业自身制度的策划和实施中，才能科学合理高效地推动建筑工程管理信息化建设。

(3)以建筑工程项目管理为核心。项目管理在建筑工程企业的管理工作中具有非常关键的作用。在这个过程中，工作人员首先应该了解工程项目的实际情况，科学研发和使用信息化管理系统。其主要包括项目的具体实施计划、工程材料采购使用情况、施工装备和劳资所属人员的管理、资金成本、利润收入等多管理层次的工作内容。

练习题

(1)如何理解数字化技术？数字化技术可以应用到哪些领域？
(2)什么是计算机辅助设计？
(3)计算机仿真技术在土木工程中可以应用到哪些方面？
(4)BIM技术的含义是什么？BIM技术有哪些特点？
(5)提高建筑信息化管理水平的策略有哪些？

第9章

土木工程职业规划

土木工程庞大而又复杂，其中的技术活动包罗万象，包含了不同性质的工作与要求，需要土木工程人员拥有较好的创新思维与逻辑分析能力。施工建造类方案付诸实施，要求土木工程人员拥有较好的实践动手能力；监理管理类则保证工程建设的运转，需要土木工程人员拥有全局意识与按章办事的严谨态度。但无论哪一类工作和职业，都需要土木工程的相关基础知识与逐渐积累的工程经验。

对土木工程专业的学生来说，今后可选择的职业很多，需要学生在大学期间认真学习，打下坚实的理论基础，未来则可根据自身的兴趣、能力和潜质去选择自己的职业。

土木工程是一个技术性很强的专业，需要承担较高的职业责任。因此，大多数国家都设置了门槛要求，只有获得相应的资格才能从事土木工程勘探、设计、施工、监理与项目管理等工作。我国从 20 世纪 90 年代开始健全了相关制度，几乎所有领域的土木工程师都需要获得国家颁发的相关证书，才能从事相关工作。

9.1 注册土木工程师

注册工程师是指通过特定的职业资格考试，取得相应的执业资格证书，并经过注册的专业技术人员。注册工程师的种类多样，包括注册安全工程师、注册电气工程师、注册土木工程师、注册结构工程师等。各类注册工程师的职责和报考条件有所不同。其中与土木工程专业相关的注册工程师有：注册城市规划师、注册建筑师(一、二级)、注册结构工程师(一、二级)、注册土木工程师(岩土、港口与航道工程、水利水电工程、道路工程)、注册电气工程师、注册公用设备工程师、注册建造师(一、二级)、注册造价工程师、注册监理工程师、注册设备监理师、注册咨询工程师、注册房地产估价师、房地产经纪人、注册物业管理师、注册地震安全性评价工程师、注册安全工程师、注册资产评估师、注册环保工程师、注册消防工程师等。

土木工程专业的毕业生根据相关工作年限均可参加上述资格考试，从事相应的工作。但多数土木工程专业毕业生主要从事注册结构工程师、注册建筑师、注册土木工程师(岩土、港口与航道工程、水利水电工程)、注册建造师和注册监理工程师等的相关工作。

9.1.1　注册结构工程师

注册结构工程师是指取得中华人民共和国注册结构工程师执业资格证书和注册证书，从事结构工程设计及相关业务的专业技术人员。其主要职责包括结构工程设计、技术咨询、建筑物调查和鉴定，以及对设计项目的施工指导和监督。注册结构工程师是一个专业性强、工作强度大的职业。尽管工作压力较大，但这个职业在工程建设领域具有重要的地位和广泛的需求。对于那些热爱结构工程、愿意付出努力的人来说，注册结构工程师是一个值得考虑的职业选择。

注册结构工程师分为一级和二级，一级注册结构工程师的勘察设计范围不受项目规模及工程复杂程度的限制，即可以承担任何工程的结构设计；二级注册结构工程师仅限承担国家规定的民用建筑工程三级及以下项目或小型工业项目。

9.1.2　注册土木工程师

注册土木工程师是指取得中华人民共和国注册土木工程师执业资格证书和注册证书，并从事相关工程工作的专业技术人员。注册土木工程师是一个在建设工程领域含金量较高的工程师职业，涵盖了多个工程技术领域。

注册土木工程师根据其专业领域不同，分为以下几个专业：

(1)岩土。该专业主要研究岩土构成物质的工程特性，涉及地基、桩、挡土墙、水坝、隧道等的设计。

(2)港口与航道工程。该专业专注于港口与航道等基础设施的建设和维护。

(3)水利水电工程。该专业涉及水资源管理和水利工程的设计与建设。

(4)道路工程。该专业专注于道路、桥梁等交通基础设施的设计与建设。

9.1.3　注册建造师

注册建造师是指通过考核认定或考试合格取得中华人民共和国建造师资格证书，并按照规定注册，取得中华人民共和国建造师注册证书和执业印章，担任施工单位项目负责人，并从事相关活动的专业技术人员。注册建造师分为一级注册建造师和二级注册建造师。

一级注册建造师设置了建筑工程、公路工程、铁路工程、民航机场工程、港口与航道工程、水利水电工程、矿业工程、市政公用工程、通信与广电工程、机电工程等10个专业。二级注册建造师设置了建筑工程、公路工程、利水电工程、矿业工程、市政公用工程、机电工程等6个专业。

注册建造师的工作范围包括但不限于：

(1)综合设计。从事为人类生活与生产服务的各种民用与工业房屋及群体的综合设计。

(2)室内外环境设计。从事室内外环境设计、建筑装饰装修设计。

(3)建筑修复、建筑雕塑。从事有特殊建筑要求的构筑物的设计、建筑修复、建筑雕塑等。

(4)技术咨询。从事建筑设计技术咨询，建筑物调查与鉴定，对本人主持设计的项目进行施工指导和监督等。

9.1.4　注册监理工程师

注册监理工程师是指经全国统一考试合格，取得监理工程师资格证书并经注册登记的工程建设监理人员。这类人员在建筑行业中扮演着重要的角色，负责监督工程施工过程的质量、进度、结果是否符合相关的标准和规范。注册监理工程师可以根据自己的实际工作需要选择专业类别，如土木建筑工程、交通运输工程、水利工程等。对于已取得注册监理工程师一种专业职业资格证书的人员，在报名参加其他专业科目考试并合格后，可获得相应专业的考试合格证明。

大多数国家还未设立单独的注册监理工程师制度，其工程监理资格是与其他职业资格联系在一起的。如日本《建筑师法》规定，取得建筑师资格的同时可以从事工程监理业务；美国建筑师的业务中也包括工程监理。我国根据国情需要，于 1992 年开始建立注册监理工程师制度，规定监理工程师为岗位职务，并按专业设置相应岗位。

9.2　执业准入制度

准入制度是政府对某些责任较大、关系国家和公众利益的专业工作实行的准入控制，它要求专业人员必须具备一定的学识、技术能力以及良好的品德，通过考试后发放相应的执业资格，并实行强制性注册登记管理，以保证行业的工作质量和水准。许多行业均设置了职业准入制度，例如会计师、医师、律师等，都需要取得对应的资格，登记注册后才能从业。

9.2.1　执业资格制度的发展

职业资格制度起源于英国，迄今为止已有 160 余年的历史，目前世界上绝大多数国家都建立了相关行业的职业准入制度。例如，美国从 1883 年起在牙医专业实施执业资格注册，而后逐步扩展到医师、药剂师、会计师、律师等行业。1907 年，美国怀俄明州首次颁布了对工程师和测量师职业进行准入控制的法律，此后，其他州也陆续实施了工程师执业资格注册制度。

随着我国改革开放的持续发展，为了规范市场秩序、保证工程质量，同时也为了推动我国工程行业走向国际市场以及引进外资项目，原建设部联合人事部开始按照国际惯例，在建设领域实行执业资格制度，制定了一系列的法律法规。其中最早出台的是建设部令《监理工程师资格考试和注册试行办法》（1992 年），以及国务院令《中华人民共和国注册建筑师条例》（1995 年），而后，逐步推广到勘察设计行业的其他专业、城市规划、工程造价咨询、房地产中介、建筑施工等领域，至今已经形成完善的执业资格与注册管理制度。

职业资格考试的实施，不但明确了专业人员应具备的条件，还能促进我国工程教育与工程实践的有机结合。在高等学历教育环节中引入专业执业资格知识，使学生在校学习期间，能够有重点、有选择地学习知识，打好工程执业的基础。目前国内的专业院校都在根据职业资格考试的特点和要求，建立专业培养目标和培养计划，推动课程体系、教学内容与教学方法的改革，强化实践环节与技能，围绕市场，为社会培养具有较高执业素质和创新精神的合格人才。

9.2.2 执业资格制度的管理

执业资格制度的管理是一个涉及多个方面和层次的综合性过程，旨在规范和管理特定职业领域内的从业人员，确保他们具备必要的专业知识和技能，从而保障公众利益和促进行业健康发展。以下是对执业资格制度管理的详细阐述。

1. 管理目的

执业资格制度的管理主要目的包括：

(1)提升从业人员素质。通过执业资格认证，确保从业人员具备必要的专业知识、技能和职业道德，提高行业整体服务水平。

(2)规范行业发展。明确从业人员的资格条件和执业规范，防止不合格人员进入行业，维护行业的良好秩序和健康发展。

(3)保障公众利益。确保从业人员的执业行为合法、规范，保障公众在接受服务时的安全和权益。

2. 管理内容

执业资格制度的管理内容主要包括以下几个方面：

(1)制定执业资格管理法规和政策。国家或相关行业协会、组织应制定并发布相应的执业资格管理规定，明确从业人员的资格条件、认证程序、颁发要求和管理办法等内容。例如，对于医生、律师、会计师等职业，国家有专门的法律法规进行规范和管理。

(2)设立执业资格认证机构。国家或相关行业协会、组织可以设立专门机构或委托专业机构负责执业资格的认证工作，确保认证工作的公平、公正和独立性。这些机构负责制定具体的认证标准，组织考试或评审，颁发执业资格证书等。

(3)实施执业资格考核和认证。通过考试、评审等方式对申请人员进行资格审核和认证，确保他们符合执业资格的要求。考核内容通常包括专业知识、技能水平和职业道德等方面。

(4)颁发和管理执业资格证书。对通过考核的申请人员颁发执业资格证书，作为他们具备执业资格的凭证。同时，建立并管理执业人员的档案和资格证书信息，确保信息的准确性和时效性。

(5)监督和评估执业行为。加强对从业人员执业行为的监督和评估，建立和完善执业人员的考核、评价和奖惩机制。对违规行为进行处理，包括警告、罚款、吊销执业资格等，以维护行业规范和公众的合法权益。

3. 管理原则

在执业资格制度的管理过程中，应遵循以下原则：

(1)公开、公平、公正。确保认证过程的透明和公正，避免任何形式的歧视和偏见。

(2)科学、合理、有效。制定科学合理的认证标准和程序，确保认证结果的有效性和权威性。

(3)动态调整。根据行业发展和公众需求的变化，及时调整和完善执业资格制度的管理内容和要求。

4. 管理挑战与应对

在执业资格制度的管理过程中，可能会面临一些挑战，具体表现如下：

（1）认证标准的制定难度。不同职业领域对从业人员的要求各不相同，如何制定科学合理的认证标准是一个难题。

（2）认证过程的监管难度。认证过程涉及多个环节和部门，如何确保各个环节监管到位是一个挑战。

（3）公众认知度不足。部分公众对执业资格制度的重要性认识不足，导致对从业人员的执业行为缺乏有效监督。

针对这些挑战，可以采取以下应对措施：

（1）加强调研和论证。在制定认证标准时，充分调研行业发展和公众需求，确保标准的科学性和合理性。

（2）完善监管机制。建立健全的监管机制，明确各部门的职责和协作方式，确保认证过程监管到位。

（3）加强宣传和教育。通过媒体宣传、教育培训等方式提高公众对执业资格制度重要性的认识，增强他们的监督意识。

综上所述，执业资格制度的管理是一个复杂而重要的过程，需要政府、行业协会、从业人员和社会各界的共同努力和配合。通过不断完善和优化管理制度和流程，可以进一步规范行业发展、提升从业人员素质、保障公众利益并促进行业的可持续发展。

9.2.3 执业资格考试

土木工程专业执业资格考试是针对土木工程领域的专业人员设置的一系列资格考试，旨在评估其在相关领域的知识、技能和专业素养。以下是关于土木工程专业执业资格考试的详细说明。

1. 考试类别

土木工程专业执业资格考试涵盖了多个具体类别，包括但不限于：注册结构工程师（一级注册结构工程师、二级注册结构工程师）、注册岩土工程师、注册造价工程师、注册监理工程师、注册建造工程师（一级注册建造师、二级注册建造师）等。

2. 考试组织与管理

此类考试通常由人力资源社会保障部、住房城乡建设部共同负责，具体考务工作由人力资源社会保障部人事考试中心组织实施。例如：全国勘察设计注册工程师管理委员会下设各专业管理委员会，如岩土工程专业管理委员会，负责具体考试工作的日常管理。

3. 考试科目与内容

以注册土木工程师（岩土）为例，考试分为基础考试和专业考试两部分：

（1）基础考试。闭卷考试，主要考查高等数学、普通物理、普通化学、理论力学、材料力学、流体力学、计算机应用基础、电气与信息、工程经济、法律法规、土木工程材料、工程测量、职业法规、土木工程施工与管理、结构力学与结构设计、土力学与基础工程、工程地质、岩体工程与基础工程等基础知识。

（2）专业考试。开卷考试，包括专业知识考试和专业案例考试两部分，允许考生携带正规出版社出版的专业规范和参考书。考试内容主要涉及岩土工程领域的专业知识和案例分析。

4. 考试时间

土木工程专业执业资格考试一般每年举行一次,具体时间由相关部门提前公布。以2024年注册土木工程师(岩土)为例,其考试时间为2024年11月2日至3日,而报名时间为8月25日至9月6日,但各地具体报名时间可能有所不同,应以官方通知为准。

5. 报考条件

不同类别的土木工程专业执业资格考试报考条件有所不同,但一般要求考生具备相应的学历和从事土木工程行业的工作经验。以注册土木工程师(岩土)为例,其报考条件包括:参加基础考试应具备本专业或相近专业大学本科及以上学历或学位,或取得本专业或相近专业大学专科学历并从事岩土工程专业工作满1年等条件;参加专业考试则需基础考试合格,并具备相应的学历和从事岩土工程专业工作年限。

6. 考试意义

通过土木工程专业执业资格考试,是土木工程领域专业人员获得相应执业资格的必要条件。这不仅有助于提升从业人员的专业素养和技能水平,也有助于规范土木工程行业的市场秩序,保障工程质量和安全。

总之,土木工程专业执业资格考试是土木工程领域专业人员必须面对的重要挑战。通过认真备考和积极参与考试,考生可以不断提升自己的专业素养和技能水平,为土木工程行业的发展贡献自己的力量。

9.3 职业道德

土木工程行业的职业道德是确保工程质量、安全以及行业可持续发展的基石。以下是对土木工程行业职业道德的详细阐述。

1. 诚信为本

(1)诚信沟通。土木工程师在项目全过程中应保持高度的诚信和确保透明度,包括与业主、承包商、设计师、监理等各方之间的沟通。他们应如实地反映工程进展、成本、风险等信息,并遵守合同条款和承诺。

(2)真实反映工程情况。在项目设计、施工和管理过程中,土木工程师应真实反映工程情况,不隐瞒、不欺诈,确保工程信息的真实性和准确性。

2. 责任心强

(1)对工程项目负责。土木工程师应对工程项目负责到底,确保工程质量和安全符合国家法律法规、技术标准和行业规范。

(2)积极履行合同约定。在项目执行过程中,土木工程师应积极履行合同约定,确保项目按时交付,并满足业主的期望和需求。

3. 尊重他人

(1)尊重团队成员。土木工程师应尊重项目团队中的每一个成员,包括设计师、施工人员、监理人员等。在项目执行过程中，他们应善于沟通协作，共同解决问题。

（2）尊重客户意见。土木工程师还应尊重客户的意见和需求，积极回应并改进工作，以满足客户的期望和要求。

4. 保护环境

（1）绿色施工。土木工程师在项目设计和施工过程中应充分考虑环境保护因素，减少对环境的破坏和污染。他们应遵循绿色、低碳、循环的发展理念，推动工程项目与环境保护协调发展。

（2）可持续发展。土木工程师还应关注项目的可持续发展性，采取可持续的建筑设计和施工方法，为社会的可持续发展作出贡献。

5. 持续学习

（1）跟进新技术。土木工程领域技术更新换代迅速，土木工程师应具备持续学习的意识。他们应不断跟进新技术、新材料、新工艺的发展，提高自身的专业素养和技能水平。

（2）关注行业动态。土木工程师还应关注行业动态和政策变化，为项目执行提供有力支持。

6. 遵守法律法规

土木工程师应依法从业，严格遵守工作地的法律法规及工作规程。他们应保护项目委托人和业界同人的知识产权、商业机密等合法权益。

综上所述，土木工程行业的职业道德涵盖了诚信为本、责任心强、尊重他人、保护环境、持续学习以及遵守法律法规等多个方面。这些职业道德的遵循不仅有助于确保工程项目的顺利进行和高质量发展，还有助于维护行业的声誉和社会利益。

练习题

（1）与土木工程行业相关的注册工程师有哪些？

（2）执业资格制度的管理内容有哪些？

（3）土木工程行业的职业道德包含哪些内容？

参考文献

[1] 陈克森,赵得思. 土木工程概论[M]. 郑州:黄河水利出版社,2010.

[2] 刘宗仁. 土木工程概论[M]. 北京:机械工业出版社,2008.

[3] 刘祥柱,郝和平,陈宇翔. 水利水电工程施工[M]. 郑州:黄河水利出版社,2008.

[4] 徐学东,姬宝霖. 水利水电工程概预算[M]. 北京:中国水利水电出版社,2007.

[5] 丁大钧,蒋永生. 土木工程概论[M]. 北京:中国建筑工业出版社,2006.

[6] 叶志明,江见鲸. 土木工程概论[M]. 北京:高等教育出版社,2006.

[7] 张立伟. 土木工程概论[M]. 北京:高等教育出版社,2006.

[8] 刘光忱. 土木建筑工程概论[M]. 大连:大连理工大学出版社,2006.

[9] 刘汉东. 岩土力学[M]. 北京:中央广播电视大学出版社,2008.

[10] 成虎. 工程项目管理[M]. 北京:中国建筑工业出版社,2006.

[11] 崔长江. 建筑材料[M]. 郑州:黄河水利出版社,2006.

[12] 中华人民共和国国家标准. 建筑地基基础设计规范(GB 50007—2011). 北京:中国建筑工业出版社,2010.

[13] 中华人民共和国国家标准. 建筑结构荷载规范(GB 50009—2012). 北京:中国建筑工业出版社,2012.

[14] 中华人民共和国国家标准. 混凝土结构设计规范(GB 50010—2010)(2015版). 北京:中国建筑工业出版社,2010.

[15] 中华人民共和国国家标准.《通用硅酸盐水泥》(GB 175—2023). 北京:中国标准出版社,2023.

[16] 中华人民共和国行业标准.《铁路线路设计规范》(TB 10098—2017). 北京:中国铁道出版社,2017.

图书在版编目（CIP）数据

土木工程概论／吴建奇等主编. --长沙：中南大学
出版社，2025. 7. --ISBN 978-7-5487-6098-6

Ⅰ. TU

中国国家版本馆 CIP 数据核字第 2024SY3144 号

土木工程概论

TUMU GONGCHENG GAILUN

吴建奇　朱桂章　廖宣鼎　林江东　汪小平　主编

□出 版 人	林绵优	
□责任编辑	韩　雪	
□责任印制	唐　曦	
□出版发行	中南大学出版社	
	社址：长沙市麓山南路	邮编：410083
	发行科电话：0731-88876770	传真：0731-88710482
□印　　装	广东虎彩云印刷有限公司	

□开　　本	787 mm×1092 mm 1/16	□印张 13	□字数 321 千字
□版　　次	2025 年 7 月第 1 版		□印次 2025 年 7 月第 1 次印刷
□书　　号	ISBN 978-7-5487-6098-6		
□定　　价	58.00 元		
